地质工程与勘探开发

李龙龙　刘　喆　何新兵　主编

吉林科学技术出版社

图书在版编目（CIP）数据

地质工程与勘探开发 / 李龙龙 , 刘喆 , 何新兵主编
. -- 长春 : 吉林科学技术出版社 , 2024.3
ISBN 978-7-5744-1123-4

Ⅰ.①地… Ⅱ.①李… ②刘… ③何… Ⅲ.①工程地
质②油气勘探③油田开发 Ⅳ.① P642 ② P618.130.8
③ TE34

中国国家版本馆 CIP 数据核字 (2024) 第 059793 号

地质工程与勘探开发

主　　编	李龙龙　刘　喆　何新兵
出版人	宛　霞
责任编辑	郝沛龙
封面设计	南昌德昭文化传媒有限公司
制　　版	南昌德昭文化传媒有限公司
幅面尺寸	185mm×260mm
开　　本	16
字　　数	400 千字
印　　张	19.75
印　　数	1~1500 册
版　　次	2024年3月第1版
印　　次	2024年12月第1次印刷

出　　版	吉林科学技术出版社
发　　行	吉林科学技术出版社
地　　址	长春市福祉大路5788 号出版大厦A 座
邮　　编	130118
发行部电话/传真	0431-81629529 81629530 81629531
	81629532 81629533 81629534
储运部电话	0431-86059116
编辑部电话	0431-81629510
印　　刷	三河市嵩川印刷有限公司

书　　号	ISBN 978-7-5744-1123-4
定　　价	84.00元

编委会

前　言

要寻找深埋在地下的油气田资源，的确不是一件容易的事。人们经过不断的探索和总结，吸取和引用了许多其他学科的新技术、新理论，建立了一整套油气勘探的方法和技术体系，即油气田勘探工程。油气田勘探工作是一项以寻找油气藏（田）为基本目的的系统工程。随着现代科学技术水平的不断提高，勘探方法与技术日趋成熟。要高水平、高效率地发现和寻找油气田，必须充分利用各种勘探手段，采用各种先进技术和综合配套的勘探方法。目前采用的勘探方法主要有地球化学勘探方法、地球物理勘探方法、地质钻井方法、综合信息预测方法及非常规油气勘探方法。

随着石油行业的不断发展，目前国内油气勘探面对的地质目标越来越复杂，成熟探区隐蔽油气藏勘探已占据主要地位，勘探难度不断加大，勘探对象日益复杂，因此更需要及时、齐全、准确的各类勘探信息的支持。

油气勘探是指综合应用石油地质学与物探、化探、钻井、录井、测井、测试、试油等各种勘探工程技术，寻找查明油气田的油气藏形态、性质、资源并提交可动用的探明储量的生产活动。油气勘探主要包括盆地勘探、区带勘探、圈闭评价、油气藏评价等主要阶段，在每个阶段都包含勘探生产、勘探研究、勘探管理等工作。勘探生产以研究作为指导，制订方案、具体实施、验证地质认识和达到地质目标，勘探管理以研究为基础，来组织各项工作。钻井是油气勘探中必须采用的重要手段。利用物探方法寻找到的地质构造是否储存了油气，还需要通过钻探才能确定。从勘探到开发油气藏都要钻井，在不同勘探阶段，钻井的目的及任务有所不同。

油气勘探高风险和高投入的特性决定了先进技术含量越高则勘探成果越大。在油气勘探阶段，需要投入大量人力和物力来获取地下有用的地质和油气信息，随着信息的积累、新技术的应用，人们对地下含油气情况的认识也逐步加深并逐渐成熟，且趋于客观真实。

本书围绕"地质工程与勘探开发"这一主题，以石油地质为切入点，由浅入深地阐述了地质录井和地质钻井方法，并系统地分析了油气田勘探、非常规油气勘探方法，诠释了油气田开发与油藏管理的关键技术，以期为读者理解与践行地质工程与勘探开发提供有价值的参考和借鉴。本书内容翔实、条理清晰、逻辑合理，兼具理论性与实践性，适用于从事相关工作与研究的专业人员。

限于时间及作者水平，书中难免不足之处，敬请读者批评指正。

目　录

第一章　石油地质

第一节　石油、天然气的概念

一、石油

广义上讲，石油是由自然界中存在的气态、液态和固态烃类化合物及少量杂质组成的混合物，具天然产状。从狭义上讲，石油指原油，即采至地表的液态石油。原油是地下岩石中生成的、液态的、以碳氢化合物（烃类化合物）为主要成分的可燃性矿产。

按照在有机溶剂中的选择性溶解，原油的组分可分为以下3类：

（1）油质。能溶于石油醚而不被硅胶吸附的部分称为油质。主要是烃类。

（2）胶质。电是一种很黏稠的液体或半固体状态的胶状物。一般把石油中溶于非极性小分子正构烷烃（C_5~C_7）和苯的物质称为胶质。其颜色为深棕色至暗褐色，具有很强的着色能力。油品的颜色主要由于胶质的存在而引起。胶质是道路沥青、建筑沥青、防腐沥青等沥青产品的重要组分之一。它的存在，提高了石油沥青的延伸度。

（3）沥青质。它是一种黑色的无定形固体，相对密度大于1。一般把石油中不溶于非极性小分子正构烷烃（C_5~C_7）而溶于苯的物质称为沥青质。它是石油中相对分子质量最大、极性最强的非烃组分。

原油中的胶质、沥青质是一种特殊结构的稠环芳香烃。沥青质是胶质进一步的缩合物。它们是天然的防蜡剂。任何一种原油都有一定数量的胶质、沥青质。它们是基本的防蜡剂，其他防蜡剂都在它们的配合下起防蜡作用。

二、天然气

广义地讲，天然气包括自然界中的一切气体，即包括地球的大气圈、水圈、岩石圈以及地壳深部地幔和地核中心全部的天然气体。我们常说的天然气是一种狭义的天然气概念，是指以烃类气体为主的天然气体，含有一些二氧化碳、氮气、硫化氢等非烃类气体。它们分布在岩石圈、水圈及地球内部。地壳中，天然气就其产状分析，有游离态、溶解态（溶于原油和水中）、吸附态和固态气水合物四种类型。根据分布特点，又可分为聚集型和分散型两类。气层气（气藏气、气顶气）、凝析气、油溶气属聚集型，称为常规型天然气；水溶气、煤层气、页岩气、固态气水合物则属分散型，称为非常规型天然气。根据与油藏的关系，划分为伴生气和非伴生气。气顶气、油溶气以及油藏之间或油藏上方的、在成因上与成油过程相伴的气藏气，均归于伴生气；与油没有明显联系的或仅含有极少量原油的气藏气，成因上与煤系有机质或未成熟的有机质有关而生成的天然气称为非伴生气。

在我国，常规的天然气储存形式多样，包括气层气、油溶气、凝析气。一般来说，气层气指在原始储层条件下，天然气以自由气相储集于储层内。油溶气指在原始储层条件下，天然气以溶解状态存于储层内的原油中。凝析气指在原始地层条件下，天然气以自由相存在，但当地层压力降到露点压力以下时，有反凝析现象产生。非常规的天然气类型，在我国仍属潜在的领域。水溶气指在原始储层条件下，天然气体溶解于储层内的边水或底水中。煤层气也称煤矿瓦斯气，目前已经进行的研究和预测表明，其具有巨大的潜力。

第二节　油（气）田水

任何一个油气藏的流体系统中，油气田水都是不可缺少的组成部分，并以不同的形式与油气共存于地下岩石的孔、洞、缝系统内。油气田水的形成及其运动规律始终与油气的生成，运聚以及油气藏的形成、保存和破坏有密切的联系。在油气藏形成的整个地史过程中，油气田水长期与油气相伴生，使其通常与非油气田水和地表水有明显的差别，而在油气藏的开发中也要研究和利用油气田水。因此，油气田水化学和水动力学即油气田水文地质学的研究，对于油气勘探和开发有十分重要的意义。另外，油气田水的研究在治理污染、控制地面沉降和环境保护，以及工业提取有用矿物质和医疗等方面也有非常重要的应用价值。

一、油气田水的概念及产状

（一）油气田水的概念

所谓油气田水（oil and gas field water），从广义上理解，是指油气田区域内的地下水，包括油气层水和非油气层水。狭义的油气田水是指油气田范围内直接与油气层连通的地下水，即油气层水。对于这两者的关系，Collins曾做过如下论述："油气田水包括油气田内的盐水和各种水，但限定它作为与含油气层相连通的水。"

（二）油气田水的产状

狭义的油气田水即油气层水的产状可根据水与油、气分布的相对位置，分为底水和边水。底水是指含油（气）外边界范围以内直接与油（气）相接触，并从底下托着油、气的油气层水。边水是指含油（气）外边界以外的油气层水，实际上是底水的外延，在油气田范围内的非油气层水，可根据它们与油气层的相对位置，分别称为上层水、夹层水和下层水。

油气田水存在于储集层的孔隙裂缝系统中，水在其中的产状受孔隙–裂缝的大小及岩石颗粒表面的吸附作用所控制。按照水在其中的存在状态，可分为气态水、吸附水、毛细管水和自由水4种。气态水充满在未被水饱和的岩石孔隙中，通过蒸发和凝结作用与液态水相互转化，它对岩石中的水分配有一定的影响；吸附水呈薄膜状，被岩石颗粒表面吸附，在一般温度、压力下不能自由移动；毛细管水存在于毛细管孔隙–裂缝中，当作用于水的外力超过毛细管力时才能运动，一般来讲，微毛细管（束缚孔隙）中的束缚水在地层压力条件是不能流动的；自由水也叫重力水，存在于超毛细管孔、洞和缝中，在重力作用下能自由流动。

二、油气田水的来源及形成

（一）油气田水的来源

油气田水的来源极为复杂，一般认为有以下4种：沉积水、渗入水、转化水、深成水。

（1）沉积水：指沉积物堆积过程中保存在其中的水。这种水的盐度和化学组成与沉积物沉积时的古海（湖）水的盐度和沉积物的成分有密切的关系。因此，不同沉积环境下形成的油气田水的矿化度、离子组成和微量元素有明显差别。

（2）渗入水：来源于大气降雨时渗入地下孔隙、渗透性岩层中的水。由于渗入水的矿化度低，对高矿化度的地下水可以起淡化作用，淡化作用在靠近不整合面的油气田水中表现得特别明显。

（3）转化水：指在沉积物成岩作用和烃类生成过程中，黏土矿物转化脱出的层间水、有机质向烃类转化分解出的水，控制这种转化的主要因素是温度，并伴随离子交换反应和水–岩相互作用。

（4）深成水：又称内生水，指岩浆游离出来的初生水（原生水）和岩石变质作用过程伴生脱出的变质水。

（二）油气田水的形成

油气田水的形成是十分复杂的过程，国内外学者提出的主要成因有沉积成因说、有机成因说、渗滤成因说和原生成因说。油气田水可以看作以沉积水、渗入水、转化水和深成水中的某一种为主、以不同比例混合形成的水。一般认为油气田水主要起源于沉积水和转化水，也有少部分来自渗入水和深成水。这里仅简要讨论沉积水在油气田水形成过程中的物理化学作用。

海相或陆相沉积作用将沉积水和沉积物一起埋藏下来后，由于沉积物的早期压实、脱水作用，大部分沉积水被排出，只有少部分水与沉积物一起被埋藏到更大的深度，形成沉积岩中的孔隙水。Collins称这部分水为成岩水。由于地下温度、压力的增加，孔隙水除了经历封闭和浓缩作用以外，岩石中的可溶物质在水中的溶解度增加，并发生离子交换作用，使水中的矿化度升高，离子组成发生改变。因此，在大多数情况下，油气田水的矿化度比沉积水的矿化度要高，甚至高得多。但当地表水渗入较活跃时，亦可能低于沉积水的矿化度，但这种情况不利于油气藏的保存。

各种矿物在水中溶解度不同，常见的矿物按溶解度从小到大的次序为：硅酸盐和二氧化硅→碳酸盐→硫酸盐→氯化物。氯化物具有最大的溶解度，在水溶液中最稳定。因此，地下深处油气田水中，溶解度较小的矿物沉淀后，水中氯化物的浓度却不断增加。

第三节 石油的生成及生油层

一、石油的成因

石油和天然气的成因问题，关系到油气的勘探方向。多年来，这个问题一直吸引着许多地质学家、生物化学家和地球化学家从事这方面的研究。由于油气是流体矿产，在地下是可以移动的，产出油气的地方一般并非生成油气的地方；另外，油气尤其是石油是化学成分很复杂的有机混合物，它们对外界条件的变化很敏感，石油中的不同组分可能经历了不同的演化。这些为油气成因问题的研究带来了许多困难。自19世纪70年代以来，人们对石油成因问题先后提出过多种假说，归纳起来可分为两大学派，即无机生油学派和有机生油学派。前者认为石油及天然气是在地下深处高温、高压条件下由无机物通过化学反应形成的；后者主张油气是在地球上生物起源之后，在地质历史发展过程中，由保存在沉积岩中的生物有机质逐步转化而成的。而有机学派，又分为早期成油说和晚期成油说两种。目前，人们普遍认同有机学派中的晚期成油学说，即石油是由生物物质经过一定的物理化学变化逐渐形成的。

二、石油生成的物质基础

有机生油学派的核心是指油气起源于有机质即生物物质。油气是由经沉积埋藏作用保存在沉积物中的生物有机质，经过一定的生物化学、物理化学变化而形成的，而且油气仅是这些被保存生物有机质在演化过程中诸多存在形式的一种。

细菌、浮游植物、浮游动物和高等植物是沉积物中有机质的主要供应者。生成油气的沉积有机质主要有四大类，即类脂化合物、蛋白质、碳水化合物及木质素，它们在地层中的保存情况和生油能力各不相同。

在生物种类上，一般认为低等生物是主要的生油物质，这是因为：

（1）低等生物繁殖力强，数量多；

（2）低等生物多为水生生物，死亡后沉入水底，容易保存；

（3）低等生物在地质史上出现早，分布的时间长、层位广；

（4）低等生物体中富含脂肪和蛋白质，这两类物质是生物体中最容易向石油转化的生化成分。

三、干酪根

生物有机质并非是生油的直接母质。生物死之后，与沉积物一起沉积下来，构成了沉积物的分散有机质。这些有机质经历了复杂的生物化学及化学变化，通过腐泥化及腐殖化过程才形成一种结构非常复杂的生油母质-干酪根，成为生成油气的直接先驱。

干酪根是指沉积岩（物）中分散的不溶于一般有机溶剂的沉积有机质，也可理解为油母质。与其相对应的可溶部分称为沥青。干酪根是沉积有机质的主体，约占总有机质的80%～90%。Hunt认为，80%～95%的石油是干酪根转化而成的。Durand估计，沉积岩中干酪根总量比化石燃料资源总量约高1000倍。所以，人们日益认识到研究干酪根的重要性。但干酪根的成分和结构十分复杂，它的不溶性及来源和经历的多变性给研究带来困难。国内外研究表明，干酪根是极其复杂的有机物质，无固定的成分和结构不能用分子式来表达。从干酪根经沥青到原油，碳、氢含量增加，而氧、硫、氮含量减少。其结构总体看来是兰维空间网络的非均一多聚物，由桥键和各种官能团将多个核连接而成。

由于在不同的沉积环境中，有机质的来源不同，形成的干酪根类型也不同，其性质和生油气潜能有很大的差别，法国石油研究院根据干酪根中的C、H、O元素分析结果，将干酪根划分为3种类型：

Ⅰ型：H/C原子比较高（1.25～1.75），O/C原子比较低（0.026～0.12），以含类脂化合物为主，直链烷烃很多，多环芳香烃及含氧官能团很少；主要来自藻类、细菌类等低等生物，生油潜能大。

Ⅱ型：H/C原子比较Ⅰ型低（0.65～1.25），O/C原子比较Ⅰ型高（0.04～0.13），属高度饱和的多环碳骨架，含中等长度直链烷烃和环烷烃很多，也含多环芳香烃及杂原子官能团；来源于浮游生物（以浮游植物为主）和微生物的混合有机质，生油潜能中等。

Ⅲ型：H/C原子比较低（0.46～0.93），O/C原子比较高（0.05～0.30），以含多环芳烃及含氧官能团为主，饱和烃链很少；主要来源于陆地高等植物，生油潜力较差，但它是生成天然气的主要母源物质。

四、油气生成的外在条件

有机质是油气生成的物质条件，但这些物质要保存下来并转化成为石油，还需要一定的环境条件，即地质古地理条件和物理化学条件。

（一）地质古地理环境条件

要形成大量油气，一是要有让大量有机质长时期沉积的古地理环境，二是要有使这些有机质得到有效埋藏保存的地质条件。根据对现代沉积物和古代沉积岩的调查，能满足上述条件的地区主要为浅海区、海湾、潟湖、内陆湖泊的深湖-半深湖区和靠近河流入海、湖的三角洲地带。这些地区稳定存在的时期越长，在该区沉积的有机质就越多，潜在的生油量也越大。如要使上述地区长时期稳定存在，就要求该区地壳长期稳定下沉，并且沉降速度与沉积物沉积速度大体相等。否则，该区水体就会变浅或加深，而使沉积有机质不能得到有效的沉积或保存。

因此，那些地壳长期下沉的，沉降速度与沉积速度大体相等的浅海、海湾、潟湖、内陆湖泊的深湖-半深湖和三角洲地带，是有机质沉积最多且能有效保存的地区，是生油的地质古地理环境。

（二）物理化学条件

有机质向油气转化是一个复杂的过程。在这个转化过程中，细菌作用、温度和时间、压力、催化剂等是必不可少的物理化学条件。

（1）细菌作用。细菌是地球上分布最广、繁殖最快的一种生物，可以分为喜氧细菌和厌氧细菌。在还原条件下，细菌的活动可以改造沉积有机质，一方面，通过消耗原始沉积有机质中的碳水化合物，并不断加入细菌遗体，而使有机质的含氧量降低、含氢量增加，使之朝更加有利于生油的方向转化；另一方面，细菌的活动可以分解有机质而生成甲烷，直接参与油气的生成过程。

（2）温度和时间。在沉积有机质向油气转化的过程中，温度是最有效、最持久的作用因素。在转化过程中，若温度不足可用延长反应时间来弥补。温度与时间可以互相补偿：高温短时作用与低温长时作用可能产生近乎同样的效果。

若沉积物埋藏太浅，地温太低，有机质热解生成烃类所需反应时间很长，实际难以生成有工业价值的石油。随埋藏深度的加大，当温度升高至一定数值时，有机质才开始大量转化为石油。在地温梯度很高的地区，有机质不用埋藏太深就可以转化为石油和天然气；反之，在地温梯度很低的地区，有机质埋藏很深才能大量转化为油气。

（3）催化剂。在油气生成过程中，催化剂的催化作用在于催化剂与分散有机质作用，使后者的原始结构破坏，促使分子重新分布，形成结构稳定的烃类。这种催化剂主要有无机盐类和有机酵母两大类。

黏土矿物是自然界分布最广、成本最低的无机盐类催化剂。蒙脱石黏土催化能力最强，高岭石黏土催化能力最弱。有机酵母催化剂能加速有机质的分解。当有酵母存在时，有机质的分解比在细菌活动时还要快很多。

（4）放射性。在地下的黏土岩和碳酸盐岩中含有一定量的放射性元素，实验室的一些实验也证实放射性作用可以促进油气的生成，但由于放射性元素的含量很低，由放射性作用形成的石油不会很多，所以放射性不是影响油气形成的重要因素。

（5）压力。随着沉积物埋藏深度的加大，有机质承受的压力也在升高。近年来的研究证实，压力的增大阻碍有机质的成烃作用，短暂的降压更有利于加速有机质的生油转化。但从总体来看，由埋深加大引起的压力增大对油气生成过程的阻碍作用远不如由埋深加大引起的温度升高对油气生成的促进作用。

上述各种因素在有机质生油过程中都不同程度地起着作用。一般认为，温度和催化剂起主要作用；细菌只在沉积物埋藏不深的情况下对有机物分解起作用；时间的延长可以弥补温度不足所造成的影响；其他因素占次要地位。

五、生油过程

有机成油学派认为，成油转化是在沉积岩形成过程中完成的。这个过程可概述如下：水体中和陆地上搬运来的有机质同其他矿物质混杂在一起，沉积在水盆底部，在还原条件下被埋藏并保存下来，成为沉积有机质；由于地壳不断下沉，沉积物一层一层不断加厚，温度和压力不断升高，有机质在各种因素作用下将发生有规律的演化。而油气的生成就是此演化过程的有机组成部分，或者说油气是沉积有机质在一定环境条件下的存在形式。有机质演化过程可以分为4个阶段。

（一）生物化学生气阶段

该阶段从有机质埋藏开始，到数百乃至一千多米深处，温度为10℃～60℃，有机质的演化是在低温、低压和细菌作用下进行的。沉积有机质首先在细菌作用下分解，产生CO_2，CH_4，NH_3，H_2S和H_2O等简单分子，并形成腐殖酸。腐殖酸再与周围矿物质相络合形成稳定有机质即干酪根（沉积物或沉积岩中不溶于碱、非氧化型酸和有机溶剂的有机质）。

此阶段中，有机质除形成挥发性气体及少量低熟石油外，大部分成为干酪根保存在沉积岩中。只是到了本阶段后期，温度接近60℃时才生成少量石油。该阶段生成的气为生物化学气，甲烷的质量分数在95%以上，属干气，可形成浅层气藏。

（二）热催化生油气阶段

沉积物埋藏深度为1500～2500m，有机质经受的地温升至60℃～180℃时，沉积有机质干酪根在催化剂的作用下发生热降解和聚合加氢作用，生成大量油气，故又称为主要生油阶段。

此阶段的生油开始是缓慢的，后期比较迅速。随着演化的发展，氧、硫和氮等杂元素逐渐减少，原油的密度、黏度降低，胶质、沥青质减少，轻馏分增加，原油的性质变好。

（三）热裂解生凝析气阶段

沉积物埋藏深度为3500～4000m，地温达到180℃～250℃时，由于温度升高，干酪根和已生成的石油发生热裂解，液态烃急剧减少，C_1～C_8轻烃迅速增加，胶质和沥青质逐渐减少乃至消失。因该阶段产物以凝析气为主并伴有少量轻质油，故称热裂解生凝析气阶段。

（四）深部高温生气阶段

深度为6000～7000m，地温超过250℃，已达到有机质转化的末期。由于温度、压力高，此阶段干酪根及已生成的轻质油和凝析气强烈裂解为热力学上最稳定的甲烷，故该阶段又称为热裂解干气阶段。干酪根在释放出甲烷后进一步缩聚为碳质残渣（碳沥青或石墨）。

以上各个阶段是连续过渡的，相应的反应机理和产物也是可以叠置交错的，没有统一的截然的划分标准。有机质的演化程度同时受控于有机质本身的化学组成和所处的外界环境条件，不同类型的有机质达到不同演化阶段所需的温度条件不同，而不同的沉积盆地沉降历史、地温历史也不同，这就决定了不同沉积盆地中的有机质向油气转化的过程不一定全都经历这4个阶段，而且每个阶段的深度和温度界限也可有差别。

六、生油层

能够生成并提供具有工业价值的石油和天然气的岩石，称为生油气岩（或烃源岩、生油岩）。烃源岩是沉积盆地形成油气聚集的必备条件，因此烃源岩层研究对探讨油气成因具有理论意义，是指导油气勘探实践的主要根据，是石油地质与油气勘探的重要研究内容。

（一）烃源岩的岩性、岩相特征

岩性特征是研究烃源岩最直观的标志。虽然岩性并不是决定某地层能否生成石油和天然气的本质因素，但它与生成油气的基本条件即原始有机质和还原环境有一定的联系。烃源岩一般粒度细，颜色暗，富含有机质和微体生物化石，常含原生分散状黄铁矿，偶见原生油苗。常见的烃源岩主要包括黏土岩和碳酸盐岩两大类。

（1）黏土岩类烃源岩主要包括泥岩和页岩，是在一定深度的稳定水体中形成的。沉积环境安静乏氧，由生物提供的各类有机质能够伴随黏土矿物质大量堆积、保存，为生成油气提供物质保证。由于这些黏土岩类富含有机质及低价铁化合物，所以颜色多为暗色。我国主要陆相盆地如松辽、渤海湾、准噶尔、柴达木等含油气盆地，主要烃源岩层多为灰黑、深灰、灰及灰绿色泥岩、页岩。国外的烃源岩也以此类最多。

（2）碳酸盐岩类烃源岩以低能环境下形成的富含有机质的普通石灰岩、生物灰岩和泥灰岩为主，如沥青质灰岩、隐晶灰岩、豹斑灰岩、生物灰岩、泥质灰岩等。岩石中常含泥质成分，多呈灰黑、深灰、褐灰及灰色。隐晶-粉晶结构，颗粒少，灰泥为主。多呈厚层厚层块状，水平层理或波状层理发育。含黄铁矿及生物化石，偶见原生油苗，有时锤击可闻到沥青臭味。我国四川盆地丰富的天然气资源部分与二叠系和三叠系的石灰岩有关；华南、塔里木地台广泛发育的古生界碳酸盐岩和华北地台中-上元古界、下古生界的许多碳酸盐岩都具备良好的生烃条件。

这两类烃源岩大多发育在浅海区、深湖区及海湖附近三角洲地区。这些地区具备生物大量繁盛的优势和有机质堆积、保存的有利条件，在地壳沉降与沉积物补偿速度大体一致时，常能发育巨厚的烃源岩沉积，成为大油气田形成的有利地区。浅海相、深湖-半深湖相和三角洲相是烃源岩发育的有利相带。

（二）烃源岩的地球化学特征

要评价一个沉积盆地中烃源岩的生油气能力，仅进行烃源岩层的地质研究是不够的，还必须对烃源岩中所含有的有机质的数量、类型及其所经历的热演化特征进行系统研究。

1.有机质的丰度

烃源岩中的有机质是形成油气的物质基础，有机质在岩石中的含量是决定岩石生烃能力的主要因素。有机质在岩石中的相对含量称为有机质的丰度，目前常用的丰度指标主要包括有机碳含量。有机碳含量是指岩石中所有有机质含有的碳元素的总和占岩石总重量的百分数。由于岩石中的有机质经历了漫长的演化历史，原始的有机质丰度已无法测得，所以实测得出的有机碳含量实质上是残余的有机碳含量。

我国东部中新生代陆相淡水–半咸水沉积盆地，主力生油岩的有机碳含量均为1.0%以上，平均为1.2%～2.3%，最高达2.6%。尚慧芸研究认为，我国中新生代主要含油气盆地暗色生油岩的有机碳含量的下限为0.4%，较好的生烃岩为1%左右。一般碳酸盐岩比泥质岩低。Hunt测定的碳酸盐岩的平均值为0.17%。所以两者的评价标准不同。

2.有机质的类型

有机质的类型不同，其生烃潜力及产物是有差异的。一般认为，Ⅰ型干酪根生烃潜力最大，且以生油为主；Ⅲ型生烃潜力最差，但以生气为主；Ⅱ型介于两者之间。

3.有机质的成熟度

有机质的成熟度是指烃源岩中有机质的热演化程度。由于沉积有机质在不同演化阶段生成的烃类种类与数量不同，勘探实践证明，只有在成熟烃源岩分布区才有较高的油气勘探成功率，所以成熟度评价是烃源岩研究的又一主要内容。

在沉积岩成岩后生演化过程中，烃源岩中的有机质的许多物理、化学性质都发生相应的变化，并且这一过程是不可逆的，因而可以应用有机质的某些物理性质和化学组成的变化特点来判断有机质热演化程度，确定有机质演化阶段。常用的成熟度评价指标有镜质体反射率和有机质颜色等。

第四节　储集层和盖层

一、储集层

具有一定储集空间，能够储存和渗滤流体的岩石均称为储集岩。由储集岩所构成的地层称为储集层，简称储层。一般按岩类将储集层分为3大类，即碎屑岩储集层、碳酸盐岩储集层和其他岩类储集层（包括岩浆岩、变质岩、泥质岩等）。按照储集空间类型可将储集层分为孔隙型储集层、裂缝型储集层、孔缝型储集层、缝洞型储集层、孔洞型储集层和孔缝洞复合型储集层等；按照渗透率的大小可将储集层分为高渗储集层、中渗储集层和低渗储集层等。

（一）碎屑岩储集层

碎屑岩储集层主要包括各种砂岩、砂砾岩、砾岩、粉砂岩等碎屑沉积岩，是世界油气田的主要储集层类型之一，其中的油气储量占全世界总储量的60%左右。碎屑岩储集层也是我国目前最重要的储集层类型，油气储量占我国总储量的90%以上。例如，我国的大庆、胜利、大港、克拉玛依等均属于此类。

1.碎屑岩储集层的储集空间类型

碎屑岩储集层是由成分复杂的矿物碎屑、岩石碎屑和一定数量的填隙物所构成的。其主要孔隙为碎屑颗粒之间的粒间孔隙，是沉积成岩过程中逐渐形成的，属原生孔隙。此外，在一些细粉砂岩发育的层间裂隙、成岩裂缝及一些构造裂缝、地下水对矿物颗粒及胶结物的溶蚀也可成为部分储集空间，但它们一般是次要的，属次生孔隙。在特定条件下，次生孔隙也可成为主要储集空间类型。

2.孔隙结构

储集层的储集空间是一个复杂的立体孔隙网络系统，这些孔隙网络可以分为两个基本单元：一部分是对流体储存起较大作用的相对较大的部分，称为孔隙（狭义）；一部分是连通孔隙形成通道，对渗滤流体起关键作用的相对狭窄的部分，称为喉道。

（二）碳酸盐岩储集层

碳酸盐岩储集层包括石灰岩、白云岩、白云质灰岩、灰质白云岩、生物碎屑灰岩、缅状灰岩等，在世界油气分布中占有重要地位。碳酸盐岩储集层油气产量占全世界油气总产量的60%以上。碳酸盐岩储集层构成的油气田常常储量大、单井产量高，容易形成大型油气田。在我国，碳酸盐岩储集层分布也极为广泛，先后找到了华北任丘油田、四川威远气田等许多油气田。

碳酸盐岩的储集空间通常分为孔隙、溶洞和裂缝三类。与砂岩储集层相比，碳酸盐储集层储集空间类型多、次生变化大，具有更大的复杂性和多样性。按照储集空间及其组合类型，可将碳酸盐岩储集层大体分为5种基本类型。

（1）孔隙型储集层：储集空间以各种类型的孔隙为主，包括各种粒间孔隙、晶间孔隙、生物骨架孔隙等。这类储集层多分布于潮下带—开阔台地、浅滩和生物礁相等。

（2）裂缝型储集层：储集空间以裂缝为主，孔隙和溶洞较少。裂缝既作为主要的油气储集空间，又是油气渗滤通道。当裂缝构成纵横交错的裂缝网络时，可成为良好的储集层。

（3）孔缝型储集层：储集空间为各类孔隙和裂缝。基质岩块的孔隙为主要的储集空间，裂缝除提供部分储集空间外，最主要的作用是连通基质岩块，提高储集层渗透率。孔隙和裂缝形成复杂的孔缝网络。这是碳酸盐岩中分布比较广泛的一类储集层。

（4）缝洞型储集层：储集空间以各种大小不同的溶洞为主，孔隙不发育，但裂缝发育。溶洞是主要的储集空间，裂缝为渗流通道。这类储集层与古岩溶作用有关，常分布于不整合面及大断裂附近。

（5）孔洞缝复合型储集层：储集空间为各种成因的孔隙、溶蚀洞穴和裂缝。孔隙、溶洞为主要的油气储集空间，裂缝主要发挥渗流通道作用，构成统一的孔隙–溶洞–裂缝系统。

（三）其他岩类储集层

其他岩类储集层包括火山岩类储集层、结晶岩类储集层和泥质岩类储集层。

火山岩类储集层包括火山喷发岩和火山碎屑岩，主要储集空间为构造裂缝或受溶解的构造裂缝。因此，在构造裂缝发育的小型断陷盆地边缘与隆起过渡带有火山岩储集层。它往往发育于生油层之中或邻近的火山岩，对含油有利。

结晶岩类储集层包括各种变质岩，储集空间主要为风化孔、缝及构造缝，多发育在不整合带、盆地边缘斜坡及盆地古突起。以此为储集层的油气藏属称基岩油气藏。

泥质岩类储集层的储集空间主要为构造裂缝或泥岩中含有易溶成分石膏、盐岩等经地下水溶蚀形成的溶孔、溶洞等。

二、盖层

盖层是指位于储集层之上能够封隔储集层使其中的油气免于向上逸散的岩层。与储集层作用相反，盖层的作用是阻碍油气的逸散。在油气源充足条件下，盖层的分布与封盖性能控制油气的运移、聚集与保存。良好的盖层可以阻滞油气渗流逸散、降低天然气的扩散散失，使其在盖层之下聚集成藏，是油气成藏的必要条件。

常见的盖层有页岩、泥岩、石膏、盐岩以及泥灰岩、石灰岩等。页岩、泥岩盖层常与碎屑岩储集层并存；石膏、盐岩层常常与碳酸盐岩储集层并存。以页岩、泥岩为盖层的大油田占总数的65%，盖层为盐岩、石膏的占33%，致密石灰岩盖层占2%。我国的大庆、辽河、胜利等油区多以泥岩为盖层，四川、江汉多以盐岩、石膏等蒸发岩为盖层。

油气田的勘探实践证明，盖层需要一定的厚度。从理论上来说，盖层厚度与封闭能力或经柱高度没有简单的对应关系。封闭能力主要取决于盖岩的排替压力。但从沉积条件看，盖层薄时，横向上能够连续、完整、均一、无裂缝的可能性几乎没有，形成大油气田的可能性就小。因此，从保存油气的角度，盖层应该存在一个受其他地质条件影响的有效下限，厚度越厚越有利。

第五节 石油和天然气的运移

一、初次运移

（一）初次运移的主要动力

烃类从其烃源岩层中排出的原因是烃源岩内部存在剩余压力。剩余压力是指岩层的实际压力超过对应的静水压力的部分；由于不同点的剩余压力不同，在烃源岩内外形成剩余压力差，从而驱动孔隙流体（包括油气、水）沿剩余压力变小的方向运移。除剩余压力差外，烃源岩内外的烃浓度差也是天然气初次运移的一种动力。在烃源岩演化的不同阶段，油气初次运移的动力不同。

1.压实作用

（1）压实作用形成的瞬时剩余压力：压实作用是沉积物最重要的成岩作用之一。压实导致孔隙度减少，孔隙流体排出，岩石体密度增加，如果此时岩石孔隙中有油气存在，油气也将从孔隙中排出烃源岩。对于一套沉积物，如果其中的孔隙压力为静水压力，称此时的沉积物处于压实平衡状态或正常压实状态。在压实平衡状态下，上覆地层的岩石骨架重量产生的骨架压力由岩石骨架承担，孔隙流体只承担上覆孔隙水静水柱产生的压力，就像人住在楼房里只承受大气压力一样。在这种状态下，烃源岩不存在剩余压力，没有流体排出。

如果在一个处于压实平衡状态的地层上又新沉积了一个新的沉积层，下伏地层就要受到压缩，其颗粒就要发生重排，其孔隙体积就要缩小。在这一变化的瞬间，即在达到新的压实平衡之前，孔隙流体就要承受一部分上覆岩石颗粒的重量，从而使孔隙流体产生超过静水压力的瞬时过剩压力。在这一瞬时剩余压力作用下，孔隙流体得以排出，孔隙度减小，达到颗粒之间相互紧密支撑，流体又恢复静水压力状态。随着上覆地层的不断沉积，沉积物的压实平衡与欠平衡状态交替出现，孔隙体积不断减小，流体不断从孔隙中排出，这就是在正常压实状态下，孔隙流体排出的机理。如果此时烃源岩孔隙空间中有烃类存在，烃类也将被排出烃源岩。

（2）泥质烃源岩的欠压实作用：在泥质沉积物的压实过程中，在达到一定埋藏深度后，由于泥岩中的流体排出受阻或来不及排出，孔隙体积不能随上覆负荷的增加而有效地减小，从而使泥岩层中的孔隙流体承受了一部分上覆沉积物颗粒的重量，泥岩孔隙度高于相应深度正常压实孔隙度、孔隙流体压力高于静水压力，这种现象称为欠压实。欠压实现象在快速沉积的盆地和厚层泥岩中十分普遍。在沉积盆地中，浅层泥岩一般处于正常压实状态，泥岩的孔隙度随深度的增加有规律地降低，地层压力为静水压力；当埋深达到一定深度后泥岩开始处于欠压实状态，泥岩的孔隙度开始偏离正常压实趋势，形成异常高孔隙度和异常高压。

2.流体热增压作用

泥岩中的流体受热膨胀，体积增大，而矿物颗粒受热膨胀则产生更大的孔隙空间。由于水油、气的膨胀系数比颗粒的膨胀系数大得多（分别为颗粒的40、200和800倍），所以在热力作用下泥岩孔隙流体体积趋于增大。这部分由热膨胀而增加的孔隙流体在渗透性好的条件下可及时排出，否则就推迟排出而产生异常高压。当地温升高时，烃源岩孔隙中的油、气、水都要发生膨胀。在开放的体系内，膨胀增加的体积将排出烃源岩，流体压力仍保持静水压力。在封闭和半封闭的体系内，体积的膨胀必然导致压力的增大，促进异常高压的形成，成为排烃动力。

3.有机质生烃增压作用

干酪根成熟后将生成大量油气。这些油气的体积远远超过原来干酪根本身的体积，这些不断生成的新生流体进入烃源岩的孔隙空间，将使孔隙流体体积增大，在正常压实的情况下，多余的流体体积将被排出烃源岩，而在欠压实阶段，由于排液受阻，油气的生成必然造成孔隙压力的增大，促进异常高压的形成，引起烃类的排出。

4.烃类的浓度梯度扩散作用

烃源岩中烃类浓度要比周围岩石高，因此在烃源岩与周围岩石之间就形成了烃类的浓度梯度。在这一浓度梯度的作用下，烃类可以自发地发生从烃源岩向储集层的运移，这就是烃类的扩散作用。

扩散作用是烃类以分子状态进行了运移，必须通过烃源岩狭窄的孔隙进行。由于液态烃的分子较大，因此液态烃在泥岩中的扩散系数很小，以至于不能发生具有实际意义的扩散作用。扩散作用只对相对分子质量较小的天然气的初次运移具有实际意义。

（二）初次运移的通道

油气从烃源岩层向储集层中运移的通道主要有孔隙和微裂缝。

1.孔隙

在烃源岩的未成熟-低成熟阶段，一般埋藏较浅，成岩作用不强，烃源岩仍保留有较大的孔隙，这些孔隙一般大于100nm。此时烃源岩仍处于正常压实阶段，这些较大的孔隙是此时烃源岩孔隙流体排出的主要通道。

2.微裂缝

当烃源岩演化到成熟-过成熟阶段时，由于烃源岩埋藏深度已经很大，孔隙度和渗透率极低，基本不存在较大的孔隙，孔隙空间中流体已经基本不能通过狭小的孔隙发生初次运移，烃源岩内部已成为封闭或半封闭的体系。此时，烃源岩内部孕育的异常高压成为油气初次运移的主要动力，同时促使一种新的运移通道-微裂缝的形成。

（三）初次运移的主要时期和烃源岩有效排烃厚度

1.初次运移的主要时期

初次运移的时期是指烃源岩从开始排烃到终止排烃的整个时期。受烃源岩成岩作用，有机质演化、油气运移相态及排烃等条件的制约，油气初次运移必定存在一个主要时期，即主运移期。

对于石油来说，只有适合发生油相运移条件的时期才是石油初次运移的主运移期。在有机质成熟阶段石油大量生成，含油饱和度高，油相是油最主要的运移相态；同时，此阶段压实作用、黏土矿物脱水、流体热增压作用、烃类生成作用等初次运移动力活跃，具备排烃的良好动力条件。

对于天然气来说，它可以多种相态运移，主运移期的问题不如石油突出，也可以说天然气的初次运移可以发生在天然气生成之后的任何一个时期。从烃源岩提供的动力条件看，在有机质成熟阶段，压实作用、欠压实作用、黏土矿物脱水作用、有机质生烃作用、水热增压作用等成为重要运移动力，是幕式压裂和幕式排烃的主要时期。

因此，油气初次运移的主要时期就是有机质热演化成熟阶段。

2.烃源岩有效排烃厚度

由于受到渗透率、排烃动力、烃源岩均一性及厚度等因素的影响，烃源岩中排烃是不均匀的，只有在一定厚度范围内才能有效地排烃。在烃源岩与储集层（或输导层）相邻的部位排烃效率高，而越向烃源岩中心部位排烃效率越低，有的烃类甚至根本不能排出而成为死烃。在烃源岩中能够有效排出烃类的厚度称为有效排烃厚度。

二、二次运移

油气二次运移环境较初次运移环境改变较大，二次运移的环境是孔隙空间、渗透率都较大的渗透性多孔介质，自由水多，对油气的毛细管压力较小，便于孔隙流体（包括水、油、气）的活动。这些条件的改变，必然改变油气在其中的运移特点。

（一）二次运移的相态

储集层作为二次运移的主要载体，其空间比初次运移的空间大得多，而储集层中一般是充满水的，由于石油在水中的溶解度极低，很难溶解于水。因此，一般认为石油在二次运移过程中主要呈游离相态。在二次运移的初期，油粒较小，显微的和亚显微的油粒比较多。随着运移过程发展，这些分散的小油粒逐渐相连，最终形成连续的油珠或油条进行运移。

与石油相比，天然气具有水溶性和扩散性两个独特的物理性质。因此，一般认为天然气既可以呈游离相态运移，也可以呈水溶相态运移，还可以呈分子扩散状态运移。在运移过程中，由于温压条件的改变，天然气的相态也会发生变化，如呈水溶相态运移的天然气，从深层运移至浅层或地层抬升后，由于温压的降低会从水中析出，成为游离的气相，而游离的天然气由于地层埋藏深度的增加、压力的增大，也会溶解于水中。在二次运移过程中，天然气也可以溶解于油中，呈油溶相运移。

（二）二次运移的通道和输导体系

1.运移通道的类型

从微观角度讲，油气是通过地下岩石中的空隙空间发生运移的，这些空隙空间包括孔隙、裂缝和孔洞。从宏观角度讲，在沉积盆地中具有比较发育的空隙空间并且作为油气二次运移的宏观通道的地质体主要有输导层（渗透性地层）、断层和不整合面。

（1）输导层：是指具有发育的孔隙、裂缝或孔洞等运移基本空间的渗透性地层。沉积盆地中常见的输导层主要包括渗透性的碎屑岩岩层以及孔隙型、裂缝型和溶蚀型的碳酸盐岩等。输导岩的输导能力主要与其孔隙度和渗透率有关，其中渗透率对输导性能的好坏起主导作用，而碎屑岩输导层渗透性的高低又取决于其沉积环境和经受的成岩后生变化。因此，沉积盆地中各种砂岩体的分布决定了输导层的分布，油气往往沿着这些砂岩体朝着物源方向运移，并在适合的地方聚集起来。碳酸盐岩输导层的分布受其孔缝发育情况的控制，碳酸盐岩的高孔渗相带、裂缝发育带和溶蚀孔缝发育带都可以成为油气运移的重要通道。

（2）断层：在许多盆地中可以发现沿断层分布的油气苗，这是断层作为油气运移通道的直接证据；同时，断层又可以作用油气的封闭条件，盆地中许多断层油气藏的存在也是断层具有封闭性的直接证据。因此，断层在油气藏形成中的作用具有两重性。

断层面实际上不是一个几何面，而是一个具有一定宽度的破碎带。断层之所以可以作为油气运移的通道，就是因为在断层形成过程中形成了沿断层面分布的破碎带，这一破碎带是一个裂缝发育带，这一破碎带的宽度也称为断裂带的宽度。

（3）不整合面：是沉积盆地中由于纵向沉积连续性的中断而形成的地层接触界面。由于不整合面代表了地层的沉积间断和剥蚀作用，在不整合面的上下往往形成高渗透性的岩层，这些高渗透性的岩层所具有的空隙空间就成为油气运移的通道。沉积盆地中的不整合面一般分布广泛，可以沟通不同时代的烃源岩和储集层，扩大了油气运移的空间范围和层系范围，在油气运移中起着重要作用。不整合面对油气长距离运移或形成大油气田非常有利。世界上不少大的潜山类型的油气田，常常都是油气通过不整合面运移聚集而形成的，如我国渤海湾盆地冀中坳陷任丘油田的形成与不整合面有重要关系。

2.输导体系与运移方式

在盆地中不同类型的油气运移通道不是孤立存在的，往往形成多种组合形式。从烃源岩到圈闭的油气运移通道的空间组合称为油气运移的输导体系。输导层、断层和不整合面3种运移通道既可以单独构成单一型的输导体系，如输导层输导体系、断层输导体系、不整合输导体系等；不同类型的运移通道也可以相互组合形成复合型的输导体系，如输导层–断层输导体系、断层–不整合输导体系、输导层–不整合输导体系和断层–输导层–不整合输导体系。根据输导体系的输导功能和与油气运移方式的关系，可以把油气输导体系划分为3种主要类型和3种运移方式，即侧向输导体系和侧向运移、垂向输导体系和垂向运移、阶梯状输导体系和阶梯状运移。

第六节　圈闭和油、气藏

一、构造油气藏

由于地壳运动使地层发生变形或变位而形成的圈闭，称为构造圈闭。在构造圈闭中的油气聚集，称为构造油气藏。构造油气藏是目前世界上最重要的一类油气藏。其中比较重要的有背斜油气藏、断层油气藏、裂缝油气藏以及岩体刺穿构造油气藏等。

（一）背斜油气藏

在构造运动作用下，储集层呈拱起的背斜，其上方为非渗透性盖层所封闭，形成背斜圈闭。油气在背斜圈闭中聚集形成的油气藏，称为背斜油气藏。许多大油田都是以背斜油气藏为主组成的油气田，如沙特阿拉伯的加瓦尔油田、科威特的布尔干油田、我国的大庆油田等。在自然界存在的与油气聚集有关的背斜圈闭及背斜油气藏，从成因上看，主要有5种类型。

（1）压背斜油气藏：由侧压应力挤压为主的褶皱作用形成的背斜圈闭中的油气聚集。常见于褶皱区，两翼地层倾角陡，常呈不对称状；闭合高度较大，闭合面积较小。由于地层变形比较剧烈，与背斜圈闭形成的同时，经常伴生有断裂。

（2）基底升降背斜油气藏：在相对稳定的地区，由于基底隆起使沉积盖层发生变形而形成平缓、巨大的背斜圈闭油气聚集。其主要特点是：两翼地层倾角平缓，闭合高度较小，闭合面积较大（与褶皱区比较）。从区域上看，在地台内部坳陷和边缘坳陷中，这些背斜圈闭常成组成带出现，组成长垣或大隆起。特别是坳陷中心早期的潜伏隆起带，在油气生成、运移过程与背斜圈闭形成过程相吻合的情况下，这些隆起和长垣就成为油气聚集的最好场所，形成一系列这种类型的油气藏。

（3）底辟拱升背斜油气藏：坳陷内堆积的巨厚盐岩、石膏和泥岩等可塑性地层，在上覆不均衡重力负荷及侧向水平应力作用下蠕动抬升，使上覆地层变形形成底辟拱升背斜圈闭。

（4）披覆背斜油气藏，其形成与地形突起和差异压实作用有关。在沉积基底上常存在各种地形突起，由结晶基岩、坚硬致密的沉积岩或生物礁块等组成。当其上有新的沉积物堆积后，这些突起部分的上覆沉积物常较薄，而其周围的沉积物则较厚。因此，在成岩过程中，由于沉积物的厚度和自身重量不同，所受到的压实也是不均衡的，周围较厚的沉积物压缩程度较大，突起部位压缩较小，结果便在地形突起（潜山）的部位，上覆地层呈隆起形态，形成背斜圈闭。常呈穹隆状，顶平翼稍陡，幅度下大上小。闭合度总是比突起高度小，并向上递减。这类背斜构造也称为披盖构造或差异压实背斜。

（5）滚动背斜油气藏：沉积过程中，由于张性断层的块断活动及重力滑动，出现了边沉积边断裂的现象，堆积在同生断层下降盘上的砂泥岩地层沿断层面下滑，使地层产生逆牵引（与正牵引比较），形成了这种特殊的"滚动背斜"圈闭。滚动背斜位于向坳陷倾斜的同生断层下降盘，多为小型宽缓不对称的短轴背斜，近断层-翼稍陡，远断层-翼平缓，背斜高点距离断层较近。轴向近于平行断层线，常沿断层成串珠状成带分布。因为它们距油源区近，面向生油凹陷，发育在大型三角洲沉积中，储集砂体厚度大、物性好，并形成良好的生储盖组合，加之构造属于同沉积构造，同生断层可作为油气运移的通道，因此，这类背斜常可形成富集高产的油气藏。

（二）断层油气藏

断层圈闭是指沿储集层上倾方向受断层遮挡所形成的圈闭。在断层圈闭中的油气聚集，称为断层油气藏。这类油气藏是在世界各含油气盆地中广泛分布的一种类型。我国断层油气藏的分布都很广泛。尤其是在东部地台区，中生代以来块断运动比较活跃，形成很多断陷盆地，同时在盆地的斜坡带以及背斜带上也产生了大量断层，形成了为数众多的断层油气藏，如在渤海湾盆地各含油气凹陷中的大量油气藏都属于这种类型。

就圈闭的形成和油气聚集而言，断层油气藏比背斜油气藏复杂得多。断层破坏了岩层的连续性。断层的性质、破碎和紧结程度，以及断层两侧岩性组合间的接触关系等，对油气运移、聚集和破坏都有重要影响。在油气藏的形成过程中，断层可起通道作用、破坏作用和封闭作用。

断层圈闭形成的前提条件是断层必须是封闭的，即对油气运移起遮挡作用，同时断层与储集层构成闭合空间，使油气在断层与储集层构成的封闭空间中聚集形成油气藏。影响断层封闭性的因素是多方面的，在断层停止活动条件下，主要可归为以下两大方面：

（1）断层两侧岩性及其对置关系。如果断层两侧的渗透性岩层直接接触，则断层往往不能起封闭作用；若断层两侧渗透层与非渗透层相对置，则断层封闭较好。断开地层的岩性对断层的封闭性影响很大。在塑性较强的地层（如泥岩）中产生断层，沿断层面常形成致密的断层泥，可起封闭作用。一般来说，断开地层中泥岩的厚度越大，断层的封闭性越好。

（2）断层的性质及产状。由于所受外力不同，产生的断层性质不同。受压扭力作用产生的断层，断裂带表现为紧密性的，常使断层面具封闭性质；而张性断层的断裂带常不紧密，易起通道作用。

此外，断层面的陡缓也有影响，断面陡，封闭性差；断面缓，封闭性好。随埋深增加，上覆地静压力增大，断层封闭性变好。

在断裂带内，由于地下水中溶解物质（如碳酸钙）沉淀，可将破碎带胶结起来，形成所谓的断层墙而起封闭作用。在油气沿开启的断裂带运移过程中，由于原油氧化作用或生物菌解作用，形成固体沥青等物质，堵塞了运移通道，也可使断裂带起封闭作用。在塑性较强的地层（如泥岩、盐岩和膏盐）中，沿断裂带常形成致密的断层泥，可使断裂带起封闭作用。

开启断层常常破坏了原生油气藏的平衡状态，断层就成为油气运移的通道。在油气藏的形成过程中，开启的断层可成为连接源岩与圈闭的良好通道，也可与储集层、不整合面一起成为油气长距离运移的通道。油气藏形成后，开启的断层破坏油气藏，可使油气沿断层向上运移，在上部地层形成次生油气藏或直接运移至地表造成散失破坏。

总之，断层对油气藏形成所起的作用具有两重性，既可以起封闭作用，也可以起通道作用和破坏作用。每条断层对油气藏形成所起的作用要具体情况具体分析，不能用静止的观点去主观判断，而是要根据其发展历史全面地进行评价。

（三）裂缝油气藏

所谓裂缝油气藏，是指油气储集空间和渗滤通道主要靠裂缝或溶孔（溶洞）的油气藏。在各种致密、性脆的岩层中，原来的孔隙度和渗透率都很低，不具备储集油气的条件。但是，由于构造作用，加上其他后期改造作用，使其在局部地区的一定范围内产生了裂隙和溶洞，具备了储集空间和渗滤通道的条件，与其他因素（如盖层、遮挡物等）相结合，则可形成裂缝圈闭。油气在其中聚集，则形成裂缝油气藏。

裂缝油气藏是一种比较复杂的油气藏类型，在勘探这种类型的油气藏时，最重要的是分析和认识裂缝带的分布规律，因为正是这些次生裂缝带的分布及发育情况控制了油气的富集程度。

（四）岩体刺穿构造油气藏

由于刺穿岩体接触遮挡而形成的圈闭，称岩体刺穿圈闭；岩体刺穿油气藏则是指油气在岩体刺穿圈闭中的聚集。

按刺穿岩体性质的不同，可以分为盐体刺穿、泥火山刺穿及岩浆岩柱刺穿等。目前世界上在这三种岩体刺穿圈闭中都已经发现了油气藏。但是，从分布的广泛性来看，盐体刺穿更为重要。

地下塑性岩体（包括盐岩、泥膏岩、软泥以及各种侵入岩浆岩）侵入沉积岩层，使储集层上方发生变形，其上倾方向被侵入岩体封闭而形成刺穿（接触）圈闭。形成刺穿或底辟构造的基本条件是：首先，地下深处存在相当厚度的膏盐或软泥层，厚度越大，形成这种构造的可能性就越大；其次，上覆岩层存在压差变化比较显著的薄弱带。

二、地层油气藏

地层圈闭是指储集层由于纵向沉积连续性中断而形成的圈闭，即与地层不整合有关的圈闭。根据地层圈闭的成因和储集层与不整合面的空间关系，地层油气藏大致可以分为两类：一类是位于不整合面之下的地层不整合油气藏；另一类是位于不整合面之上的地层超覆油气藏。前者又可细分为潜山油气藏和地层不整合遮挡油气藏，其中潜山油气藏占有重要的地位。

（一）潜山油气藏

潜山通常是指被不整合埋藏于年轻沉积盖层之下的盆地基底的基岩突起，包括古地形突起（残丘）和古构造被剥蚀形成的具有一定构造形态的突起。潜山曾遭受过侵蚀，并被后来新的沉积层埋藏，它相对于周围是一个局部的突（隆）起。潜山油气藏是指这些基岩突起被上覆不渗透地层所覆盖形成圈闭条件，油气聚集其中而形成的油气藏。

潜山圈闭的形成与区域性的沉积间断及剥蚀作用有关。在地质历史的某一时期，地壳运动使一个区域上升，受到强烈风化、剥蚀的破坏。坚硬致密的岩层抵抗风化的能力强，在古地形上呈现为大的突起。后来，该区域重新下降，被新的沉积物掩埋覆盖，这样就在原来古地形的基础上形成了一系列的潜伏剥蚀突起或潜伏剥蚀构造，也称为"古潜山"。按照潜山的形态，可将潜山划分为断块山、古地貌山和褶皱山3类。它们的形成都受差异风化因素影响，断块山和褶皱山还受断层和古构造控制。

组成潜山的岩石可以是结晶岩，如岩浆岩（侵入岩）及变质岩，也可以是沉积岩，如石灰岩、白云岩、砂岩及火山岩等。它们的共同特点是岩性较坚硬，经过长期的风化、剥蚀和地下水的循环作用后，次生孔隙和裂缝发育，具有良好的储集性质，往往比较高产。

潜山油气藏中聚集的油气主要来源于其上覆沉积的烃源岩，因此潜山油气储集层的时代通常比烃源岩的时代老，即所谓的"新生古储"。也有的潜山油气藏储集层时代与烃源岩时代相同或烃源岩时代老于储集层时代。油气运移通道主要包括沟通潜山和烃源岩的油源断层及不整合面两种类型。油气沿不整合面和油源断裂源源不断地运移至潜山圈闭中聚集成藏。我国任丘油田即为典型的潜山油气藏。

（二）地层不整合遮挡油气藏

广义的地层不整合遮挡油气藏是指位于不整合面之下，由不整合遮挡形成的地层油气藏，包括潜山油气藏。这里所说的地层不整合遮挡油气藏是指主要在盆地或隆起边缘，在一定的构造背景下，储集层上倾方向被剥蚀，后来又被新沉积的非渗透性岩层遮挡，在不整合之下形成了地层不整合圈闭，油气在其中聚集形成的油气藏。与潜山圈闭不同，该类圈闭的不整合面一般没有明显的地形突起。

（三）地层超覆油气藏

地壳的升降运动及其差异性常可引起海水或湖水的进退。这种水体进退在地层剖面上就表现为"超覆"和"退覆"两种现象。

海进时，沉积范围不断扩大，较新沉积层覆盖了较老地层，在坳陷边部的侵蚀面沉积了孔隙性砂岩，后来在其上沉积了不渗透性泥岩，就形成了地层超覆圈闭。地层超覆圈闭一般分布在盆地的边缘地带。

三、岩性油气藏

岩性圈闭是指储集层岩性或物性变化所形成的圈闭。若其中聚集了油气，就成为岩性油气藏。储集层岩性的纵横向变化可以在沉积作用过程中形成，也可以在成岩作用过程中形成。岩性变化形成岩性上倾尖灭体、透镜体及物性封闭圈闭等。

沉积过程中，因沉积环境或动力条件改变，岩性在横向上会发生相变。若砂岩层朝一个方向上变薄，呈楔状尖灭于泥岩中，形成岩性尖灭圈闭。若砂岩体呈透镜状，周围均被不渗透层所限，则为砂岩透镜体圈闭。在成岩和后生作用期间，由于次生作用可使原生的岩性圈闭发生改变，可使储集层的一部分变为非渗透性岩层，或使非渗透性岩层的一部分变为渗透性岩层，形成岩性圈闭。如在厚层砂岩中，由于渗透性不均，也可见到低渗透砂岩中出现局部高渗透带。

岩性油气藏的特征是：

（1）储集体往往穿插和尖灭在生油岩体中，不仅有充足的油气源，还有良好的储盖组合条件；

（2）圈闭形成时间早，油气一次运移直接排入储集层，有利于油气的聚集成藏；

（3）岩性油气藏的分布沉积体系和古地形有关。

按圈闭的成因，岩性油气藏可分为砂岩上倾尖灭油气藏、砂岩透镜体油气藏、物性封闭岩性油气藏和生物礁油气藏4种。

四、水动力油气藏

由水动力或与非渗透性岩层联合封闭，使静水条件下不能形成圈闭的地方形成油气圈闭，称为水动力圈闭。目前，水动力油气藏在国内外发现的还比较少，储量和产量均较构造油气藏和地层油气藏少得多，但随着石油地质理论的进展，勘探水平的不断提高，将有可能找到更多水动力油气藏。

五、复合油气藏

储油气圈闭往往受多种因素的控制。当某种单因素起绝对主导作用时，可用单一因素归类油气藏；但当多种因素共同起大体相同或相似的作用时，就称为复合圈闭。所以，把由两种或两种以上因素共同起封闭作用形成的圈闭称为复合圈闭，油气在其中的聚集就称为复合油气藏。

按照构造、地层、岩性、水动力等油气藏类型的圈闭条件所构成的组合，可形成各式各样的复合油气藏类型，但从勘探实践来看，大量出现的主要有构造-地层、构造-岩性油气藏。特殊情况下，也可形成地层或岩性-水动力复合油气藏等。

第二章 油气藏开发地质基础

第一节 油气藏构造

一、褶皱构造

岩石具有弹塑性，受力后可以弯曲褶皱。变成褶皱的岩石是地壳中常见的一种地质构造形态，称为褶皱构造。沉积岩与其他类型的岩石相比，成层性较好，褶皱构造表现得更为明显。

（一）褶曲及其基本形态

褶皱的最小单元是褶曲。褶皱可以由众多的、连续不断的弯曲岩层组成，褶曲就是其中的一个弯曲岩层。褶曲的几何形态是多种多样的，但可以归纳为两种基本形态：一种是岩层向上拱起，下面核心处的岩层较老，向上远离核心，岩层逐渐变新，称为背斜；另一种是岩层向下弯曲，核心处的岩层较新，向下远离核心，岩层逐渐变老，称为向斜。背斜与向斜在褶皱构造中往往相间而生。

（二）褶皱要素

为了更好地认识褶曲，研究褶曲的共性，区别褶曲的个性，对褶曲形态的描述常从以下要素入手：

（1）核与翼：核指褶曲中心部分的岩层，翼指褶曲两侧的岩层。

（2）顶角与翼角：顶角是指褶曲两翼的交角，翼角指褶曲的两翼岩层与水平面的夹角。用顶角和翼角表达褶曲两翼倾斜程度，顶角小则翼角大，两翼陡；顶角大则翼角小，两翼平缓。

（3）轴面与轴线：轴面是平分褶曲顶角的假想面。轴面可以是平面，也可以是曲

23

面；它可以是直立的，也可以是倾斜或水平的。轴面与水平面的交线称轴线。显然，当轴面为一平面时，轴线为一直线；轴面为一曲面时，轴线为一曲线。轴线的延伸方向代表了褶曲的延伸方向。

（4）枢纽：枢纽是褶曲中某一层面与轴面的交线，也是该层面上最大弯曲点的连线。它可以是直线或曲线，也可以是水平的或倾斜的。

（5）脊面与脊线：组成褶曲各岩层最高部位的面称脊面。脊面可以是平面，也可以是曲面。脊面与岩层层面的交线称脊线。当褶曲的轴面倾斜不大或直立时，轴面与脊面基本重合或完全重合，此时的脊线就是枢纽。

（6）转折端：转折端泛指褶曲两翼岩层互相过渡的弯曲部分。

（三）褶曲形态的分类

褶曲的形态变化万千，可以从不同角度对褶曲进行分类，现就石油勘探常用的分类作一些介绍。

1.按在剖面上的褶曲形态分类

根据褶曲轴面的产状，可分为4种。

（1）直立褶曲或对称褶曲：轴面直立，两翼翼角相等或差别不大。

（2）斜歪褶曲或不对称褶曲：轴面倾斜，两翼相背或相向倾斜，但两翼翼角相差悬殊。

（3）倒转褶曲：轴面倾角很小，两翼岩层朝同一方向倾斜。一翼岩层新老顺序正常；另一翼岩层发生倒转，时代较新的岩层在老岩层之下。

（4）平卧褶曲：轴面近于水平，一翼岩层顺序正常，另一翼岩层发生倒转。由于轴面近于水平，造成正常翼岩层出现逆向倾向，即朝褶曲枢纽一方倾斜。

根据褶曲弯曲的形态，可分为5种：

（1）圆弧褶曲：岩层呈圆弧状弯曲，褶曲顶部开阔。

（2）箱状褶曲：两翼较陡，但褶曲顶部平坦形成箱状，具有一对共轭的轴面。

（3）尖棱褶曲：两翼平直相交，由于两翼陡，所以顶角小、呈尖棱状。

（4）扇形褶曲：褶曲顶部圆弧状，两翼均有倒转现象构成扇形。

（5）挠曲：平缓的倾斜岩层突然变陡，构成缓—陡—缓的台阶状。

2.按在平面上的褶曲形态分类

由于一个完整褶曲的分层线或构造等高线是闭合的，因此，可利用完整褶曲的这一特点，从平面上将褶曲形态分为4类。

（1）线形褶曲：褶曲沿长轴方向延伸很远，褶曲长轴与短轴之比大于10∶1。

（2）长轴褶曲：褶曲长轴与短轴之比为10∶1～5∶1。

（3）短轴褶曲：褶曲长轴与短轴之比为5∶1～2∶1。

（4）穹窿褶曲：褶曲长轴与短轴近于相等。

二、断裂构造

断裂是常见的地质构造，广泛分布于地壳中。石油和天然气的生成、运移及聚集往往与断裂有密切的联系。断裂构造可以分为裂缝和断层两大类。

（一）裂缝

1.裂缝的概念

岩层沿断裂面未发生明显的相对位移的断裂构造称为裂缝。裂缝常发生在脆性的岩石里，在疏松的、可塑性很大的岩层中，裂缝很少见。力的方向与力的性质决定了裂缝排列方向的多样性。在同一地应力的作用下，可以形成一组互相平行的裂缝，也可以形成两组以上相互交叉的裂缝。而有规律定向排列及组合的裂缝常常将岩层切割成规则的几何体，这种裂缝称为节理，裂缝的破裂面称为节理面。储层中那些细微裂缝对石油和天然气具有重要意义：一是它们数量多时可作为石油和天然气储集空间；二是在致密岩层中可作为石油和天然气运移与渗流的通道。

2.裂缝的分类

按几何关系，可将裂缝分为3类。走向裂缝：裂缝的走向与岩层走向一致。倾向裂缝：裂缝的倾向与岩层倾向一致。斜交裂缝：裂缝走向与岩层走向相交。

按与褶曲构造的关系，可将裂缝分为3类。纵裂缝：裂缝走向与褶曲的轴线平行。横裂缝：裂缝走向与褶曲轴线垂直。斜裂缝：裂缝走向与褶曲轴线斜交。

按力学性质，可将裂缝分为张裂缝、剪裂缝。

3.天然裂缝的识别与分析

天然裂缝的识别方法有岩心仔细观察描述、常规测井资料识别、裂缝动态识别等。

（1）岩心仔细观察描述是裂缝研究的基础，能最直观地反映地下裂缝的真实状态。需要指出的是，砂砾岩储层、砂岩储层、碳酸盐岩储层、泥岩储层及火成岩储层的裂缝类型和裂缝特征是不一样的。要针对具体储层，对裂缝类型、特征、产状及其储渗作用等进行详细描述。

（2）随着国内外测井技术的发展，对碳酸盐岩、砂岩地层的裂缝识别和裂缝性储层的评价技术有很大程度的提高。用于探测裂缝的主要测井资料有电阻率测井、声波测井、密度测井、电阻率成像测井（FMI）等。但因储层不同以及各种测井探测裂缝的主要原理不同，不同探测裂缝的测井所获得的径向探测深度，裂缝开启度，孔、洞和裂缝的产状及裂缝参数的估算等是不完全一致的。

（3）动态资料可以从动态角度对裂缝的有效性给予反映，特别是能反映裂缝在油藏开发中所起的各种作用。当油藏发育有效裂缝时，在钻井过程中、开发动态特征上就会有或强或弱的表现，主要表现为钻井液漏失现象、井壁崩落现象、气测录井信息、钻时钻具信息、固井质量信息、压裂施工信息、油井动态信息、注水井动态信息、试井信息等都有某种程度的反映。对已开发的油气藏，需要认清裂缝性质及发育程度、裂缝产状及分布规律、裂缝对油气藏开发效果的影响程度等。合理利用裂缝可以提高注水井吸水能力和油气井产量，避免或降低油气井过早见水、油气井暴性水淹或者油气井见水后含水上升速度过快、产油（气）量迅速递减、油气田最终采收率降低等有害方面的影响。

（二）断层

1.断层的组成

岩层受力出现断裂，断裂面两旁的岩层有明显的相对位移，这种断裂构造称为断层。一个断层由4部分构成。

（1）断层面。岩层断裂后，沿着破裂面发生相对位移，这个破裂面称为断层面。它可以是平面，也可以是曲面。该面可以是直立的，也可以是倾斜、平卧的。断层面在空间状态同样可以用走向、倾向和倾角表示。

（2）断层线。在野外观察断层时，断层线指断层面与地面的交线。由于受地形起伏的影响，在地形图上，断层线必然是一条曲线。在油田地质工作中，断层线一般指地下某岩层层面与断层面交线在水平面的投影线。它的形状随岩层和断层面产状的变化而变化。

（3）断层的两盘。断层面将岩层分割成两部分，称为断层的两盘。在断层面倾斜的情况下，位于断层面以上的一盘称为上盘，位于断层面以下的一盘称为下盘。相对上升的一盘称为上升盘，相对下降的一盘称为下降盘。

（4）断距。两盘沿断层面相对移动的距离称为断距。通常使用的断距有6种。

①总断距（真断距）：断层面上同一点被错开的真正距离。

②走向断距：总断距在断层面走向方向的投影。

③倾向断距：总断距在断层面倾向方向的投影。

④铅垂断距：总断距在铅垂方向的投影。

⑤水平断距：总断距水平投影的分量。

⑥地层断距：同一岩层错开后的垂直距离。对于水平岩层，地层断距等于铅垂断距。

2.断层的分类

（1）根据两盘相对移动性质分类。

①正断层：在张应力或重力作用下，上盘相对下降，下盘相对上升。

②逆断层：水平挤压力引起上盘相对上升，下盘相对下降。断层面倾角小于45°的逆

断层称为逆掩断层，断层面倾角小于25°的则称为辗掩断层。

③平移断层：两盘沿水平方向相对位移的断层。

应该指出，客观上断层两盘的相对位移是复杂的，常常是上下滑动与平移同时进行。在实际工作中，确定断层性质只能以主要位移方向为准。若以上下移动为主，则定为正断层或逆断层；若以水平移动为主，则定为平移断层。

（2）根据断后走向与岩层产状关系分类。

①走向断层：断层走向与岩层走向一致。

②倾向断层：断层走向与岩层倾向一致。

③斜向断层：断层走向与岩层走向斜交。

（3）根据断层的发育时期分类

①后生断层：发生在沉积过程完成以后的断层，其两盘同时代岩层的厚度基本一致。常见的断层多属此类型。

②同生断层：断层发育期与沉积作用同时进行，同一时期岩层的厚度在其两盘上有明显差别，下降盘的厚度大于上升盘的厚度。

3.断层的组合形式

断层往往以组合形式出现，常见的组合形式如下：

（1）地堑和地垒：由两条以上的正断层组成，两条相邻的正断层倾向相对，中间共用盘相对下降，形成地堑；若两条断层倾向相背，中间共用盘相对升起，则形成地垒。

（2）叠瓦状断层与阶梯状断层：数条大致平行的逆断层倾向一致，断开岩层呈叠瓦状排列，形成叠瓦状断层；数条大致平行的正断层倾向一致，断开后的岩层呈阶梯状排列，形成阶梯状断层。

三、地层的接触关系

地层的接触关系是指形成时间不同但又呈沉积接触的两套地层之间的关系，即上下岩层之间在空间上的接触形态和在时间上的发展概况，可分为整合接触和不整合接触两类。

（一）整合接触

（1）连续：如果在一个沉积盆地内，沉积作用不断发生，所形成的接触关系称为连续。连续的两套地层间没有明显的、截然的岩性变化，它们常常是过渡的。

（2）间断：如果在沉积过程中曾有一段时间沉积作用停止，但并未发生明显的大陆剥蚀作用，而后又接受沉积，这就产生了地层的间断。间断面上下的岩性有时有突然变化，有时却表现不出明显变化。因此，对间断面的识别有时很困难，必须通过详细的古生物研究和仔细的地层对比才能确定。地层的连续接触和沉积间断接触都属于整合接触类型。

（二）不整合接触

（1）平行不整合。因地壳运动，原来的沉积区上升为陆上剥蚀区，于是沉积作用转化为剥蚀作用，这时非但没有新的物质继续沉积，原有的沉积物还要遭受剥蚀。直到该区再次下降为沉积区，才又接受新的沉积。即两套地层间存在一个大陆侵蚀面，两者之间虽然缺失了一段地层，但产状却平行一致。这种接触关系被称为平行不整合。

（2）角度不整合。当地层沉积后，沉积盆地上升为大陆剥蚀区，而且发生了褶皱运动，使已形成的地层产生褶皱变形。在该区再次下沉接受新沉积后，老新两套地层间不但隔着大陆剥蚀面，而且两者的产状还呈互相截交关系，这就是角度不整合。

四、古潜山及披覆构造

自中生代以来，我国华北地区渤海湾盆地以及新疆塔河油田的地壳活动非常强烈，褶皱、断裂构造相当发育，形成了许多峰峦起伏、沟谷纵深的山头和山脉，并遭受风化剥蚀。在古近新近纪，整个华北地区下降形成湖泊，接受沉积，山头和山脉就被埋藏起来，形成了众多的潜山和披覆构造。古潜山类型多样，依据披覆构造形成的时代，可分为新生代古潜山、中生代古潜山；根据古潜山的形态，可分为断块型古潜山、褶皱型古潜山和侵蚀残丘型古潜山。

断块型古潜山是由断盘（断块）的相对抬升而形成的。根据断层的组合方式，可分为单断山和双断山。褶皱型古潜山指一定地质时期由褶皱作用形成的古山头。潜山本身是一个背斜。侵蚀残丘型古潜山由侵蚀作用形成。由于露出地表的岩石抗风化能力不同，抗风化能力强的岩石就在古地形上形成高低起伏的残丘山头，而抗风化能力弱的岩石就被风化剥蚀成洼地。这些残丘山头被埋藏起来，就形成侵蚀残丘型古潜山。

古潜山及其上面的披覆层与油气的关系非常密切。古潜山本身在被新沉积的地层覆盖前遭受风化剥蚀，岩石变得疏松，孔隙裂缝发育，具备了储集油气的空间，是良好的储层。如古潜山上的披覆层是非渗透层，古潜山就形成了储集油气的圈闭。同时，披覆构造实际上是一个顶部沉积薄的背斜构造，也能形成储集油气的圈闭。

五、油气田开发中常见的地质构造图

（一）常见的油气田构造类型

1.背斜构造
背斜构造是油气田中最普遍的构造类型。形成背斜构造的原因多种多样，主要有：由于侧压应力为主的挤压作用，使岩层弯曲而形成背斜构造；在地台区，由于基底活动，使上覆的沉积岩层变形而形成背斜构造；由于岩盐、石膏、黏土、泥火山等柔性物质的活动而形成背斜构造；由于剥蚀与压实作用而形成背斜构造；在沉积的同时发生褶皱而形成同沉积背斜构造；由于同生正断层下降盘一侧受重力滑动作用而形成逆牵引构造（滚动背斜构造）等。对油气田开发来说，形成背斜构造的原因并不重要，重要的是背斜构造的形态特征。

（1）长轴背斜构造是指长轴与短轴的比例为10∶1～5∶1的构造。

（2）短轴背斜构造是指长轴与短轴的比例为5∶1～2∶1的构造。

（3）穹窿构造是指构造长轴与短轴比例为2∶1～1∶1的构造。

2.鼻状构造

由于岩层受力扭曲，一端向下倾没，另一端抬起，构造等高线不闭合，形状像人的鼻子，这种构造叫鼻状构造，亦称半背斜。其上倾方向若受断层、岩性、地层遮挡，可形成油气藏。玉门白杨河油田就属于鼻状构造，它的上倾方向被断层遮挡而形成圈闭。大庆漠范屯油田南部也属于鼻状构造，其上倾方向被泥岩遮挡而形成圈闭。鼻状构造型油气藏在世界和我国各含油气盆地中经常可以见到。

3.断层构造

在储层上倾方向被断层遮挡而形成圈闭，油气聚集其中就成为断层油气藏。这种类型的油气藏在世界及我国各含油气盆地中分布非常广泛，是最常见的油气田构造类型之一。断层常把油气藏切割成许多断块而形成复杂断块油气藏。由断层遮挡形成的圈闭类型有多种，常见的有4种。

（1）在储层上倾方向被弯曲断层遮挡而形成断层圈闭。大庆新店油田属于这种类型，在构造图上表现为构造等高线与弯曲断层线相交，形成油气圈闭。

（2）在倾斜的储层上倾方向被两条及以上交叉断层遮挡而形成断层圈闭，在构造图上表现为构造等高线与交叉断层线相交。

（3）由两条弯曲断层两端相交或由三条以上断层相交而形成断层圈闭，在构造图上表现为四周被断层包围而形成闭合空间。

（4）在多断层的油气藏中，常常形成地垒、地堑式断层圈闭，如松辽盆地南部的长春岭气田。

总之，断层圈闭的形式很多，但必须具备两个条件：一是断层本身封闭性良好；二是断层线与断层线、断层线与构造等高线、断层线与岩性尖灭线必须是闭合的，否则断层就不能形成圈闭。

4.裂缝性圈闭

在致密、脆性的岩层中，原来的孔隙度和渗透率都很小，不具备储集油气的条件，但由于构造作用、后期改造作用、溶浊作用等，使其产生裂缝、裂隙、溶孔、溶洞等，具备了油气储集空间和渗流的条件，与背斜、断层等圈闭相配合，形成裂缝性圈闭，油气聚集其中就成为裂缝性油气藏。这种油气田与其他类型的油气田在开发部署及生产管理上有较大区别，需要特殊对待。

裂缝性油气藏有以下6个特点，可作为识别的标志。

（1）在钻井过程中，常在生产层所在井段和部位出现钻具放空、钻井液漏失、井壁坍塌、井喷等现象。

（2）在储油（气）层岩心上可以观察到裂缝、断裂、溶孔等现象。在实验室用薄片、铸体等办法，在显微镜下可观察到微裂缝的形态、宽窄及分布状况等。

（3）实验室测定的储层岩心孔隙度很小，渗透率很低，但用地球物理测井、试井方法解释的孔隙度、渗透率并不小，且相差很大。

（4）由于众多的裂缝把各种类型的孔隙、裂隙、溶洞等联系起来，互相沟通，形成一个统一的具有块状结构的储集空间，因而这种油气藏具有块状特点。

（5）由于裂缝、裂隙及溶洞等分布的不均性，同一储层不同部位的孔隙度、渗透率相差很大，因而造成不同油（气）井之间的产量相差悬殊，常出现干井、低产井、高产井混杂现象。

（6）裂缝性油气田如果开采不当，底水油气田则易发生底水锥进，边水油气田易发生边水突进，注水开发油田易发生暴性水淹，使油（气）井过早见水，且见水后含水率急剧上升，产量迅速下降，很快停产。油气田投入开发后，可获得大量新的钻井、测井、实验室等资料，用新资料作的构造图与用详探资料作的构造图可能有差异，甚至有很大差异。因此，有必要进行地质再认识，即油气田全面投入开发后，一般都要重新编制构造平面图与剖面图，重新确定各项构造参数。

（二）油气田构造图的应用

油气田构造图是油气田勘探和开发必不可少的基础图件之一，在矿场实践中得到广泛应用，可以根据构造图进行许多分析研究或计算工作。

（1）构造图能清楚地反映出地下构造的特征、断层性质及分布情况，从而为油气田勘探与开发布置新井提供地质依据。

（2）根据构造图上的等高线，可以确定制图标准层任一点的深度及不同地段地层的产状，为新井设计提供深度信息等资料。

（3）利用构造图可以圈定含油气边界，为储量计算提供含油面积参数，为开发方案设计中的注水方式如边外注水、切割注水、面积注水等提供地质依据。

（4）在油气田开发时，可以作为编制开发与开采现状图的背景图，观察油水或气水边界在油气藏各部位的推进情况，分析油层开发动态，以便调整生产和开发部署。

第二节　沉积环境及沉积相

一、沉积环境与沉积相的概念

沉积环境即沉积物或岩石沉积时的自然地理环境，这种环境由板块运动、构造运动、气候变迁、生物组合所决定，它通过沉积物或岩石的物理、化学和生物特征等综合判别及划分。沉积相即在一定的沉积环境中所形成的沉积岩（物）的组合，它是沉积环境的综合物质反映，通常以地貌单元来命名。沉积岩（物）所具有的各种沉积特征，可以清楚地反映它形成时的自然地理、气候、构造及沉积介质的物理、化学和生物条件，从而使人们能够较可靠地恢复沉积岩（物）形成时的沉积环境，并有效地指导对其各种沉积特征的深入认识。

二、沉积环境和沉积相的类型

沉积环境是在物理、化学和生物上不同于相邻地区的一块地球表面，它是以沉积为主的自然地理单元。沉积环境的类型主要根据自然地理区和地貌景观来划分。按照大的自然地理区划，可分为大陆、海陆过渡和海洋三大环境，然后根据地貌景观划分次一级环境，依地貌的变化还可以进一步细分。

大陆环境包括河流、湖泊、沼泽、沙漠等。海陆过渡环境包括入海三角洲、河口湾等。海洋环境包括滨海、浅海、深海等。与各种沉积环境相对应，可有各种沉积相。不同学者对相的理解有所不同，一般把沉积相理解为沉积环境及在该环境下形成的沉积物（岩）特征的综合。这种沉积相的概念包含沉积环境和沉积特征两方面内容。沉积相的分类通常以沉积环境中占主导的自然地理条件为主要依据，结合沉积特征及其他沉积条件，把沉积相分为相组（大相）、相、亚相、微相四级，更细一点可划分到五级相。

由于油藏或油田所处的地域一般在几十至几百平方千米，而开发井距一般仅有300m、400m到600m、700m或更小，要将沉积相研究成果应用于油田开发，就必须细到微相甚至更小。油田开发中的储层沉积相研究，主要是理清岩石特性、微细构造及它们对流体流动的控制和影响，这与寻找有利生油相带和有利储油相带的盆地或含油气区的沉积相研究有很大不同。因此，油藏规模的沉积相研究应当细到沉积微相的级别。

所谓沉积微相，是指沉积亚相带内具有独特岩性、岩石结构、构造、厚度、韵律性及一定平面分布规律的最小沉积组合。与区域性沉积相研究相比，沉积微相分析的差异主要体现在"细"上。这个"细"包括纵向划分沉积相的地层单元要细，即细分到小层或单层；横向上对沉积环境要逐级划分到微环境，并识别出微相。所谓"微环境"，是指控制成因单元砂体（具有独特储层性质的最小一级砂体）的环境。

例如，一条古河流从其形成、活动到改道废弃，这一活动期间沉积的河道砂体就是储层研究中的最小成因砂体单元。它不仅包括河道沉积的主砂体部分，而且包括全部底层和顶层部分。河道砂体的厚度反映了古河流的满岸深度，其顶界反映了满岸泛滥时的泛滥面，其底面为冲刷面。这样圈定的砂体是河道内最小的砂体单元，控制这一单元砂体的环境就是河流活动中的微环境。这种微环境及在该环境中形成的沉积物的组合就是微相。河流相可分出河床、堤岸、河漫滩、牛轭湖四个亚相，每个亚相又进一步分为若干微相。这些微环境中沉积的砂体，油层特性可能不同，开发特征也会有很大差异。

三、各类沉积砂体特征及油水运动规律

不同沉积类型的砂体具有不同的宏观与微观非均质特性，因而具有不同的油水运动特点和剩余油分布规律。搞清这个规律始终是油田开发工作者和地质工作者的重大任务之一。实践表明，从砂体沉积成因分类出发是认识油水运动特点的有效途径之一，从而为揭示剩余油分布规律、挖掘油层潜力、提高油田开发效果创造了有利条件。但这个问题远没有解决，需要人们进行不断的探索。

（一）洪（冲）积扇砂砾岩体

1.砂体特征

洪（冲）积扇体是一种近物源、强水动力环境下的粗碎屑沉积物，主要由砾石、粗砂和泥质组成。扇体形态受古地形和古水流控制，顺水流方向岩体延伸较远，侧向展布有限。扇顶（扇根）砾岩体呈稳定块状分布，主槽部位厚度最大，向两侧逐渐变薄；扇中砂砾岩体呈条带状分布，岩性变化大；扇缘以沼泽、泥滩沉积为主，砂体呈透镜体状分布。

砂砾岩体分选差，层内、层间及平面非均质性都很严重。层内岩样渗透率级差可达10~200甚至1000以上。渗透率在垂向上有正韵律、反韵律、跳跃式复合韵律、均匀和杂乱5种变化形式。跳跃式复合韵律是砾岩储层渗透率的主要韵律类型，一般发育于扇根的主槽、槽滩微相和扇中的辫流带微相中。砾岩储层的小层平均渗透率级差为10~50。大型洪（冲）积扇体的主力层集中在层系中部，小型扇体的主力层分布在层系下部。在平面上，高渗透带呈条带状顺河流走向展布。

2.油水运动特点

（1）平面上注入水沿主槽、侧缘槽和辫流线快速推进。由于主槽、侧缘槽和辫流线

油层厚度大、渗透率高，注水井吸水能力强，油井见效快，初产量高，但见水快，含水上升速度也快，产量迅速下降。位于槽滩、辫流砂岛的采油井见效慢，见水晚，含水上升率低，产量低，但稳定。位于洪漫带和漫流带的采油井在常规条件下不吸水也不出油。

（2）主槽、侧缘槽、辫流线、主流线受到注入水的长期冲刷，水洗厚度较大。注入水沿主槽、侧缘槽、辫流线及主流线长期冲刷，水洗厚度较大，驱油效率较高，剩余油饱和度较低；而其他部位水洗厚度较小，剩余油饱和度较高。

（3）注入水沿油层中部高渗透段突进。砾岩储层由于高渗透段一般位于油层中部（占50%~60%），不像河流相砂体那样高渗透段位于油层的底部，因此注入水沿油层中部高渗透段突进。

（4）注入水沿支撑砾岩、层理面、风化壳等突进，形成暴性水淹。支撑砾岩由砾径为10~60mm的砾石互相支撑，孔隙度大、渗透率高、延伸数十米，常成为水窜的通道。层理面富含细小的云母片和炭化植物碎屑，破裂压力低，注入水极易沿层理面突进。风化壳内部存在大量裂缝，注水压力较高时极易造成暴性水淹。

（二）河道砂体

1.砂体特征

这种砂体主要为辫状河、曲流河及高弯曲分流河道砂体。这些砂体的特点是厚度大，分布面积广，连续性好，沿主河道走向的砂体底部存在深切槽带及延伸较远的高渗透通道，且具有明显的渗透率方向性。砂体在平面上的厚度与渗透率分布相吻合，内部呈下粗上细的正韵律性。

2.油水运动特点

（1）在平面上注入水首先沿河床凹槽主流线快速突进，这是河道砂体无一例外的特点。注入水沿河床凹槽主流线快速推进，形成一条"自然水路"。位于这条"自然水路"上的采油井，不管距注水井排多远，不管投产时间早晚，总是比周围的采油井先受效、先见水。

（2）注入水顺古水流方向快于逆古水流方向。这是河道砂体的又一特点。同一注水井排两侧的采油井，排距相同，但见水早晚不一。出现"一边涝一边旱"的现象，即顺古水流方向注入水推进快，逆古水流方向注入水推进慢。这一渗透率方向性可能与岩石微观结构有关，河道砂岩交错层理倾向下游，长形砂粒顺古水流方向排列，有利于注入水快速推进。

（3）注入水沿砂层底部高渗透段快速突进。这是正韵律砂体的共同规律。油水密度差带来的重力作用和底部高渗透段的存在都促使注入水沿砂层底部快速突进，因而影响水淹厚度的增大。实践表明，河道砂岩的水淹厚度与油水井之间的距离没有明显的关系，而由各井点所处的油层地质结构决定。

（三）分流河道砂体

1.砂体特征

这种砂体主要为低弯曲分流、顺直分流和水下分流河道砂体。这些砂体呈条带状、窄条状和豆荚状分布，连续性较差，分布面积有大有小，渗透率较高，厚度较大，储层物性较河道砂岩相对均匀。

2.油水运动特点

（1）在平面上油水运动与河道砂体相似。在平面上注入水仍然沿主流带快速推进，渗透率方向性明显，常出现"一边涝一边旱"现象，但注入水前缘推进相对均匀。

（2）层内垂向上水淹较均匀。分流河道砂体层内非均质性较河道砂体轻，因此，层内水淹状况相对较均匀，水淹厚度较大，驱油效率较高。

（四）河口沙坝砂体

1.砂体特征

分流河道携带碎屑物入湖，在三角洲内前缘形成河口沙坝。这种砂体在平面上呈扇形或条带状分布。河口沙坝轴部内部一般呈正韵律，厚度大，渗透率高；向两侧逐渐变为复合韵律，厚度变小，渗透率变低。河口沙坝砂粒较细，储油物性较好，而且较均匀，因此，层内非均质性不严重。

2.油水运动特点

（1）在平面上注入水仍有沿砂体轴部突进现象，但不严重，然后逐渐向两侧扩展。

（2）层内水淹较均匀，水淹厚度较大，可达90%以上，甚至可达100%。驱油效率较高，油层底部驱油效率可达60%。

（3）位于河口沙坝主体部位的采油井可形成高产井，且含水上升较慢，一般是高产稳产井，河口沙坝是油田开发效果最好的油砂体之一。

（五）稳定席状砂体

1.砂体特征

这种砂体主要为内前缘席状砂、外前缘席状砂及滨外坝砂体等。这些砂体在平面上分布稳定，连通较好，厚度小，渗透率低，但层内较均匀。

2.油水运动特点

（1）在平面上注入水推进较慢且很均匀，很少有局部突进现象。行列井网第二排油井受第一排油井的屏蔽影响，注水效果不佳，长期处于低压状况，开发效果差。

（2）席状砂体中常可形成分选较好、渗透率较高的条带，在高压注水条件下可发生暴性水淹。另外，有些受钙质后生充填的条带压裂酸化后也可发生类似暴性水淹。

（六）湖相滩砂砂体

1.砂体特征

这种砂体包括近岸滩砂和远岸滩砂。这些砂体在平面上呈片状分布，厚度变化小，单砂体在剖面上以透镜状为主。砂体颗粒细，以粉砂为主，渗透率低，但分选较好，层内较均匀。

2.油水运动特点

（1）在平面上注入水推进较慢，油井普遍见效。由于砂体粒度细，渗透率低，注入水推进速度较慢，一般为0.2～0.7m/d，砂体分布稳定，连通性好，油井见效率达80%以上。

（2）注入水沿湖岸线走向推进较快。在湖浪和湖水沿岸流的作用下，砂粒长轴排列方向大体与湖岸线走向近于平行，故沿该方向渗流阻力小，注入水推进较快，其他方向推进较慢。

（3）油层上部先见水，水洗厚度较大。由于油层具有反韵律-复合韵律的特征，因此油层上部和中上部先见水，水洗厚度较大，可达70%以上。

（4）层间水洗状况差异小。由于层间差异小，各层普遍吸水，致使层间水洗强度较均匀，驱油效率很接近，但水洗强度较弱，驱油效率较低。

四、沉积相与油气田开发的关系

细分沉积相是油气田开发地质研究中一项很重要的工作。从编制油气田开发方案到油气田开发终了，始终离不开对储层细分沉积相的研究，它在油气田开发中起着多方面的作用。

（一）为编制好油气田开发方案提供地质依据

陆相沉积油田的显著特点是油层多，各类沉积砂体的形态、非均质性、油水运动特点、油田开发效果等有明显差异，在编制油田开发方案时必须考虑这些差异，采用不同方法区别对待。

（1）在划分与组合开发层系时，不能只考虑油层物性参数的差异，还应考虑油层沉积类型的差异。有些油层物性参数差别不大，但属于不同沉积类型的砂体，若组合在一起开发，则会增加层间矛盾，降低油田开发效果。如大庆杏树岗油田开发初期把前缘席状砂和河口沙坝合为一个开发层系，这两类油层物性参数差别不大，但油水运动特点和油田开发效果差别很大，因而不得不调整开发方案。

（2）在确定井网和注水方式时应考虑油层沉积类型的差异，要区别对待。如河道砂体厚度大、渗透率高、分布面积广，井网可以稀一些，行列注水方式和面积注水方式都可以适应；但厚度薄、渗透率低、形态不规律、分布不稳定的砂体，井网密度应该大一些，采用面积注水方式比较合适。

（3）对于河道砂体，若采用行列注水方式，注水井排应布置在河道主流线上比较合适，这样有利于迅速形成水线，然后使水线向两侧采油井推进，可提高油田开发效果。考虑河道砂体渗透率的方向性，如注水井排垂直于砂体延伸方向时，其两侧的排距应有所区别，顺古水流方向的注采井排排距应大于逆古水流方向的注采井排排距，这样有利于调节注水井排两侧的平面矛盾。

（二）为培养高产井提供依据

（1）高产井与油层沉积类型及沉积部位有关，细分沉积相有利于发现和培养高产井。洪（冲）积扇砂体的主槽、侧缘槽及辫流线部位，河道砂体的河床及下切带部位等，由于油层厚度大、渗透率高，极易产生高产井，但由于层内非均质性严重，含水上升快，往往属于高产不稳定井。

（2）洪（冲）积扇砂体主槽及侧缘槽两侧部位，垂向加积的分流河道砂体，河口沙坝轴部，由于油层厚度较大、渗透率较高、层内非均质性较轻，容易形成高产稳定井。

（三）为及时夺高产、实现产量接替提供依据

各类沉积砂体都有自己的油水运动规律，这是不以人们的意志为转移的客观存在，人们不能违背它，只能因势利导，使之为油田高产稳产服务。

（1）以河道砂体为例，注入水总是沿深切槽带突进，位于这个带上的采油井总是先见效、先高产、先水淹。大庆油田开发初期，曾采用注水井少注、停注，采油井控制产量（用小油嘴）甚至关井等办法企图改变这一规律，结果以受挫而告终。因此，必须利用这种规律，及时放产，充分发挥这些高产井的作用。

（2）位于河道砂体主流带上的采油井高含水后，采用堵水办法把高含水层堵住，使注入水向主流带两侧采油井推进。这些采油井受效后，可大幅度提高产油量，从而实现产量转移接替。

（四）为合理划分动态分析区和进行动态分析提供依据

（1）按沉积亚相带划分动态分析区比人为划分更有利于搞清地下情况，如泛滥平原区以河道砂体为主，三角洲分流平原区以分流河道砂体为主，三角洲内前缘区以河口沙坝

或内前缘席状砂体为主，三角洲外前缘区以外前缘席状砂体为主。根据这些砂体的油水运动特点，容易搞清地下油水分布及潜力分布状况，因而可以采取不同的开发技术政策。

（2）根据沉积相带分布图和油层连通图，揭示出各类砂体分布及连通状况，结合各类砂体油水运动的特点，可以更有效地进行油田动态分析。另外，还可以通过建立各种地质模型，用数值模拟或物理模拟方法预测油田动态和开发效果。

（五）为选择挖潜对象、发挥工艺措施作用提供依据

（1）选择层内存在薄夹层的厚层河道砂岩进行选择性压裂的效果好。选择多单元叠加厚层河道砂岩，高含水后采取化堵加压裂的措施，即堵掉高含水单元，压开低含水单元，增产效果很好。

（2）选择层内存在薄夹层的三角洲平原及河口沙坝高含水厚油层进行细分注水、细分堵水，可取得明显的增产效果。进行注采系统调整时，点注井应选择在河道砂岩下切带或河口沙坝轴部，可取得较好的开发效果。

（3）在泛滥平原区，补孔层位应避开河道砂岩底部而选择层位较高的砂岩进行补孔，这样效果更好。对于垂向加积的分流河道砂岩和河口沙坝分布区，选择在轴部两侧变差的砂岩进行补孔的效果好。

（六）为层系、井网及注水方式的调整提供依据

当油田进入中高含水阶段以后，油水分布参差不齐，层间矛盾、平面矛盾和层内矛盾十分突出，只靠工艺措施来缓解这三大矛盾、维持油田高产稳产已是不可能的了，必须进行层系、井网及注水方式的调整才能解决问题。

（1）选择什么样的油层作为层系、井网及注水方式调整对象，这是调整中的关键问题。沉积相研究为解决这个问题提供了依据。下列砂体可作为调整的对象：

①废弃河道砂体、决口扇砂体及物源供给不足的前缘席状砂体等都是一些零星分布、形态不规则的砂体，在原井网中控制不住，受不到注水效果，基本上未动用，是调整的主要对象。

②成片分布的三角洲前缘席状砂体，由于厚度薄、渗透率低，加上中高渗透率油层的干扰，动用很差。

③分流河道砂体及水下分流河道砂体的边部，由于厚度变薄，渗透率变低，加上注入水沿主流带突进，所以动用不好，含水较低。

（2）沉积相研究揭示了各类砂体的形态及分布特征，为确定井网密度提供了依据。一般要求调整后的井网水驱控制程度应达到90%以上。根据沉积相带分布图及油砂体图进行统计，就可确定合理的井网密度。

（3）沉积相研究揭示了各类砂体的特征及油水运动特点，为合理确定注水方式提供了依据。例如，采用正方形面积注水方式就是一种较好的方案。在选择注水方式时要考虑三个因素：一是有利于提高水驱控制程度；二是要改变原来的注入水流动方向，以利于扩大扫油面积；三是有利于提高油层的注水量。

细分沉积相研究还为估算地质储量和可采储量、提高油田采收率研究提供了依据。总之，细分沉积相研究的作用贯穿于油田开发的始终，是一项极为重要的基础工作。沉积相与油气田的开发之间具有密切的关系。

第三节　油气藏储层

油气藏的核心是储层。储层是油气储存的载体，是油气采出和注入剂注入的通道，是油气田勘探与开发的基本对象，是油气藏描述的重点和核心。当存在圈闭时，储层的储集空间大小及储渗性能好坏决定了该圈闭对油气的捕获能力。在油气田开发中，储层的孔渗性能对油气井的产能和油气藏的开发效果有决定性影响。储层研究是油气藏描述和评价的基本内容，是制订油气田勘探开发方案的基础，是挖掘油气田产能潜力及研究剩余油气分布的重要依据。只有科学、系统、定量化地研究储层，才能提高勘探和开发效益。储层研究的目的就是要深入认识储层的地质开发特征，并把这些特征表述和展示出来。

一、储层非均质性

无论是碎屑岩储层还是碳酸盐岩储层，无论是常规储层还是特殊储层，其岩性、物性、含油气性和电性在三维空间上往往是变化的，这种变化就是储层的非均质性。一般来说，储层的非均质是绝对的、无条件的、无限的，而均质是相对的、有条件的、有限的。非均质性对油气田开发效果的影响很大，尤其是对提高采收率的影响深远。我国目前已发现的90%的油气储量来自陆相储层，且绝大多数采用注水开发方法。因此，储层非均质性的研究水平将直接影响对储层中油、气、水分布规律的认识和油气田开发效果的好坏。

（一）概念与影响因素

1.储层非均质性的概念

广义上讲，储层非均质性就是指油气储层在空间上的分布（各向异性）和各种内部属性（物理特性）的不均匀性。前者控制着油气的总储量、分布规律及勘探开发的布井位置，后者控制着油气的可采储量、注采方式（如波及系数）、产能以及剩余油的分布；前者的研究结果是建立骨架模型，后者则是建立参数模型。狭义上讲，储层非均质性就是指油气储层各种属性（岩性、物性、含油气性及电性）在三维空间上分布的不均匀性。

2.主要影响因素

影响储层非均质性的因素很多，也很复杂，但归纳起来主要有三点。

（1）构造因素：对储层非均质性的影响主要决定于构造运动形成断层、裂缝，改造和叠加于原始储层骨架之上，造成流体流动的隔挡或通道。裂缝通常改变储层的渗透性方向和能力，造成其渗透性在纵向、横向、垂向三维空间上有很大的差异。不同时期的构造运动具有不同的特征和性质，这就决定了储层裂缝的形成与分布不同，进而影响储层的非均质性特征。

（2）沉积因素：主要取决于沉积作用或过程、形成储层的建筑或构型（原始骨架、砂体的空间形态与内部构成）。

沉积条件的不同（如流水的强度和方向、沉积区的古地形陡缓、盆地中水的深浅与进退碎屑物供给量的大小）造成了沉积物颗粒的大小、排列方向、层理构造和砂体空间几何形态的不同，即不同的沉积相中砂体的分布不同，这就使得沉积砂体内部的物理特性不同，进而造成储层非均质程度的千差万别。

（3）成岩因素：取决于储层的岩矿与地下流体特征，造成黏土矿物的转化，发生胶结、溶蚀及淋滤作用，改善或破坏储层的基本物性。当沉积物或砂体沉积后，由于一系列的成岩作用，如压实、压溶、溶解、胶结以及重结晶等作用改变了原始砂体的孔隙度和渗透率的大小，加上盆地中不同层位地层通常具有不同的地温、流体、压力和岩性，因而其成岩作用各异，次生孔隙的形成与分布状态在空间上极不均匀，增加了储层的非均质程度。

（二）储层非均质性的分类

储层的结构复杂程度让人难以置信，它所包含的非均质性规模可以从几千米到几米，从几厘米到几毫米。不同的学者依据其研究目的，对储层非均质性的规模、层次及内容的研究各有侧重。

1.Pettijohn的分类

1973年，Pettijohn和Siever在研究河流沉积的储层时，依据沉积成因和界面以及对流体的影响，首先提出了储层非均质性研究的层次和分类概念，并由大到小建立了非均质类型的系列谱图或分级序列。这种分类是在沉积成因的基础上进行的，便于结合不同的沉积单元进行成因研究，其优点突出，也比较实用。这种分类的对应关系如下：

（1）Ⅰ级相当于油（油藏）层组规模或油藏规模[（1~10）km×100m]；

（2）Ⅱ级相当于层间规模或层规模（100m×10m）；

（3）Ⅲ级相当于层内规模或砂体规模（1~10m²）；

（4）Ⅳ级相当于岩心规模或孔隙规模（10~100mm²）；

（5）Ⅴ级相当于薄片规模或纹层规模（10~100μm²）。

2.Weber的分类

1986年，Weber在对油田进行定量评价和开发方案的设计时，根据Pettijohn的分类思路，提出了一个更为全面的分类体系，主要是增加了构造特征、隔夹层分布及原油性质对储层非均质性的影响。根据这一分类体系的顺序，可以在油田评价和开发期间定量地认识和研究储层非均质性。非均质规模大小的不同对油田评价的影响程度不同，大规模的构造体系比沉积特征优先发挥作用。

Weber的分类按规模和成因可分为7种类型。

（1）封闭、半封闭、未封闭断层：这是一种大规模的储层非均质属性，断裂的封闭程度对油区内大范围的流体渗流具有很大的影响。如果断层是封闭的，就隔断了断层两盘之间流体的渗流，起到了遮挡的作用；如果断层未封闭，就成为一个大型的渗流通道。此类非均质性主要是针对断块型油气藏的封闭性而言的。

（2）成因单元边界：成因单元边界实质上是岩性变化的边界，且通常是渗透层与非渗透层的分界线，至少是渗透性差异的分界线，因此成因单元边界控制着较大规模的流体渗流。它通常是油组的分界，也可以是油层的分界，这取决于成因单元的规模。

（3）成因单元内渗透层：在成因单元内部，具有不同渗透性的岩层在垂向上呈网状分布，因而导致储层在垂向上的非均质性，它直接影响油田开发的注采方式。

（4）成因单元内隔夹层：在成因单元内，不同规模的隔夹层对流体渗流具有很大影响。它不仅主要影响流体的垂向渗流，同时也影响水平渗流，因而制约油田开发的注采层位或射孔层段。

（5）纹层与交错层理：由于层理构造内部层系与纹层的方向具有较大的差异，这种差异对流体渗流也有较大的影响，从而影响注水开发后剩余油的分布。

（6）微观非均质性：这是最小规模的非均质性，即由于岩石结构和矿物特征差异导致的孔隙规模的储层非均质性。

（7）封闭、开启裂缝：储层中若存在裂缝，裂缝的封闭性和开启性也可导致储层的非均质性。

这一分类较Pettijohn的分类更为全面，它是在考虑不同油藏类型的基础上提出的，可操作性强，便于进行研究和使用。

3.Haldorsen的分类

H.H.Haldorsen根据储层地质建模的需要及储集体的孔隙特征，按照与孔隙均值有关的体积分布，将储层非均质性划分为4种类型：

（1）微观非均质性（Microscopic Heterogeneities），即孔隙和砂颗粒规模；

（2）宏观非均质性（Macroscopic Heterogeneities），即岩心规模；

（3）大型非均质性（Megascopic Heterogeneities），即模拟模型中的大型网块；

（4）巨型非均质性（Gigascopic Heterogeneities），即整个岩层或区域规模。

4.裘怿楠等的分类

裘怿楠根据多年的工作经验和Pettijohn的思路，结合我国陆相储层的特点，既考虑了非均质性的规模，也考虑了开发生产的实际，将碎屑岩的非均质性由大到小分成4类。

（1）层间非均质性：包括层系的旋回性、砂层间渗透率的非均质程度、隔层分布、特殊类型层的分布。

（2）平面非均质性：包括砂体成因单元的连通程度、平面孔隙度、渗透率的变化和非均质程度以及渗透率的方向性。

（3）层内非均质性：包括粒度韵律性、层理构造序列、渗透率差异程度及高渗透段位置、层内不连续薄泥质夹层的分布频率和大小以及其他不渗透隔层、全层规模的水平、垂直渗透率比值等。

（4）孔隙非均质性：主要指微观孔隙结构的非均质性，包括砂体孔隙、喉道大小及其均匀程度、孔隙喉道的配置关系和连通程度。

除以上分类外，还有宏观非均质性、中观非均质性、微观非均质性，此外，还有人采用大型、中型、小型非均质性的分类方案。

（三）非均质性的研究与定量描述

研究储层非均质性不仅是为了表征储层在不同层次各种属性的变化规律和分布特点，更重要的是建立储层的非均质性模型，这就要将各种描述性特征进行科学的量化和指标化。结合国内外油气储层非均质性的分类方案，从储层沉积学的角度，可将储层的非均质性分为宏观非均质性与微观非均质性两大类。其中，宏观非均质性包括层内非均质性、层间非均质性及平面非均质性。

1.宏观非均质性

（1）层内非均质性是指一个单砂层规模内垂向上的储层特征变化，包括层内垂向上渗透率的差异程度、最高渗透率段所处的位置、层内粒度韵律、渗透率韵律及渗透率的非均质程度、层内不连续泥质薄夹层的分布。层内非均质性是直接控制和影响单砂层内注入剂波及体积的关键地质因素。层内非均质研究的核心内容是沉积作用与非均质的相应关系，其主要量化指标是：渗透率的差异程度——影响流体的波及程度与水窜；高渗透率的位置——决定注采方式与射孔部位；垂直渗透率与水平渗透率的比值——控制水洗效果；层内不连续薄泥质夹层的分布频率、密度与范围——影响注采方式与油、气、水界面的分布。

①粒度韵律。单砂层内碎屑颗粒的粒度大小在垂向上的变化称为粒度韵律或粒序，它受沉积环境和沉积作用的控制。粒度韵律一般分为正韵律、反韵律、复合韵律和均质韵律4类。正韵律：颗粒粒度自下而上由粗变细称为正韵律，往往导致物性自下而上变差，如河道砂体往往形成典型的正韵律。反韵律：颗粒粒度自下而上由细变粗称为反韵律，往往导致岩石物性自下而上变好，如三角洲前缘河口坝沉积可形成典型的反韵律。复合韵律：正韵律与反韵律的组合。正韵律的叠置称为复合正韵律；反韵律的叠置称为复合反韵律；上下细、中间粗称为复合反正韵律；上下粗、中间细称为复合正反韵律。均质韵律或无韵律：颗粒粒度在垂向上无变化或变化无规律，称为无规则序列或均质韵律。

②沉积构造。在碎屑岩储层中，大多具有不同类型的原生沉积构造，其中以层理为主，通常见到的有平行层理、板状交错层理、槽状交错层理、小型沙纹交错层理、递变层理、冲洗层理、块状层理及水平层理等。层理类型受沉积环境和水流条件的制约，层理则主要通过岩石的颜色、粒度、成分及颗粒的排列组合的不同而表现出不同的构造特征，这种差异导致了渗透率的各向异性。所以，可以通过研究各种层理的纹层产状、组合关系及分布规律来分析由此引起的渗透率的方向性。这一层次的储层非均质性则主要通过岩心分析与倾角测井技术进行研究。

③渗透率大小在垂向上的变化所构成的韵律性称为渗透率韵律。与粒度韵律一样，渗透率韵律也可分为正韵律、反韵律、复合韵律（包括复合正韵律、复合反韵律、复合正反韵律、均质韵律）。通常情况下，储层的物性（孔隙度与渗透率）变化与粒度有较好的对应关系，尤其是孔隙度。但也不尽然，孔隙度与渗透率的垂向变化规律不仅受粒度分布的影响，同时受岩石组成、成岩作用与构造活动的制约和改造，尤其是渗透率，这就造成了最大渗透率的位置出现多种变化的现象。一般而言，在正常粒度韵律的储层中，最大渗透率的位置较易确定和有规律，但复合粒序韵律的储层则变化多样。

层内夹层是指位于单砂层内部的非渗透层或低渗透层，厚度从几厘米到几十厘米不等，一般为泥岩、粉砂质泥岩或钙质砂岩。层内夹层是由短暂而局部的水流状态变化形成的，反映微相或砂体的相变，所以其形态和分布不稳定。不稳定的泥质夹层对流体的流动起着不渗透或极低渗透的隔挡作用，影响垂直和水平方向上渗透率的变化。它的分布与侧向连续性主要受沉积环境的制约，具有随机性，难以追踪，但可通过沉积环境分析来进行预测。

（2）层间非均质性是指储层或砂体之间的差异，是对一个油藏或一套砂泥岩间含油层系的总体研究，属于层系规模的储层描述，包括各种沉积环境的砂体在剖面上交互出现的规律性或旋回性，以及作为隔层的泥质岩类的发育和分布规律，即砂体的层间差异，如砂体间渗透率非均质程度的差异。层间非均质性是引起注水开发过程中层间干扰、水驱差异和中层突进的内在原因。因此，层间非均质性是选择开发层系、分层开采工艺技术的依据。在陆相沉积储层中，层间非均质性十分突出，其原因是陆相储层的层数多、厚度小、横向变化快及连通性差。

①砂岩密度（S）：砂岩总厚度（含粉砂）与地层总厚度之比的百分数，即砂地比，也称净毛比。由于该系数主要用以反映砂体的连通程度，而粉砂具有一定的孔渗性能，并且可以作为储层，因此在统计时应含粉砂。

②各砂层间渗透率的非均质程度：各砂层间渗透率变异系数、渗透率突进系数、渗透率级差、渗透率均质程度的层间差异。

③有效厚度系数：含油层厚度与砂岩总厚度之比的百分数，其平面等值线可较好地反映油层的分布规律。

④层间隔层：隔层是砂层间发育较稳定的相对非渗透的泥岩、粉砂岩或膏岩层等，其厚度从几十厘米到几十米不等，成因多样，如在三角洲发育地区，隔层的主要成因为前三角洲泥、分流河道间或水下分流河道间等。由于隔层的分布较稳定，使上、下砂层相互独立而不属于同一流动单元。隔层在各井区的发育情况不同，就导致各井非均质性的差异。在研究中，主要对隔层的类型、位置及平面分布规律进行描述和分析。

（3）平面非均质性是指一个储层砂体的几何形态、规模、连续性以及砂体内孔隙度、渗透率的平面变化所引起的非均质性，它直接关系注入剂的波及效率。

①砂体几何形态是其在各个方向大小的相对反映，主要受控于沉积相的分布，不同沉积体系内砂体的几何形态有着自己的特性与规律。

②砂体规模与连续性直接影响储量的大小与开发井网的井距。通常重点研究的是砂体的侧向连续性，而宽厚比、钻遇率及定量地质知识库则是进行表征和预测常用而有效的方法。按延伸长度，可将砂体分为五级。一级：砂体延伸大于2000m，连续性极好；二级：砂体延伸1600~2000m，连续性好；三级：砂体延伸600~1600m，连续性中等；四级：砂体延伸300~600m，连续性差；五级：砂体延伸小于300m，连续性极差。

③砂体的连通程度不仅关系到开发井网的密度及注水开发方式，同时还影响油气最终的开采效率。地下砂体的连通从成因上讲主要为两类：一是构造；二是沉积。前者主要是通过断层或裂缝；后者则是指砂体在垂向和平面上的相互接触连通，可用砂体配位数、连通程度和连通系数表示。

砂体配位数：与一个砂体连通接触的砂体数，控制着油、气、水界面与注采方式。连通程度：连通的砂体面积占砂体总面积的百分数。连通系数：连通的砂体层数占砂体总层数的百分数。连通系数也可用厚度来计算，称为厚度连通系数。

砂体的连通主要受沉积作用的控制，以河流为例，其连通体通常有单边式（或称多边式，侧向上相互连通为主）、多层式（或称叠加式，垂向上相互连通为主）、孤立式（未与其他砂体连通）。砂体的连通也可用砂岩密度进行评价。研究连通性的方法通常有砂岩密度、空间叠置、压力测试、生产动态检测、示踪剂跟踪等。

④砂体内孔隙度、渗透率的平面变化及方向性。通过编制孔隙度及渗透率非均质程度的平面等值线图来表征其平面变化规律。研究的重点是渗透率的方向性，它直接影响注入剂的平面波及效率，制约油、气、水的运动方向。渗透率的方向性可分为两类：宏观渗透率的方向性，指砂体内岩性变化引起的渗透率的方向性；微观渗透率的方向性，指砂体内沉积构造和结构因素所引起的渗透率的方向性。

⑤井间渗透率非均质程度。井间渗透率变异系数：井间渗透率的变异系数反映了砂体渗透率在平面上的总体非均质程度。不同等级渗透率的面积分布频率：在渗透率等值线图上，根据划定的渗透率等级，计算不同等级渗透率分布面的百分数，并编绘分布频率图，以了解渗透率在平面上的差异程度。注采井间渗透率的差异程度：在注采井网确定的条件下，描述注入井与各采油井之间渗透率的差异程度。这一差异程度是导致注水开发中平面矛盾的内在因素。

2.微观非均质性

储层的微观非均质性是指微观孔喉内影响流体流动的地质因素，主要包括孔隙和喉道的大小、连通程度、配置关系、分选程度以及颗粒和填隙物分布的非均质性。这一规模的非均质性直接影响注入剂的微观驱替效率。微观非均质性包括三个方面的内容，即孔隙非均质性、颗粒非均质性和填隙物非均质性。其中，后两种非均质性是孔隙非均质性的成因。

（1）孔隙非均质性：一般而言，岩石颗粒包围着的较大空间称为孔隙，而仅仅在两个颗粒间连通的狭窄部分称为喉道。孔隙是流体储存于岩石中的基本储集空间，而喉道则是控制流体在岩石中渗流特征的主要因素。

①孔隙和喉道的类型、大小、分布状态及分选程度可用孔隙结构参数加以定量描述，即孔喉最大半径、孔隙半径中值、最大连通喉道半径、喉道半径中值、主要流动喉道半径平均值、喉道峰值半径、最小流动喉道半径等。值得注意的是，在孔隙充满流体时，润湿相流体在颗粒边缘形成一层液膜，从而减小了可流动的孔隙通道大小。因此，在润湿相流体存在的情况下，有效孔喉半径应该是实际孔喉半径减去液膜厚度。

②喉道的非均质性。每一支喉道可以连通两个孔隙，而每一个孔隙至少和3个以上的喉道相连通，有的甚至和6~8个喉道相连通，这直接影响油田的开采效果。孔喉的配位数是孔隙系统连通性的一种定量表征方式，在一个六边形的网格中，配位数为3；而在三重

六边形网格中，配位数则为6。在同一储层中，由于岩石的颗粒接触关系、颗粒大小、形状及胶结类型不同，其喉道的类型也不相同。常见的喉道类型有以下4种：

孔隙缩小型喉道：喉道为孔隙的缩小部分。这种喉道类型往往发育于以粒间孔隙为主的砂岩中，与孔隙较难区分，岩石以颗粒支撑、漂浮状颗粒接触以及无胶结物的类型为主。此类结构属于大孔粗喉，孔喉直径比接近于1，岩石的孔隙几乎都有效。

缩颈型喉道：喉道为颗粒间可变断面的收缩部分。当砂岩颗粒被压实而排列比较紧密时，虽然保留下来的孔隙较大，但颗粒间的喉道却大大变窄。此时砂岩可能有较高的孔隙度，但其渗透率却偏低，属大孔细喉型，孔隙部分无效。

片状或弯片状喉道：喉道呈片状或弯片状，为颗粒之间的长条形通道。当砂岩压实程度较强或晶体再生长时，晶体再生长之间包围的孔隙变得更小，喉道实际上是晶体之间的晶间隙，其张开宽度一般小于$1\mu m$，个别为几十微米。当沿颗粒间发生溶蚀作用时，也可形成较宽的片状或宽片状喉道。故这种类型的喉道变化较大，可以是小孔极细喉型，受溶蚀作用改造后也可以是大孔粗喉型，孔喉直径比为中等至较大。

管束状喉道：当杂基及各种胶结物含量较高时，原生的粒间孔隙有时可以完全被堵塞，杂基及各种胶结物中的微孔隙（小于$0.5\mu m$的孔隙）本身既是孔隙又是喉道。这些微孔隙像一支支微毛细管交叉地分布在杂基和胶结物中组成管束状喉道，孔隙度一般不高，属中等或较低；渗透率则极低，大多小于0.1mD。由于孔隙就是喉道本身，所以孔喉直径比为1。

综上所述，不同的喉道形状和大小可以产生不同的毛细管力，进而影响孔隙的储集性和渗透率。任何储层的孔隙都是由不同孔径的孔隙组成的，不同大小的孔喉渗流能力也存在较大的差别。对于孔喉大小分布的非均质程度，可用分选系数、相对分选系数、均质系数孔隙结构系数、孔喉歪度、孔喉峰态等参数来描述。

③孔隙的连通性。孔隙与孔隙之间是通过喉道来连通的，但不同孔隙的连通情况可能不同。这种连通情况可用孔喉配位数、孔喉直径比或孔喉体积比来表征。显然，孔隙连通性越好，越有利于油气的采出。

（2）颗粒非均质性：指颗粒大小、形状、分选、排列及接触关系。它既影响孔隙非均质性，也可造成渗透率的各向异性，同时还影响注水开发过程中储层自身的动态变化。颗粒的排列方向性是造成储层渗透率各向异性的重要因素，它主要受沉积古水流方向的控制。颗粒的长轴方向趋向于与古水流方向一致，沿此方向的渗透率要比其他方向大，古水流速度较快，孔隙通畅，而其两侧的孔隙则成为缓流区或滞留区，其中可能有较多的细粒物质或黏土物质。这样便造成了在不同方向上孔道畅通程度的差异，从而导致渗透率的各向异性。

（3）填隙物非均质性：众所周知，填隙物包括黏土杂基（自生和他生）和胶结物，其类型、含量、产状在不同的储层中有较大的差异，导致不同储层孔、渗、饱及非均质性的差别。其研究方法主要是通过镜下鉴定、统计与实验的方法来获取数据，进而分析其非均质性特征。填隙物的特征既是影响孔隙非均质的重要因素，又是储层敏感性的内在原因及物质基础。

（四）储层非均质性与油气采收率

在油田开发过程中，影响最终采收率的主要因素有三种：一是储层的非均质性；二是流体的性质；三是注采方案和生产制度。其中，储层的非均质性是最基本和最主要的地质因素。

1.宏观非均质性对注水开发的影响

在多油层油田的注水开发中，储层宏观非均质性直接影响注水开发效果，主要表现如下：

（1）层间非均质性是引起注水开发过程中层间干扰和单层突进（统称层间矛盾）的内在原因。在多层合层开采的情况下，层间矛盾更为突出，层数越多，层间矛盾越大；单井产液量越高，则通常含水量也越高。通常情况下，高渗储层的水驱启动压力低，容易水驱，在注水井中好油层吸水多，水线推进快，这就造成了高渗油层产出高，而低渗层的启动压力高，吸水少，出油少，水线推进慢甚至不见效。由于高渗与低渗的层间矛盾，采油井与注水井内表现出明显的层间干扰，由此出现了高渗层"单层突进"、低渗层剩余油突出的现象。渗透率级差与不出油砂体厚度成正比，即级差越大，则不出油的油层就越多。层间干扰现象在吸水剖面和产液剖面上通常表现十分明显，尤其是在合层开采的情况下，各层单位厚度的吸水能力具有明显的差异。

（2）平面非均质性可降低水淹面积系数，这是由于各单油层在平面上往往呈不连续分布，并造成注水开发时油层边角处和被钻井漏掉的"死油区"。此外，由于平面上渗透率的差异，使注入水沿着平面上的高渗透带迅速"舌进"，而中、低渗透带相对受注水驱动减小，因而降低了水淹面积系数。

砂体的连续性主要取决于沉积相的展布，其连通性则主要取决于砂体在空间上的叠置形式。前者是确定井网密度的地质依据，而后者则是影响注采井方式选择的主要因素。合理的注采方式与井网直接影响油田的开发效果。而渗透率的方向性则直接影响各种驱油方式的推进方向和速率。通常高渗带的驱油效果好于其周边；而低渗带则是开发一段时间后的主要剩余油分布区。因此，驱油的主要方向是高渗带的走向、古水流方向、裂缝发育带。

（3）层内非均质性降低了水淹厚度系数。由于各单层之间的非均质性主要表现为渗透率的差异，其渗透率大小相差几倍、几十倍甚至高达数百倍。这种非均质性在多油层合层注水和采油的条件下，注入水首先沿着连通性好、渗透率高的层迅速突进，使注入水很快进入采油井，使油井含水率迅速提高甚至水淹停产；而低渗透层动用程度低，大部分原油残留在地下形成"死油"，从而降低了水淹厚度系数。

①韵律特征对驱油效果的影响。一般而言，不同的渗透率韵律特征具有不同的水淹形式。韵律特征也是层内低渗部位剩余油分布相对集中与开采效果不同的主要原因。

②夹层的影响。相对稳定夹层的发育有利于油田的开发，尤其是对厚油层而言。稳定夹层可将厚油层分为几段，抑制厚油层内的垂向窜流，提高其中油气的动用程度，增加水洗厚度。故夹层频率和密度越大，驱油效果越好。不稳定夹层的存在可使油层内形成较为复杂的渗流障，影响驱油效果，导致复杂的剩余油分布。

2.微观非均质与油气采收率的关系

微观非均质直接影响注入剂的微观驱替方式和效率，微观驱替效率又直接影响微观规模的剩余油分布与数量，而微观驱替效率与微观孔隙结构、润湿性和流体性质有关，其中，孔隙结构是影响微观驱替效率的最重要因素。

（1）孔隙系统中的微观驱替机理：在孔隙介质中，滞留油气的应力主要有三种：毛细管力（作为滞留力，主要表现在油湿的岩石中）、黏滞力、重力。在注入剂驱油的生产过程中，从孔隙中驱替原油的动力主要为施加的外力，即驱替力。毛细管力在亲油（油湿）储层中作为水驱的阻力；而在亲水（水湿）储层中，毛细管力则作为驱动力，使水自动吸入小孔道中，即自吸现象。在单孔道中，注入剂驱替原油的过程就是驱动力克服阻力的过程。但储层孔隙系统十分复杂，在驱替过程中各种孔隙之间的非均质性会导致孔间干扰，且存在润湿性的差异和受孔内黏土矿物的影响，使得微观驱替过程更加复杂。

地下岩石中孔道的形式十分复杂，以串联孔道为例，在水湿情况下，毛细管力和驱动力共同作用，推动流体向前运动。但也可能出现阻塞作用，即水自动润湿喉道表面，并随着水膜的变化，喉道轴心的油颈被挤成丝状，最后油丝可能断裂而在喉道处形成水桥。水桥阻塞了油路，从而在水桥后形成残余油。

在油湿情况下，如果施加的压力足以克服毛细管力，将引起液体的流动；一旦所施加的压力不足以推动界面穿越毛细管隘口，渗流将停止。总之，视驱动力和毛细管力的均衡情况，连续的油丝穿过多孔介质时，可能在经过孔喉隘口时被掐断而出现孤立的油滴。

（2）孔隙非均质性对驱油效率的影响：众所周知，残余油的形成与储层孔隙结构有很大的关系，即注水开发中的驱油效率与储层孔隙结构（孔隙与喉道的大小及其分布）密切相关。另外，对于已形成残余油的油藏，在三次采油过程中排驱残余油的效率即三次采油的石油采收率也与孔隙结构有关，这是由于残余油的再运动取决于孔隙中的毛细管力和黏滞力。一般来讲，孔隙非均质性越强，驱油效率越低。

二、油气层划分与对比

（一）油气层划分与对比在油气田开发中的意义与作用

多油气层的油气田，对油气层的认识程度取决于油气层划分与对比的精度。其精度越高，对油气层的认识越深，油气田投入开发后掌握的主动权就越大。因此，油气层划分与对比是油气田开发中一项非常重要的基础工作，它的作用贯穿于油气田开发的始终。

1.为编制好油田开发方案创造条件

（1）科学划分与组合开发层系。一个油田，如果油层比较单一，就没有划分开发层系的必要，但对于非均质多油层油田来说，合理划分与组合开发层系意义十分重大。即使在分层开采工艺日益发展的情况下，划分与组合开发层系仍然十分必要。在组合成一个开发层系时，一般要满足下列要求：

①一个开发层系内的各油层性质、沉积类型应相近，这样有利于减少层间矛盾，有利于提高油田开发效果。

②要把主力油层与中低渗透油层区分开，采用不同的井网和注水方式。

③同一个开发层系内的各油层，其构造形态、油水分布范围、驱动类型、压力系统、原油性质等应大体一致。另外，还要满足隔层、储量生产能力等条件。如果不能把单油气层划分出来，上述要求就无法满足，就谈不上合理划分与组合开发层系。

（2）井网部署是油田开发中的一个重大问题，它不仅关系到油田开发效果，而且关系到整个油气田投资、建设速度、稳产时间等问题。

从世界油田开发情况看，井网部署经历了一个从密到稀又从稀到密的过程，井网不是越密越好，也不是越稀越好，而是有一个合理的界限，要根据油层性质来确定。分布稳定、厚度大、渗透率高的主力油层，井网可以稀一些；分布不稳定、厚度较薄、渗透率低的非主力油层，井网可适当布密一点。因此，油气层划分与对比为区分好油层与差油层创造了条件，也为合理井网部署创造了条件。

（3）注水方式也是油田开发中的一个重要问题。它不仅关系到油田开发效果，也关系到油田稳产以及最终采收率的提高。注水方式按其形式可分为边外注水、边缘注水、边内注水三种。边内注水可分为切割注水与面积注水两大类。切割注水可分为环状切割与线状（行列）切割两种。苏联多采用行列注水方式，美国多采用面积注水方式。实际上，不同性质油层所适应的注水方式是不同的。一般来说，分布稳定、含油面积大、渗透率高的油层，行列注水或面积注水都能适应，但对于分布不稳定、含油面积小、形态不规则、渗透率低的油层，面积注水方式比行列注水方式适应性强。因为采用行列注水方式时，油、水井呈线状分布，除中间井排外，其他井排的油井只受一个方向注水影响，如果这个方向的油层变差或尖灭，油井就达不到注水效果；而采用面积注水方式时，一口油井与周围若干口注水井相关，某个方向油层变差或尖灭，其他方向仍可受到注水影响。面积注水方式的油井都处在注水受效的第一线，而行列注水方式，除第一排油井外，其他各排油井均受到前面油井排的遮挡，其效果不如面积注水方式好。油层划分与对比为区分和研究不同性质油层创造了条件，因而也为合理选择注水方式创造了条件。

2.为正确进行油田动态分析创造条件

（1）生产动态分析中比较重要的问题是要搞清不同井组、区块注水井中各类油层吸水能力的大小及其变化。对高吸水层要适当控制注水，对吸水能力差的油层要加强注水，以减少层间矛盾；对采油井，要搞清不同井组、区块的产量、压力、含水变化，要针对出现的问题采取有效措施加以解决；对于见水油井，要搞清见水层位及来水方向；对于含水上升速度过快的油井，要搞清高吸水层以及注水量是否过大的问题；对于低压油井，要搞清油、水井油层连通状况以及注水量是否合理的问题；等等。要搞清这些问题，必须有单油层划分与对比的基础，否则是不可能的。

（2）油层动态分析中的关键问题是要搞清各类油层油水分布及油水运动规律、各类油层压力分布及渗流阻力变化、各类油层动用及剩余油分布状况等。要搞清这些问题，必须分区分层进行细致的分析。如果没有单油层划分与对比，要搞清上述问题也是不可能的。

3.为实现油田分层开采创造条件

（1）合理划分注水与采油层段。一个开发层系内油层较多时，层间矛盾仍然很严重。为了减少层间矛盾，充分发挥每个油层的作用，必须合理划分注水与采油层段，进行分层开采。层段划分是否合理，是提高分层开采效果的关键问题之一。层段划分不能太粗，也不能太细，要根据注水井与采油井的油层情况进行。在划分层段时，要把高渗透率油层、见水层、高含水层、不出油层、出油差的层划分出来；注水井与采油井的划分层段要互相对应。合理划分层段的前提就是单油层划分与对比。

（2）搞好配产配注也是提高分层开采效果的关键问题之一。搞好配产配注的原则就是要区分不同性质的油层，分配不同的注水量和采油量。注采要平衡，主力油层要适当保护，非主力油层要适当加强，以利于延长高产稳产期。区分不同性质油层的前提就是单油层划分与对比，没有这个基础，就无法进行分层配产配注。

（3）堵水与压裂是分层开采中的重要内容和手段。当采油井某一油层含水量较高时，就要进行堵水，以降低油井的综合含水，提高产油量和注入水的利用率。当某油层吸水能力或产油能力较差时，就要进行压裂改造，以提高油层的吸水能力和产油能力。这些工艺措施的前提就是单油层划分与对比。

4.为油田开发调整挖潜创造条件

油田从投入开发到终了，油田地下情况始终处在不断变化中。为了适应地下变化了的情况，提高油田开发效果，就必须进行各种形式的调整。因此，油田开发过程就是不断认识地下情况的变化、不断进行调整和挖潜的过程。油田调整挖潜方法很多，大体上分为两大类：一类属于工艺措施调整；另一类属于开发部署调整。属于第一类调整的有分层注水、分层采油、压裂、堵水、转注、补孔、转抽、高压注水、放大压差、钻零散井等。属于第二类调整的有钻加密井、调整开发层系、调整注水方式、移动注水线等。

不管采用什么样的调整挖潜方法，要取得调整挖潜的好效果，都必须深入研究各油层的连通状况、分布形态、厚度及渗透率变化、产油能力、水淹程度、动用状况、潜力分布等。尤其是油层高含水后，油水分布错综复杂，要取得调整挖潜的好效果，必须更加深入细致地研究各油层非均质特点和水淹规律以及剩余油分布状况等。搞清这些问题的前提就是单油层划分与对比。

油气层划分与对比不仅与上述问题有关，而且与沉积相研究、储量计算、流体分布等有关。总之，它涉及油气田开发的各个方面，是油气田开发中一项非常重要的基础工作。油气田开发地质工作者一定要重视这项工作的研究，以便不断提高油气层划分与对比的水平，不断促进油气田开发地质的发展。

（二）储层划分与对比

在勘探阶段，储层研究进行的地层对比，是对地层时代和大套岩层的横向比较。到了开发阶段，则进行油层对比，即在一个油田范围内，对区域地层对比时已确定的含油层系中的油层进行进一步划分和对比。油层对比的特点：一是细，剖面上要求划分对比到单油层；二是注重连通性，油层平面与剖面的连通情况和隔层的分布情况都是对比研究的重点。其中，划分是对比的基础，对比是划分的进一步验证。

在含油层系中，由于地层的岩性、沉积旋回、岩石组合及特殊矿物组合等都客观地记录了地壳演变过程、波及的范围和延续的时间，且岩性和流体性质特征不同导致它们在测井曲线上的形态不同（地球物理特征），这些都为油层对比提供了地质依据。储层对比所应用的方法和区域地层对比基本相似，只是划分和对比的精细程度远比区域对比高。如油层组的划分一般与地层单元一致，可以应用地层对比方法。而砂岩组和单油层由于单元小，古生物、重矿物等在剖面的小段内变化不显著，主要是在油层组的对比线和标准层控制下，根据岩性、电性所反映的岩性组合特点及厚度比例关系作为对比时的依据。储层对比经常应用到以下方法：

1.旋回—厚度对比法

形成于陆相湖盆沉积环境的砂岩油气层，大多具有明显的多级次沉积旋回和清晰的多层标准层，岩性和厚度的变化均有一定的规律可循。依据这些特点，在我国多数陆相盆地沉积的油田均采用了在标准层控制下的旋回—厚度对比油层的方法，即在标准层控制下，按照沉积旋回的级次及厚度比例关系，从大到小按步骤逐级对比，直到每个单层。

（1）利用标准层对比油层组。储层对比成果的精确程度，取决于井网密度和标准层的质量及数量。储层对比中的标准层，要求是分布广泛、岩性与电性特征明显、距目的层较近、厚度不大且易与上下岩层相区别的岩层。根据岩性和电性的明显程度以及稳定分布的范围，在油层对比时，可将其分为标准层与辅助标准层。

在储层对比中，选择好标准层是对比工作的基础。在选择标准层时，首先应研究油田区域内各油层剖面中稳定沉积层的分布，然后逐层追踪，编制分层岩性平面分布图，以确定其分布范围和稳定程度，进而从中挑选可作为标准层的层位。与此同时，必须掌握标准层本身的岩性、电性特征和平面的变化规律、在剖面的顺序、邻层的岩性和电测曲线特征。因为只有综合掌握这些资料，才能避免在应用标准层时弄错位置，特别是当剖面上同时存在几个相同岩性的标准层时，识别邻层的特征显得更为重要。

一般来说，稳定沉积层多形成于盆地均匀下沉、水域分布广阔的较深水沉积环境中。从剖面上看，一般在两个沉积旋回或两个岩相段的分界附近，由于沉积环境在时间上的交替，往往使两种岩相的岩性直接接触或出现混相现象，易于形成特征明显的岩层，所以寻找与选择标准层应着重研究这些环境或层段。

（2）利用沉积旋回对比砂岩组。在划分油层组的基础上进行的砂岩组对比，应根据油层组内的岩石组合性质、演变规律、旋回性质、电测曲线形态组合特征，将其进一步划分为若干个三级旋回。在二级旋回内划分三级旋回，一般均按水退和水进考虑，即以水退作为三级旋回的起点、以水进结束作为终点。这样划分可使旋回内的粗粒部分的顶部均有一层分布相对稳定的泥岩层，这层泥岩既可作为划分与对比三级旋回的具体界线，又可作为砂岩组的分层界面。

（3）利用岩性和厚度对比单油层。在油田范围内，同一沉积时期形成的单油层不论是岩性还是厚度都具相似性。在划分和对比单油层时，首先应在三级旋回内进一步分析其单砂层的相对发育程度及泥岩层的稳定程度，将三级旋回细分为若干韵律。韵律内的较粗粒含油部分即为单油层。井间单油层则可按岩性和厚度相似的原则进行对比。韵律内的单油层的层数和厚度可能不尽相同，在连接对比线时，应视具体情况进行层位上的合并、劈分或尖灭处理。每钻完一口井，应立即绘制同层单层对比资料图。以此图为依据，逐井、逐层进行划分和对比并统一层组编号。若发现油层缺失、重复或有其他变化，需仔细核实，单井对比成果应整理成图或表。

（4）连接对比线。储层对比需将油层的层位关系、油层的厚度变化、连通状况都表示在对比图上。这项工作通过连接对比线完成。由于砂层的连续性和厚度稳定性的变化很大，用简单的方法很难将砂层的真实面貌表示出来。

在单井对比基础上，应再按井排、井列或井组组成的纵、横剖面和栅状网进一步对比，以实现统一层位划分。最后画出油层剖面图、栅状图和小层平面图，为编制油田开发方案提供基础资料。在对比中，若发现层位不一致，应及时修改对比界线，修改后再进行剖面或区间对比校正，经过多次反复，最后达到点（井）、线（剖面）、面（区块或全区）层位一致。

2.沉积时间单元对比法

所谓沉积时间单元，是指在相同沉积环境背景下经物理作用、生物作用所形成的同时沉积。从理论上讲，一套含油层系内的沉积从时间上是可以无限细分的，而单元的大小则视研究目的而定。

（1）沉积时间单元的划分。厚砂层是一次成因还是多次叠置，其内部的粒度序列将会有很大的差别，这种差别将直接影响油水在油层内的运动。所以，对于厚度变化快、连续性差的不稳定沉积环境下形成的油层如何进行划分，直接关系到油田的合理开发。鉴于此，在划分和对比油层时，必须从油田实际地质情况出发，针对不同的沉积环境采用不同的方法。像湖相及三角洲前缘相等比较稳定沉积环境下沉积的油层，可以应用"旋回对比，分级控制"的"旋回—厚度"对比油层的方法，而对河流沉积相的油层则需采用等高程划分对比方法，河湖交替的三角洲地带则可两者兼用。

为准确划分出沉积时间单元，要求在砂岩组内尽可能多地挑选岩性时间标准层。但一般在不稳定的陆相地层中，这种标准层难以大量找到。我国的一些油田在研究河流三角洲沉积体系特点后发现，处于地势平坦的三角洲分流平原或泛滥平原带的同一时期形成的沉积物，特别是河道末期因淤塞而形成的以悬浮物为主的泛滥平原沉积物，不但高程十分接近，而且其顶面距标准层的距离也大体相当。

据此，在我国的一些油田，提出了以同时沉积的砂层距标准层等距离为根据，按等高程划分沉积时间单元的方法。这种方法的具体操作是：采用岩性时间标准层作控制，把与同一标准层等距离的砂层顶面作为等时面，将位于同一等时面上的砂岩划分为同一时间单元。

划分沉积时间单元的具体做法如下：

①在砂岩组的上部或下部，选择一个标准层，标准层应尽量靠近其顶面或底面。

②分井统计砂岩组内的主体砂岩（如厚度大于2m）的顶界与标准层的距离。

③在剖面上，按照砂岩顶面与标准层距离近似为同一沉积时间单元的原则，将不同距离的砂岩划分为若干沉积时间单元。

（2）沉积时间单元的对比。在单井划分沉积时间单元的基础上，应根据砂岩内不同沉积环境下砂体的发育模式进行沉积时间单元对比，通过对比也将验证时间单元划分的准确性。对于河流沉积类型的砂体，冲刷、下切和叠加等沉积现象经常频繁出现，它们给沉积时间单元的划分对比带来了一定困难。因此，在沉积时间单元对比中必须识别它们，并运用已知的地质概念指导对比工作的正确开展。

①冲刷面是存在于河流沉积地层剖面中的一种重要地质特征。它常存在于上下旋回的界面处，一般都有冲刷痕迹可寻。由于上部旋回底部的泥砾层或砂层与下部旋回的泥岩接触，在电性上显示突变的特征，且冲刷面上下为不同时期的沉积物，故应为不同的沉积时间单元。因此，在对比时识别冲刷面，准确划分对比沉积时间单元是十分重要的。

②下切是一种常见的河流动力作用结果。下切作用虽导致砂层增厚，但垂向上的岩性组合仍保持为一个完整的正韵律。若因下切使砂层增厚而跨时间单元，在对比时此厚砂层仍应按一个时间单元与相邻井对比，而不能按厚度劈分。

③叠加是指由河床侧向迁移而形成的叠加型砂岩在岩性垂向组合上呈多个间断性的正韵律反复出现。在电性曲线上一般有两种反映：一种是自然电位和微电极曲线有回返，表示下部有较细粒沉积物或泥岩残留；另一种是无回返，自然电位呈"筒状"，表示下部韵律的泥岩或残留物被切完。

④构造和压实因素。具继承性隆起的含油气构造，由于构造的不断上隆往往使得同期接受的沉积物经压实而显示顶部薄、两翼增厚的趋势。这种影响将导致同时沉积的砂层顶部至标准层的距离在垂直构造等高线的方向上发生较大变化。因此，在应用等高程法划分沉积时间单元时，应考虑这些因素的影响。

由沉积时间单元的划分与对比的方法叙述中可知，应用等高程法在目前所能划分的大多是层位大体相同的、与上下层之间有明显泥岩夹层的砂层。对于河流或分流砂体，因切割叠加严重而测井曲线又难以详细划分的砂层以及层位相差不多、平面上又无明显分界、砂体形态和延伸方向又大体相同的砂层，都只能当作同一时间单元处理，而实际上它们很可能是多单元的侧向复合体。故在具体对比过程中，应特别注重应用已知的动态生产资料进行验证。

第四节　油气藏特征

油气藏类型与油气田开发关系十分密切，深入认识油气藏类型是油气田开发地质工作中一项必不可少的研究课题。在编制油气田开发方案时，要根据油气藏类型决定采用什么样的开采方式和开发程序。此外，还与井网部署、储量计算、油气田动态分析、调整挖潜等有关。油气层深埋地下，处处承受巨大的压力，使油气层具有驱动油气流向井底的能力。油气层压力大小，不仅与油气田开发方式有关，而且与油气田高产稳产期长短、最终采收率高低、经济效益好坏有关。因此，油气层压力被喻为油气田开发的灵魂。这充分说明油气层压力对油气田开发具有重大意义。保持油气层压力是延长油气田高产稳产期的有效方法，也是提高油气田最终采收率的有效途径。油气层温度也是油气田开发中的重要参数，它不仅决定油气性质，还与油气田开发效果以及最终采收率有关。因此，油气层压力与温度是油气田开发中重要的监测和研究内容。

一、油气藏的基本概念

（一）圈闭与油气藏

1.圈闭

在地下能阻止油气运移，并使油气聚集起来形成油气藏的地质场所，称为圈闭。圈闭要满足以下三个条件：

（1）要有储集油气的空间和油气在其中运移的储层；

（2）储层之上要有能阻止油气逸散的不渗透盖层；

（3）要有能阻止油气继续运移的遮挡物，使油气聚集起来。

圈闭类型多种多样，根据成因可分为4种。构造圈闭：构造运动使地层弯曲或断裂，形成构造圈闭和断层圈闭等。地层圈闭：地壳运动引起地层超覆、沉积间断、风化剥蚀而形成地层超覆、不整合等地层圈闭。岩性圈闭：由于沉积条件改变使岩性发生变化，形成岩性尖灭、透镜体等岩性圈闭。复合圈闭：由于构造、地层及岩性的相互配合而形成复合圈闭。

2.油气藏

油气藏是指在单一的圈闭（适合油气聚集、能够形成油气藏的场所）中具有同一压力系统的油气聚集。如果在一个圈闭中只聚集天然气，则称为气藏；只聚集石油，则称为油藏；而同时聚集石油和自由天然气，则称为油气藏。

油气藏的重要特点是在"单一的圈闭中"。所谓"单一"，主要是指受单一要素所控制，在单一储层内，在同一面积内，具有统一的压力系统，具有统一的油、气、水边界。在当前开采技术和经济条件下，具有开采价值的油藏、气藏和油气藏分别称为工业油藏、工业气藏和工业油气藏。这个概念是随开采技术的发展而变化的。当开采技术发展时，原来不具备开采价值的油气藏可以变成具有开采价值的油气藏。

（二）油气藏内油、气、水的分布

1.油、气、水一般分布规律

在油气藏中，由于重力分异作用，油、气、水的分布常有一定的规律。以背斜油气藏为例，常采用下述6个参数说明油气藏的规模及油、气、水分布：

（1）油气界面与油气层底面的交线叫含气内边界。在此线圈定的范围内为纯气区。油气界面与油气层顶面的交线叫含气边界，也称含气外边界或气顶边界。含气外边界线与含气内边界线所包围区域称油气过渡带。在此区内钻井，可遇到气层和油层。

（2）油水界面与油层底面的交线叫含水边界，也称含油内边界。

（3）含水边界线与含气外边界线之间的区域称纯油区。油水界面与油层顶面的交线叫含油边界，也称含油外边界。含油外边界线与含水边界线之间的区域称油水过渡带。在此区内钻井，可遇到油层和水层。

（4）含油边界线之外的区域为纯水区。

（5）含油（气）面积：含油边缘所圈的面积称为含油面积；对气藏，则称为含气面积。

（6）在油气藏中，地层水通常有两种分布状态：整个含油（气）边界范围内的油（气）层底部都有托着油（气）的水，叫底水；只在油（气）藏边部（气水或油水过渡带）的油（气）层底部有托着油（气）的水，叫边水。

2.油、气、水其他分布状况

上述油气藏中，油、气、水的分布状况是在一定程度上被简化了的宏观的理想情况。自然界的实际情况要复杂得多：一是由于油气藏有多种圈闭类型，含油气边缘的情况也是各式各样的。二是在各个油气藏中的含油气部分都存在束缚水，油水界面是一个具有一定厚度的过渡带，且在油水过渡带内，含有油、束缚水和自由水，含油饱和度自下而上逐渐增大，气水、气油的分界面也具有类似的性质。三是当储层物性不均匀时，在毛细管力的作用下，油仅能进入较大的孔隙部分，而水占据较小的孔隙部分，这样就可能破坏正常的油、气、水分布规律，使得在平面和剖面上出现油、气、水分布区域互相穿插的现象。有的油气藏，含气面积大，而含油部分较小，呈环状分布，称为油环。

有的油气藏，受水动力的影响，石油不是聚集在构造高部位，而是偏移到构造的一侧，呈带状分布，称为"悬挂式油气藏"，俄罗斯地台布古鲁斯兰隆起和新疆盆地都有这种油气藏。在砂岩透镜体油气藏中，由于每个透镜体都是油气储集单元，都有自己的油水或气水界面，因而油、气、水分布反常，常常高部位有水，低部位有气或油。

二、油气藏的类型

油气藏的天然条件对原油及天然气产量有明显的影响，而且不同类型的油气藏要求采用不同的开发方式。为了更有效地研究和指导油气田的勘探和开发，有必要对已发现的油气藏进行科学的分类。目前，国内外使用的油气藏分类方法很多，归纳起来有5种。

（一）根据日产量大小分类

（1）高产油气藏：日产量大于100t的油气藏。

（2）中产油气藏：日产量为10～100t的油气藏。

（3）低产油气藏：日产量小于10t的油气藏。

（二）根据储层岩性分类

（1）砂岩油气藏：储层为砂岩的油气藏。

（2）碳酸盐岩油气藏：储层为碳酸盐岩的油气藏。

（3）火成岩或变质岩油气藏：储层为火成岩或变质岩的油气藏。

（三）根据油气藏的形状分类

（1）层状油气藏：油气藏中的油气呈层状分布，如背斜油气藏。

（2）块状油气藏：油气藏中的油气呈块状分布，如古潜山油气藏。

（3）不规则油气藏：油气藏中的油气分布无一定形态，如断层油气藏和岩性油气藏等。

（四）根据油气藏内烃类组成分类

（1）油藏：圈闭中只有以液态石油的形式存在的称为油藏。

（2）气藏：圈闭中只有天然气存在的称为气藏。

（3）油气藏：圈闭中既有液态的石油，也有游离天然气的称为油气藏。

（4）凝析气藏：在高温高压的地层条件下，烃类是以气态形式存在的；当开采时，随着温度和压力的降低，到地面上来成为凝析油的称为凝析气藏。

（五）根据圈闭成因分类

（1）构造油气藏：油气聚集在由于构造运动而使地层发生变形所形成的圈闭中，称为构造油气藏。

（2）地层油气藏：油气聚集在由于地壳升降运动引起地层超覆、沉积间断或剥蚀风化等形成的圈闭中，称为地层油气藏。

（3）岩性油气藏：油气聚集在由于沉积条件的改变导致储层岩性发生横向变化而形成的圈闭中，称为岩性油气藏。

我国目前使用的是根据圈闭成因分类的方法，把油气藏分为构造油气藏、地层油气藏和岩性油气藏。另外，从开发角度还有很多划分油气藏的方法。例如，从油田开发的天然能量角度出发，把油藏分为水压驱动、气顶气驱动、弹性驱动、溶解气驱动、重力驱动等；从原油性质角度出发，又可将油藏分为低黏油藏、中黏油藏、高黏油藏、稠油藏、凝析油藏、挥发油藏、高凝油藏等。

三、油气藏的压力系统

（一）油藏的地层压力

储层中的油气之所以能够流入井底或喷出地面，是因为油层中存在某些驱动力，这些驱动力归结为油层压力。压力对油田开发有着巨大的意义，是油田开发的一个极重要的因素。

（1）流体压力：在某一地层深度处，岩石孔隙中流体所承受的压力，称为流体压力或孔隙压力或油藏压力。

（2）骨架应力：在某一地层深度处，岩石固体骨架所承受的压力，称为骨架应力。骨架应力也常被称为颗粒压力、固相压力、基质压力等。

（3）上覆岩层压力：在某一地层深度处，由上覆岩石固体骨架和孔隙中流体的总重量所产生的压力，称为上覆岩层压力。异常高压地层的地层能量充足，但容易突发工程事故；异常低压地层能量欠充足，钻井过程易漏失钻井液，但注水过程容易实现。可根据地层压力系数将气藏分为超高压（压力系数大于1.8）、高压（压力系数为1.2~1.8）、常压（压力系数为0.7~1.2）和低压（压力系数小于0.7）4个级别。

（二）原始地层压力及其确定方法

原始地层压力的数值与油藏形成的条件、埋藏深度以及与地表的连通状况等有关。在相同水动力系统内，油藏埋深越大，其压力越大。根据世界油田地层压力统计，通常具有正常地层压力的油藏，其压力梯度值在0.0071～0.0122MPa/m的范围内变化。

（三）压力分布及压力系统的判断

1.压力分布

原始地层压力在构造上的分布符合连通器原理（在同一个水动力系统内）。如果油层接近水平或非常平缓，则油层各点的原始地层压力近似相等；如果油层很陡，则各点的原始地层压力随深度而改变，埋藏深度相同的各点的压力相等，即原始地层压力的等压线与构造等高线变化一致。油田投入开发后，原始地层压力的平衡状态被破坏，地层压力的分布状况发生变化，这种变化贯穿油田开发的整个过程。这种处于变化状态的地层压力，一般用静止地层压力和流动压力来表示。

2.压力系统的判断

在编制油田开发方案时，很重要的一个问题是要判明各油层的压力系统（或称水动力系统）。不同压力系统的油层不能划分为同一个开发层系。在判断油层的压力系统时，通常根据在同一压力系统内原始地层压力保持平衡、折算压力相等的原理。同一压力系统内，各井点折算到某一深度（一般折算到海平面或油水界面）的原始地层压力值相等或近似，即利用同一个油层不同部位所测得的压力资料，整理成压力梯度曲线。凡属同一水动力系统的油层，压力梯度曲线只有一条。如果有数条压力梯度曲线，就说明各油层不属于同一压力系统。

（四）油气藏的压力—深度关系

大多数地层都存在露头作为入口，但通常都缺少泉水形式的出口。因此，没有出口的地层，其中的流体肯定是不流动的。一般情况下，地下水流都发生在埋藏深度较浅的地层中，但较浅的地层又常常因为缺少好的盖层而无法聚集油气。较深的地层常常因为各种构造运动和成岩作用把地层切割成半封闭或全封闭的状态。全封闭地层的地下水不可能流动；半封闭地层因缺少出口，地下水也流动不起来。假如地下存在水流而又有油气聚集的话，长期的水洗和氧化作用也早已把聚集起来的油气破坏殆尽，不可能形成今天的油气藏。事实上，每个油藏的油水界面都有一定程度的倾斜，而且上倾方向基本上都与古水流方向一致，但大多能找到储层岩石物性差异上的原因，却很少能找到现今地下水流的证据。油水界面不是水平的，而是存在一定程度的倾斜，有时甚至随储层物性参数的不规则变化而呈凸凹不平的状态，这是多孔介质不同于普通容器的地方，也是多孔介质特有的性质。若把油水界面的倾斜归因于现今水流的作用，则将得出天然能量十分充足的结论，因而有可能因此制订错误的开发策略。

上述情况主要针对单层油气藏，对于具有不同水动力学系统的多层油藏，也可以作压力梯度与流体性质关系图，根据直线交会点可清楚地判断油水界面。

四、油气藏温度及油气层岩石热力学性质

（一）油气藏温度

油气藏内的温度是油田开发时具有重要意义的因素，它直接影响原油的黏度、气体在原油中的溶解度、游离气体的状态和性质等。油藏温度主要是来自地球内部的热能。由于在常温层以下地壳的温度是随深度的增加而增加的，所以，油藏温度的高低主要取决于在地壳中的埋藏深度。从常温层开始，温度随着深度的增加而按照地热级度和地热梯度有规律地升高。

对于不同的油藏，地热级度是不同的。在地台型的油藏中，地热级度最大；而在地槽区的边缘带上，地热级度最小。如在苏联的十月油田和土库曼斯坦的切列肯丰岛上地热级度为7~11m/℃；而在巴什基利亚和鞑靼的油田上，观察到的最大地热级度达50~60m/℃。大庆油田在井深400m以下实测地热梯度为4.5℃/100m。

引起地热级度数值大小不同的原因很多，岩石的不同导热性是其中的一个主要因素，地下循环水可能是影响油藏温度的另一个因素。因此，存在活跃的边水区域性流动的条件下，当水温高于油藏温度时，在油藏开采过程中系统测量温度，观察温度的变化情况，可预测水锥。在开发油藏过程中，当油中存在游离气时，可观察到特别明显的温度降低。由于井不完善，在井底常产生时间很短但明显的压力降，这会导致气体膨胀并吸收热量，因此，在井底可能沉淀石蜡和胶质。

（二）油气层岩石热力学性质

注水开发的油田，由于长期注冷水会使油层温度场发生变化，地下液体性质发生改变，对油层开采过程及油田采收率会产生一定的影响。此外，研究热力采油以及一些地质技术、采油工艺问题，都必须对油层岩石的热力学性质有所了解。

1.岩石的比热容

岩石的比热容只在比较小的范围内变动，一般不会超出0.63~2.09J/（g·℃）范围。沉积岩的比热容变化范围更小，在0.80~10.5J/（g·℃）之间。大庆油田砂岩平均比热容为0.858J/（g·℃）。泥岩平均比热容为0.9837J/（g·℃）。

2.岩石的导热性

物体传播热量的能力称为物质的导热性，用热传导系数来表示。这一系数在数值上等于当物体长1cm、垂直于热流方向的面积为1cm²、两端的温度差是1℃时，在1s内所传递的热量。

3.岩石的温度传导系数

温度传导系数表示温度随时间而变化的速度。如果把某一热量引入长为1cm、截面为1cm²的岩样中，当这一热量是以在岩样两端建立1℃的温差时，岩样在单位时间内所升高的温度，在数值上便等于物质的温度传导系数。

第五节　储层地质建模

储层研究以建立定量的三维储层地质模型为目标。因此，三维储层建模是贯穿油气勘探开发各个阶段一项十分重要的研究工作。这是油气勘探开发深入发展的要求，也是储层研究向更高阶段发展的体现。其目的就是运用不同阶段所获得的相应层次的基础资料，建立不同勘探开发阶段的储层地质模型，精确地定量描述储层各项参数的三维空间分布，为油气田的总体勘探取向和开发中的油气藏工程数值模拟奠定坚实基础。

一、储层地质建模的基本概念及分类

（一）基本概念

地质模型是指能定量表示地下地质特征和各种储层（油藏）参数三维空间分布的数据体。现代油藏管理的两大支柱是油藏描述（储层表征）和油藏模拟。油藏描述的最终结果是油藏地质模型，而油藏地质模型的核心是储层地质模型（主要是指储层骨架模型和储层参数模型）。从本质上讲，三维储层建模是从三维的角度对储层的各种属性进行定量的研究并建立相应的三维模型，其核心是对井间储层进行三维定量化及可视化的预测。这样它能更客观地描述并展现储层各种属性的空间分布，克服了二维图层描述三维储层的局限性。三维储层建模可从三维空间上定量地表征储层的非均质性，从而有利于油藏工程师进行合理的油藏评价及开发管理，更精确地计算油气储量。以前在计算储量时，储量参数（含油面积、油层厚度、孔隙度、含油饱和度等）均用平均值来表示，这显然忽视了储层非均质性的影响。应用三维储层模型计算储量时，储量的基本计算单元是三维空间上的网格（分辨率比二维高得多），因为每个网格均赋有储集体（相）类型和孔、渗、饱等参数，通过三维空间运算可计算出实际含油储集体（砂体）体积、孔隙体积及油气体积，其计算精度比二维储量计算高得多，更有利于三维油藏数值模拟。三维油藏数值模拟要求有一个把油藏各项特征参数在三维空间上定量表征出来的地质模型。粗化的三维储层地质模型可直接作为油藏数值模拟的输入器，而油藏数值模拟的成败取决于三维储层地质模型的准确性高低。

（二）分类

储层地质建模实际上是表征储层结构及储层参数的空间分布和变化特征，核心问题是井间储层预测。在给定资料的前提下，提高储层模型精度的主要方法即提高井间预测精度。井间预测有两种途径，相应地也有两种建模方法，即确定性建模和随机建模。

确定性建模是指对井间未知区给出确定性的预测结果，即试图从已知确定性资料的控制点如井点出发，推测出点间确定的、唯一的、真实的储层参数。

随机建模是指以已知的信息为基础，以随机函数为理论，应用随机模拟方法，产生可选的等可能的储层模型方法。这种方法承认控制点的储层参数具有一定的不确定性，即具有一定的随机性。因此，采用随机建模方法建立的储层模型不是一个，而是多个，即一定范围内的几种可能实现（可选的储层模型），以满足油田勘探开发决策在一定风险范围的正确性的需要，这是与确定性建模方法的重要差别。对于每一种实现（模型），所模拟参数的统计学理论分布特征与控制点参数值统计分布是一致的。各种实现之间的差别则是储层不确定性的直接反映。如果所有实现都相同或相差很小，说明模型中的不确定性因素少；如果各种实现之间相差较大，则说明不确定性大。由此可见，随机建模的重要目的之一便是对储层的不确定性进行评价。另外，随机模型可以"超越"地震分辨率，提供井间岩石参数米级或十米级的变化。因此，随机建模可对储层非均质性进行高分辨率的表征。在实际应用中，利用多个等可能随机储层模型进行油藏数值模拟，可以得到一簇动态预测结果，据此可对油藏开发动态预测的不确定性进行综合分析，从而提高动态预测的可能性。

二、储层地质建模的数理基础

（一）模型方法原理

如果让每个人来列举生产实践中最常遇到的几个问题，这些问题不会全部相同，但一般都会包括以下三类：

（1）下一口井该打在何处？新打的井和已有的井之间有什么不同？它们会有相同储层类型、厚度吗？会有差不多的孔隙度、渗透率特性吗？会具有统一的压力流体场吗？

（2）这两口井相距不远，为什么这口有很高的油气产量，而另一口却是干井？它们之间的储层是如何变化的？

（3）盆地（油田）的另一部分和已经过详细勘探的这一部分会有差不多的油气远

景吗？

这些问题尽管内容不同，提法各一，但不难看出其核心是同一个问题，即从一个已知的数据点（线、面、体）能够推断出下一个点（线、面、体）的数据吗？因此，预测模型要解决的最一般问题是已知数据场的延拓，即在特定的空间内通过有限个已知数据点，如何预测全空间中任一点的数据。据此，可以用数学语言明确地勾勒出建立预测模型的一般性问题。

已知：特定的空间域及其内部有限个数据点。

目标：把握整个特定空间域的数据变化，即预测特定空间内任一点的数据值。

基本约束条件：空间内任一特定点的值并不只依赖另一特定点，而是与整个数据场有关；对任一点进行预测所得的结果必须与全部已知数据场的整体结构相吻合，即预测得到的新值可以毫无矛盾地纳入原有的结构体系；预测过程能够体现待估参数在三维空间变化的各向异性特点；对任一求出的估计值或任一估计值场，必须有一个精度的衡量，即能够指出预测值在某一方面的可信度。

（二）克里金插值法

1951年，D.G.Krige首次提出了一种局部估值方法，并称之为加权移动平均法。1960年，马特隆提议用"克里金法"一词代替容易引起误解的加权移动平均法的提法，自此"克里金法"一词被广为引用，并成为地质统计学的基本方法。

"地质统计学"一词是马特隆于1962年首先提出的。按照他的定义，"地质统计学是随机函数形式体系对于自然现象的调查与估计的应用"。早期的地质统计学以矿石晶位和矿床储量的精确估计为主要目的，以矿化的空间结构为基础，以区域化变量为核心，以变异函数为基本工具。近年来，地质统计学迅速发展，其应用已远远超出矿石晶位和矿床储量估计的范围，在许多新的领域发挥着重要作用。

克里金法是一种局部估值方法，它能以最小的方差（称为克里金方差）给出无偏线性估计量（称为克里金估计量）。进行克里金估值所需的基本信息是一个数据集合和一种结构信息（如表征研究带内的空间变异的变异函数模型）。

（三）蒙特卡洛法

1.概述

蒙特卡洛（Monte Carlo）法也称统计模拟法，这一方法的起源可以追溯到17世纪后半叶法国著名学者布丰的随机投针试验，但其实际应用和系统发展始于20世纪40年代，当时电子计算机的出现使实现大量的随机抽样试验成为可能，有力地推动了统计模拟方法的发展。第二次世界大战期间，著名物理学家冯·诺曼用随机抽样方法模拟了中子连锁反应，当时出于保密的需要将该方法以蒙特卡洛命名而沿用至今。

现代意义上的蒙特卡洛法是应用随机数值技术进行模拟计算的方法的统称，其具体做法是利用各种不同分布的随机变量抽样序列，模拟给定问题的概率统计模型，以给出问题数值解的渐近统计估计值，其具体应用大体包括如下四个方面：

（1）对给定问题建立简化的概率统计模型，使所求得的解恰好是所建立模型的概率分布或数学期望；

（2）研究生成伪随机数的方法，并研究由各种实际分布产生随机变量的抽样方法；

（3）根据统计模型的特点和实际计算的要求进一步改善模型，使之降低方差和提高计算效率；

（4）给出获得求解问题的统计估计值以及方差或标准误差的方法。

2.基本原理

（1）构造随机变量的分布函数。针对欲模拟的随机变量，首先构造其分布函数。构造分布函数时依原始数据的充裕程度可采用不同的方法，常用的方法如下：

①频率统计法：当观测数据为大子样时，可采用由观测数据构造直方图的方法求得所谓的"经验分布函数"，只要观测数据的代表性较好，经验分布函数就常常具有较好的代表性。

②用理论分布概型公式法：根据经验或一般规律，如果已知某一原始随机变量的分布函数符合或接近某种分布的理论概型，那么可用该理论分布概型公式来构造随机变量的分布函数。

③特殊情况下采用简单分布函数：如只有三个原始数据已知点，则可用三角分布代替随机变量的分布函数；如原始数据只有两个点，则可用最简单的均匀分布代替随机变量的分布函数。

（2）产生伪随机数。用蒙特卡洛法模拟实际问题时，要用到大量的随机数，因此如何在计算机上经济快速地产生符合要求的随机数是蒙特卡洛法成功的基础。目前应用最广的是用数学方法产生随机数，严格地说，用数学方法是不能产生真正随机数的，但经验表明，用数学方法产生的随机数能够满足模拟的精度，故应用广泛并称之为"伪随机数"。

三、储层地质建模的方法

（一）确定性建模方法

确定性建模方法的前提条件是认为资料控制点间的插值是唯一而确定的。它是对井间未知区给出确定性的预测结果，即试图从具有确定性资料的控制点（如井点）出发，建立唯一而确定的储层骨架（相、砂）和储层参数（孔、渗、饱）模型。建模方法主要有开发地震反演方法、水平井法、井间砂体对比法、井间插值方法。四者可单独使用，也可结合使用。

1.开发地震反演方法

从已知井点出发，应用地震横向预测技术进行井间参数预测，并建立储层整体的三维地质模型，应用的地震方法主要有三维地震和井间地震。

（1）随着三维地震技术的发展，地震技术由只应用于构造解释向储层描述发展，使应用三维地震资料进行高分辨率储层参数反演成为可能，并逐渐形成开发地震这一新技术。由于三维地震具有平面覆盖率高而且横向采集密度大的优点，正好弥补井网太稀控制点不足的缺陷，开发地震成为油藏描述中必不可少的技术，近年来发展很快，新的采集、处理、解释反演技术不断出现，如单分量到多分量地震、四维地震、井间地震等。目前利用地震属性（如振幅等）和反演得出的地层属性（如声波时差、声阻抗等）与岩心（或测井）孔隙度建立关系，反演孔隙度，再用孔隙度推算渗透度，这一方法已在普遍应用。把地震三维数据体转换成储层属性三维数据体，直接实现了三维建模。

三维地震资料最大的缺点是垂向分辨率低，一般的分辨率为10～20m。常规的三维地震很难分辨至单砂体的规模，仅为砂组规模，其预测的储层参数（如孔隙度、流体饱和度）的精度较低，仅为大层段的平均值。目前，三维地震方法主要应用在勘探阶段及早期评价阶段的储层建模，用于确定地层层序格架、构造圈闭、断层特征、砂体的宏观格架和储层参数的宏观展布。

（2）井间地震由于采用井下震源和多道接收排列，具有更多优点：

①震源和检波器均在井中，这样就避免了近地表风化层对地震波能量的衰减，从而可提高信噪比；

②由于采用高频震源，而且井间传感器离目标非常近，所以有利于提高地震资料的分辨率；

③利用地震波的初至，实现纵波和横波的井间地震层析成像，从而可准确建立速度场，大大提高井间储层参数的解释精度。

当然，由于地震属性不单是简单地受控于岩石物性，还受其他因素的影响，加之受地震分辨率的限制，开发地震反演成果仍有较大的不确定性，其有效应用还必须与地质紧密结合，不仅在处理、解释、反演过程中要充分利用本地区的地质规律和模式，成果的应用也要与地质认识紧密结合。

2.水平井法

利用水平井法可沿着储层走向或倾向钻井，直接取得储层侧向或沿层变化的参数，基于此可以建立确定性的储层模型。

3.井间砂体对比法

在油田开发阶段,应用开发井网资料,通过在三维视窗下进行井间开发小层、沉积相或砂体对比,建立三维储层骨架模型。井间小层或砂体对比最重要的基础是高分辨率的等时地层对比及沉积模式的指导。高分辨率等时地层对比主要为小层或砂体的对比提供等时地层格架,其关键是应用层序地层学原理,识别并对比反映基准面高频变化的关键面(如层序界面、洪泛面、冲刷面等)或高频基准面转换旋回。其主要方法包括岩心对比分析、自然伽马(或自然伽马能谱)测井对比分析、高分辨率地震资料的测井约束反演分析、井间地震资料分析、高分辨率磁性地层学分析、岩石和流体性质分析、油藏压力分析等。

砂体对比的准确程度取决于井距大小和储层结构的复杂程度。如果井网密度很大,可建立确定性的储层骨架(相)模型;如果井网密度略小,可建立确定性与概率相结合的储层骨架(相)模型;如果井网密度太小(井距太大或结构太复杂),就不可能进行详细的、确定的砂体对比,在这种情况下,可应用随机模拟方法建立随机储层模型。

4.井间插值方法

井间插值方法很多,大致可分为传统的统计学插值法和地质统计学估值法。由于传统的数理统计学插值方法(如反距离平方法、径向基函数法、三角网法等)只考虑观测点与待估点之间的距离,而不考虑地质规律所造成的储层参数在空间上的相关性,插值精度相对较低,实际上不适合地质建模。为了提高对储层参数的估值精度,人们广泛应用地质统计学插值方法计算井间插值。

克里金方法是地质统计学的核心,它是随着采矿业的发展而兴起的一门新兴的应用数学的分支。克里金方法主要应用变异函数和协方差函数来研究在空间上既有随机性又有相关性的变量,即区域变量。克里金方法根据待估点周围的若干已知信息,应用变异函数特有的性质,对待估点的未知值作出最优无偏(估计方差最小,估计值的均值与观察值的均值相同)估计。

克里金方法较多,如简单克里金、普通克里金、泛克里金、因子克里金、协同克里金、指示克里金等。这些方法可用于不同地质条件下的参数预测。但克里金方法是一种光滑内插方法,实际上是特殊的加权平均,难以表征井间参数的细微变化和离散性。同时,克里金方法为局部估值方法,对参数分布的整体结构性考虑得不够。因此,当储层连续性差、井距大且分布不均匀时,估值误差较大。所以,克里金方法给出的井间插值虽然是确定的值,但并非真实的值,仅是一个近似值,其误差大小取决于方法本身的实用性及客观地质条件。然而,就井间估值而言,克里金方法比传统的数理统计方法更能反映客观的地质规律,估值精度相对较高,是定量描述储层的有力工具。

（二）随机建模方法

随机建模方法承认地质参数或属性的分布有一定的随机性，即人们对它们的认识总是存在不确定性——对已知控制点间的内插不是唯一而确定的，即对已知控制点进行随机模拟。这就要求在建立储层地质模型时应充分考虑这些随机性所引起的多种可能，供人们选择，做出风险决策。随机建模的结果不同于确定性建模是一个唯一的模型，而是提供多种等概率的实现。每种实现都应是现有资料条件下对实际资料的合理反映。一般而言，随机模拟方法可根据基本模拟单元分为两大类：基于目标的方法和基于像元的方法。

1.基于目标的方法

基于目标的方法以目标物体为基本模拟单元，为基于目标的随机模型与优化算法的结合。基于目标的方法通过对目标集合形态（如长、宽、厚及其之间的定量关系）的研究，在建模过程中直接产生目标体。通过定义目标的不同几何形态参数以及各个参数之间具有的地质意义上的关系，再现储层的三维形态。该方法包括两类，分别为基于目标体结果的方法和基于目标体形成过程的方法。

（1）基于目标体结果的方法：这类方法主要通过示性点过程模型和优化算法的结合，进行目标体（如沉积相、隔夹层、断层、裂缝等）的随机模拟。

（2）基于目标体形成过程的方法：这类方法是基于随机成因模型和优化算法，从模拟目标体的沉积过程来刻画非均质储层的建模方法，可称为基于过程（Process based）的随机模拟方法。

2.基于像元的方法

基于像元的方法为基于像元的随机模型与各种算法的结合。基本模拟单元为网格化储层格架中的单个网格，既可用于连续性储层参数的模拟，也可用于离散地质体的模拟。其基本思路是首先建立待模拟网格的条件累积概率分布函数（ccdf），然后对其进行随机模拟，即在ccdf中随机提取分位数，便得到该网格的模拟实现。根据建模方法所应用的统计学特征，又可将其分为两点统计学方法和多点统计学方法。

（1）两点统计学的含义是通过若干个点对变量的统计特征进行分析，变差函数为两点统计学的最常用工具。对于基于变差函数的随机建模方法，其共同的特点是条件累积概率分布函数（ccdf）均可应用克里金方法来求取。这些方法包括高斯模拟、截断高斯模拟、指示模拟等。

（2）多点统计是相对于两点统计而言的，可理解为应用多个点对变量的统计特征进行分析，这样更能把握目标体的形态及空间分布特征。在多点地质统计学中，应用"训练图像（Training image）"代替变差函数表达地质变量的空间结构性。

四、储层地质建模的步骤

（一）确定性建模步骤

储层建模的目的是将储层结构和储层参数的变化在二维或三维空间中用图形显示出来。一般而言，储层地质建模有4个主要步骤。

1.数据准备和数据库的建立

储层建模一般需要4大类数据（库）。

（1）坐标数据：包括井位坐标、深度、地震测网坐标等。

（2）分层数据：各井的层组划分与对比数据、地震资料解释的层面数据等。

（3）断层数据：包括断层的位置、产状、断距等。

（4）储层数据：各井各层组砂体顶底界深度、孔隙度、渗透率、含油饱和度等。

2.建立地层格架模型

地层格架模型是由坐标数据、分层数据和断层数据建立的叠合层面模型，将各井的相同层组按等时对比连接起来，形成层面模型。然后利用断层数据，将断层与层面模型进行组合，建立地层的空间格架，并进行网格化。

3.二维或三维空间赋值

利用井所提供的数据对地层格架的每个网格进行赋值，建立二维或三维储层数据体。

4.图形处理与显示

对所建数据体进行图形变换，并以图形的形式显示出来。

（二）随机建模步骤

随机建模的步骤与确定性建模有所差别，主要有5个步骤。

1.建立原始数据库

任何储层模型的建立都是从数据库开始的，但与确定性建模数据库不同的是，用于随机建模的数据库分为两大类：第一类是原始数据库（与确定性建模相同），包括坐标、分层、断层和储层数据；第二类是随机模拟需要输入的统计特征数据。

2.建立定性地质概念模型

根据原始数据库及其他基础地质资料，建立定性储层地质概念模型，如沉积相分布、砂体连续性、储层非均质性模型等，用于选择模拟参数和指导随机模型的优选。

3.确定模拟输入的统计特征参数

统计特征参数包括变异函数（岩性指标变异系数和岩石物性变异函数）特征值、概率密度函数特征值（砂岩面积或体积密度、岩石物性概率密度函数）、砂体宽厚比和长宽比等。

4.随机模拟，建立一簇随机模型

应用合适的随机模拟方法进行随机建模，得出一簇随机模型。在建模过程中，可采用两步建模法，先建立离散的储层结构模型，然后在此基础上建立连续的储层参数分布模型。

5.随机模型的优选

对于建立的一簇随机模型，应根据储层地质概念模型进行优选，选择一些接近实际地质情况的随机模型作为下一步油藏数值模拟的输入。

第六节　油气藏开发地质模型

油气藏地质模型是油气藏描述综合研究的最终成果，可以反映本地区的油气藏形成条件、分布规律和油气富集控制因素等复杂的地质条件。在勘探和开发过程中，它可以起预测作用，同时为油藏数值模拟研究提供基本架构。在油气藏地质模型研究基础上，针对具体油气藏的驱动类型或特征以及开发过程的特点，又可以建立相应的开发模型。

一、油气藏模型与储层地质模型

油气藏模型是对油气藏类型、砂体几何形态、规模大小、储层参数、流体性质空间分布以及成岩作用和孔隙结构的高度概括，是一种理想化的模式，其重要意义在于为开发方案优化提供依据。油气藏模型由三部分组成，即圈闭结构模型、储层地质模型、流体分布模型，其中储层地质模型是核心。储层地质模型主要是为油气藏模拟服务的。油藏数值模拟要求有一个把油藏各项特征参数在三维空间上的分布定量表征出来的地质模型，而实际的油藏数值模拟还要求把储层网块化，并赋予各个网块各自的参数值来反映储层参数的三维变化。因此，在油气藏描述中建立储层地质模型时，也抛弃了传统的以等值线图来反映储层参数的办法。这一方法同样把储层网块化，通过各种方法和技术得出每个网块的参数值，即建成三维的、定量的储层地质模型。

（一）不同勘探开发阶段的储层地质模型分类

在不同的勘探开发阶段，拥有资料的程度不同，任务不同，因而所建立的模型的精度及作用也不同。据此，可将储层地质模型分为三大类，即概念模型（conceptual model）、静态模型（static model）和预测模型（predictable model）。

1.概念模型

针对某一种沉积类型或成因类型的储层，把它具有代表性的储层特征抽象出来，加以典型化和概念化，建立一个对这类储层在研究区内具有普遍代表意义的储层地质模型，即所谓的"概念模型"。概念模型并不是一个或一套具体储层的地质模型，而是代表某一地区某一类储层的基本面貌。

从油气田发现开始到油气田评价阶段和开发设计阶段，主要应用储层概念模型研究各种勘探开发战略问题。这个阶段油气田仅有少数大井距的探井和评价井的岩心、测井及测试资料以及二维和三维地震资料，因而不能详细描述储层细致的非均质特征，只能依据少量的信息，借鉴理论上的沉积模式、成岩模式建立工区储层概念模型，但这种概念模型对勘探开发战略的确定是至关重要的，可避免战略上的失误。如对于上述的点坝"半连通体"模式，在注水开发过程中，若注采井方向与河流走向垂直，则井间的泥质侧积层会阻碍注入水的驱替，造成点坝上部的驱替效率低，甚至无驱替，形成剩余油分布，而点坝下部驱替效率很高且可能发生窜流，从而严重影响注水开发效果。因此，对于这类储层，要合理布置注采井网，以避免开发战略出现失误。

2.静态模型

针对某一具体油气田或开发区的一个或一套储层，将储层特征在三维空间上的变化和分布如实地加以描述而建立的地质模型，称为储层静态模型。这一模型主要为编制开发调整方案及油藏管理服务，如确定注采井别、射孔方案、作业施工、配产配注及油田开发动态分析等，以保证油藏的合理管理。

之前我国各油气田投入开发以后都建立了这样的静态模型，但大多是由手工编制的二维显示的成果图，如各种小层平面图、油层剖面图、栅状图等，不能反映储层参数在三维空间上的变化和分布特征。利用计算机技术，逐步发展出一套利用计算机存储和显示的三维储层静态模型，即将储层网块化后，把各网块参数按三维空间分布位置存入计算机内，形成三维数据体，进行储层的三维显示，可以任意切片或切剖面以及进行各种运算和分析。这种模型可以直接与油藏数值模拟相连接。应用这种方法，可表征储层参数，如孔隙度、渗透率、泥质含量等的三维分布特征。但是，这种静态模型只是把多井井网所揭示的储层面貌描述出来，并不追求井间参数的内插及外推预测的精度。

3.预测模型

预测模型是比静态模型精度更高的储层地质模型。它要求对控制点间（井间）及以外地区的储层参数能做一定精度的内插和外推预测。预测模型的提出，本身就是油气田开发深入的需求。因为在二次采油之后，地下仍存在大量剩余油，需进行开发调整、井网加密或三次采油，需要建立精度很高的储层地质模型。三次采油技术近二十年来获得迅速发展，但除热采外，其他技术均达不到普遍性工业应用的水平，其中一个重要原因便是储层模型精度满足不了建立高精度剩余油分布模型的需求，因而不能满足三次采油的需求。由于储层参数的空间分布对剩余油分布的敏感性极强，同时储层特征及其细微变化对三次采油注入剂及驱油效率的敏感性远大于对注水效率的敏感性，因而需要在开发井网（一般百米级）条件下将井间数十米级甚至数米级规模的储层参数的变化及其绝对值预测出来，即建立储层预测模型。

预测模型的建立是目前世界性攻关的难题。由于所掌握的地下信息极其有限，因而模型中不同程度地存在不确定性，特别是对于储层非均质性严重的陆相油藏来说，不确定性因素更多。因此，人们广泛应用地质统计学中的随机模拟技术，结合储层沉积学，试图减少模型中的不确定性因素，以提高模型精度。此外，建立预测模型的方法还有井间地震方法和水平井方法等。

（二）依据油藏工程的需要进行的储层地质模型分类

依据油藏工程的需要，可将储层地质模型分为储层结构模型、流动单元模型、储层非均质模型及岩石物性物理模型等。

1.储层结构模型

储层结构指的是储集砂体的几何形态及其在三维空间的展布，是砂体连通性及砂体与渗流屏障空间组合分布的表征。这一模型是储层地质模型的骨架，也是决定油藏数值模拟中模拟网块大小和数量的重要依据。实际储层结构是复杂多样的，储层结构类型与沉积相有关，人们可以根据沉积相与储层结构的关系大致确定所研究的储层属于哪种砂体结构类型，并综合应用地质、测井、井间地震、试井等资料进行砂体对比，建立具体地区的储层结构模型。

2.流动单元模型

流体单元模型是由许多流动单元块体镶嵌组合而成的模型，属于离散模型的范畴。流动单元模型是在储层结构模型基础上建立起来的，实际上是对储层结构的进一步细分。用来划分流动单元的参数涉及沉积、成岩、构造及岩石物性等多方面，包括渗透率、地层系数（渗透率与厚度的乘积）、孔隙度、孔隙大小分布、垂直渗透率与水平渗透率比值、岩性、沉积构造等。

流动单元模型既反映了单元间岩石物性的差异和单元间边界，还突出表现了同一流动单元内影响流体流动的物性参数的相似性，可直接用于油藏模拟及动态分析，这对预测二次采油和三次采油的生产性能具有很强的指导意义。

3.储层非均质模型

荷兰壳牌勘探生产实验室W.J.E.Van De Graaff等把河流三角洲相的储层划分为不同范

围的非均质模型。即油田范围的非均质模型（范围为1~10km）、油藏范围的非均质模型（范围为0.1~1km）、油藏至成因砂体范围的非均质模型（范围为0.1~0.5km）、小范围储层非均质模型（范围为0.01~1m）。

大庆油田陈永生等把孔隙规模非均质性总结为：孔间、孔道、砂岩造岩矿物表面性质的非均质性。熊琦华、王志章等依据中国陆相油田地质特点，从油田开发需要入手，将储层地质模型划分为油藏规模、砂体或砂组规模、小层规模、单砂体规模、岩心规模及孔隙规模6个级别。

4.岩石物性物理模型

美国卡罗来纳大学Robert Ehrlich等论述了岩石物性物理模型。他们认为，渗透率和地层因子是评价孔隙性岩石储层最有用的物性。这个物性与孔隙度的变化是不一致的，这两者的关系是复杂的，与孔隙结构有密切的关系，如孔喉大小、孔隙数量和大小、孔隙和喉道关系等。要说明这些因素的关系就要求建立一个物理模型，这个物理模型包括能描述微观结构物理性质的参数。孔隙和喉道的空间特征可通过孔隙类型和喉道大小的关系具体化，这个关系通过综合分析薄片资料就可得到，如利用图像分析得到孔隙类型，利用注汞孔隙几何体定量喉道大小。用以上这些参数可建立渗透率和导电性的简单物理模型，通过建立物性物理模型来定量表征孔隙结构与渗透率和地层因子等物性的关系。模型包括4个子模型，即孔隙数量模型、渗透率模型、地层因子模型及胶结指数模型。

二、开发模型

所有构成油藏的岩石都是非均质的，孔隙结构十分复杂。所有这些储油介质结构可分为粒间孔隙结构、裂缝结构、溶洞结构和它们的复合结构。油（气）不仅能被孔隙砂岩饱含，而且被饱含于石灰岩、白云岩甚至火成岩的裂缝、微裂缝、洞穴中。建立油藏地质模型就是将储层介质结构特征和油藏流体在三维空间的变化和分布规律加以定量描述。油藏地质模型的建立是进行油藏经营管理的基础。

在油气藏地质模型研究的基础上，针对具体油气藏的驱动类型或特征以及开发过程的特点，又可以建立相应的开发模型。根据油藏开采过程的特点，可以将油藏开采过程（流体渗流）模型分为气藏模型、黑油模型和组分模型三大类型。

气藏模型主要描述气田开采动态特征。

黑油模型主要描述油质较重的油藏类型。"黑油"这一术语用以表明油和气为单相。通常认为，在油藏开采过程中相的变化只在油、气两相之间进行，包括气溶于油或气从油中逸出等现象。因此，尽管考虑了气体在油和水中的溶解，但仍认为烃类相组成恒定不变。黑油模型最常用于模拟因黏滞力、重力和毛细管力作用而引起的油、气、水三相等温流动。

组分模型是指油质较轻、气体较富的油气藏类型模型，如挥发性油藏（轻质油）或凝析气藏。组分模型除了考虑各相的流动方程外，还考虑相组成随压力等条件的变化。

针对特殊的稠油油藏的开采或部分油藏的三次采油，人们又建立了相应的特殊开发模型，如热采模型、化学驱模型等。热采模型中考虑了流体流动、热传递和化学反应，适用于模拟蒸汽驱、蒸气吞吐和原地火烧过程。化学驱模型主要是特别考虑了由于扩散、吸附、分离和复杂相特征引起的流体流动和质量传递，适合用于表面活性剂驱、聚合物驱和三元复合驱的模拟。

第七节　石油及天然气地质储量计算

一、地质储量概述

（一）地质储量概念

地质储量的概念可归纳为以下三点：

（1）绝对的地质储量，即凡是有油气显示（包括不能流动的原油）的储量。

（2）可流动的地质储量，即凡是相对渗透率大于零（可以流动的原油），也就是在最大生产压差（井底压力为一个大气压）条件下（即使只产油花）原油的储量。

（3）可开采的地质储量，即凡是在现有经济技术工艺条件下有可能开采的原油的储量。这种地质储量是随经济技术工艺条件的改变而变化的。

（二）地质储量分级

油气田从发现，经过勘探到投入开发，大体经历预探、详探、开发三个阶段。在整个过程中，随着掌握的资料不断增多，对油田的认识程度不断深入，各项储量参数的准确程度不断提高，储量级别逐步提高。

1.三级地质储量——预测储量

一个含油（气）圈闭有三口以上探井发现工业油气流后，初步掌握油藏类型（包括圈闭类型如构造圈闭、地层圈闭、岩性圈闭和断层圈闭等，储层类型如砂岩、砾岩和碳酸盐岩等），大体明确含油范围，对其他参数有初步了解，在综合研究钻井、地震和区域地质的基础上，进行三级储量计算。与远景资源量相比，三级储量具有工业储量的性质。与二级储量相比，三级储量包含推测和概算的性质。三级储量是进一步详探的依据，不能单独提供开发设计使用。

2.二级地质储量——控制储量

在探井、资料井达到详探设计的密度，取得相当数量的分层试油、部分井试采资料的情况下计算的石油地质储量称控制储量。确定二级储量必须查明油田的构造形态，主要断层的分布和性质，油、气、水层的分布，油藏类型，储层类型，驱动类型以及产油能力，在此基础上确定的各项储量参数要准确可靠。与一级储量相比，二级储量一般只能是由于井网密度不同而产生的误差。二级储量精度要大于50%。二级储量是制订油田开发方案的依据。

3.一级地质储量——探明储量

一级储量是油田开发井网钻完后，根据所有探井、资料井、生产井和注水井等取得的岩心资料、测井资料和开采资料计算的储量。一级储量要求油藏类型清楚，含油面积准确，油层有效，厚度可靠，各项储量参数落实。一级储量可以作为制订生产计划和编制调整方案的依据。对于断层多、断块小，各断块油、气、水分布情况有很大差异的小断块油田，大致分为整体解剖和详探开发两个阶段，储量也相应分为三级、一级加二级两个级别。但三级储量精度比一般油田的三级储量精度要低，一级加二级储量精度也比一般油田的一级储量精度要低。

二、地质储量计算方法

目前，大多数国家油气田地质储量计算采用的方法有利用静态资料计算的类比法、容积法，利用动态资料计算的物质平衡法、产量递减法、压降法等。对于一个油气田，应根据油气田地质特征与油气田开发的实践选择适合的计算方法。

（一）石油储量计算

1.容积法

容积法根据地下储层的含油体积来计算石油储量。因此，根据含油面积和油层有效厚度算出含油岩层的总体积，再根据油层有效孔隙度和原始含油饱和度算出含油体积，即石油地质储量，相关计算如式（2-1）所示：

$$N = \frac{100Ah\varphi(1-S_{wc})\rho_{os}}{B_{oi}} \qquad (2-1)$$

式中：N——石油地质储量，10^4t；

A——含油面积，km²；

h——油层有效厚度，m；

φ——油层有效孔隙度，小数；

S_{wc}——油藏束缚水饱和度，小数；

ρ_{os}——地面脱气原油密度，t/m；

B_{oi}——原始条件下的地层原油体积系数，无因次。

确定含油面积必须准确地划分油、气、水层，综合多种资料进行油层对比，搞清油、气、水接触面的位置，按地质规律分地区、分层组确定油气边界、油水边界、断层边界和岩性边界，在构造图上圈定含油面积。计算含油面积的允许误差为±1%。确定油层有效厚度，首先必须制定划分有效厚度的标准，包括划分探井、资料井岩心厚度的物性标准，划分生产井、注水井电测厚度的电性标准以及扣除有效厚度内的高低组夹层标准。根据标准划分单井有效厚度。按储量计算单元要求（如大庆油田分区块、分层组、分厚薄层、分纯含油区和油气或油水过渡带），分别确定各单元的油层平均有效厚度。根据不同级别的储量，采用不同的有效厚度平均方法。

2.物质平衡法

物质平衡法是在研究从储油层中采出液体和气体的过程中，由于油、气、水的体积和地层压力的改变，不考虑油层中油、气、水分布状况的前提下，根据物质平衡方程式计算原油储量。采用物质平衡法时，是立足于油层处于平衡状态，而且遵守物质守恒原理，即在原始情况下，油层中碳氢化合物的数量（油和气）等于某时期内从油层中采出的以及这个时期终了残留于油层中的碳氢化合物数量的总和。

在推导物质平衡方程式时做了以下假定条件：

（1）储层物性和流体物性均匀分布，各向同性；

（2）相同时间内，油藏各点地层压力能瞬时达到平衡；

（3）在整个开发过程中，油藏保持热动力学平衡，即地层温度恒定；

（4）不考虑毛细管力和重力作用。

物质平衡方程用文字表述为：累积产油量+累积产气量+累积产水量=气顶的累积体积膨胀量+气顶区内地层束缚水和岩石的累积弹性体积膨胀量+含油区内地层原油的累积体积膨胀量+含油区地层束缚水和岩石的累积弹性体积膨胀量+累积天然水侵体积量+人工累积注水体积量+人工累积注气体积量。

（二）天然气储量

天然气在地下的储存形式为纯气藏、凝析气藏和溶解于原油中的溶解气藏。对于溶解气藏，可以由石油地质储量与气油比计算出溶解气藏的储量。纯气藏可以采用容积法和压降法计算天然气储量。

1.容积法

其计算方法和计算石油储量方法相近。但因为天然气和石油的物理化学特性不同，计算天然气储量时除了确定气层部分的空间体积外，还要研究天然气本身的物理特性，天然气在不同温度、压力变化过程中的状态以及天然气的化学组分等。

2.压降法

压降法根据从气藏中采出一定体积的天然气而引起气层压力下降的关系，来推算储气空间的可采储量。压降法以物质平衡为推导依据，即在定容气藏（储气体积不变的气藏）条件下，在整个开采时期内每下降单位压力所采出的气体体积不变。

三、储量评价

储量计算除了要求计算的储量准确外，对石油储量的质量应进行评价，因为石油储量的质量直接影响投资、产量、成本、经济效益。相同规模的储量，投资、产量、成本、经济效益可以相差很大。一般来说，原油性质好、储层物性高、埋藏浅、储量丰度高的油田，产量高，投资少，成本低，经济效益好；相反，原油性质差、储层物性低、埋藏深、储量丰度低的油田，产量低，投资大，成本高，经济效益差甚至不能开采。因此，在储量计算的同时，应进行储量的综合评价和经济技术评价。储量技术经济评价是在不同的石油勘探开发阶段所提交的各级储量，在综合评价的基础上，依据现行法律、法规和财税制度，对油田技术经济条件、勘探开发投资、操作费用、经济效益进行预测，分析论证其财务可行性和经济合理性，全面评价储量，优选勘探开发项目，以期达到最佳的经济效益和社会效益。储量技术经济评价是一项非常重要、非常复杂而且不确定因素多的工作，必须充分考虑石油储量的特性，采用动态分析、定量分析、预测分析的方法，使评价结果尽可能与实际相符。

油田储量应进行微观（企业财务）评价和宏观（国民经济）评价。企业财务评价按现行财务制度和现行价格，分析计算石油储量进行开发时的效益、费用、盈利状况及借款偿还能力，以考察其可行性。主要评价指标为油田总利润率、静投资效益率、静态投资回收期、投资利润率、投资利税率、财务内部收益率、动态投资回收期、财务净现值和财务净现值率。

国民经济评价采用统一的费用—效益分析法，计算和分析油田开发时需要国家付出的代价和对国家的贡献，以考虑投资行为的经济合理性。评价内容不仅包括油田经济效益，还要考虑资源效益、生态效益和环境效益以及对国民经济的影响。主要评价指标为经济内部收益率、经济净现值、经济净现值率和投资净效益率。财务评价和国民经济评价都可行的项目才能通过。当评价结论有差别时，应以国民经济效益评价为准。当宏观效益好、微观效益差时，可提出采取优惠政策的建议，使项目得以实施。

第三章　地质录井

第一节　钻时录井

一、井深、方入的计算方法

井深是指从转盘面到井底的深度。

方入是指方钻杆进入转盘面以下的深度，根据钻头所在位置，分为到底方入和整米方入。到底方入指钻头位于井底时的方入；整米方入指钻头位于某一整米井深时的方入。

计算公式如下：

$$井深＝钻具总长＋到底方入$$

$$钻具总长＝钻头长＋接头总长＋钻铤总长＋钻杆总长$$

$$到底方入＝井深－钻具总长$$

提下钻倒换钻具后的到底方入可根据新钻具的增减长度来计算：

$$新到底方入＝原到底方入－钻具增加长度$$

$$新到底方入＝原到底方入＋钻具减少长度$$

正常钻进中，每接一根新单根后的到底方入，可用下式计算：

$$接新单根后到底方入＝钻完上一单根时的方入－新单根长度$$

二、钻时记录及钻时曲线绘制

（一）钻时记录

上综合录井仪、气测仪的井，钻时由录井仪器连续测量，整米记录。手工记录的井，把井深、到底方入、整米方入计算正确后，只要按间距记录整米方入由浅到深的钻达时刻，相邻两者之差减去中途停钻时间即为钻时，也就是该记录点的纯钻进时间，以

"min/m"为单位。

（二）钻时曲线绘制

绘制钻时曲线通常采用直角坐标系，纵坐标为井深，常用比例为1：500；横坐标为钻时，一般1mm代表1min。根据钻时记录点的井深及钻时，在坐标纸上点出相应的点，然后将各点依次用直线连接起来，即成钻时曲线，按规定绘于录井综合草图之中。为了便于分析，应用钻时资料，除绘制草图要跟上钻头外，还应将提下钻位置、钻头尺寸及类型标注在相应的井深位置上。

绘制钻时曲线时，若局部井段钻时值变化较大，超出画图比例，可更换第二比例绘制，不同比例的点，要用不同的线条分别连接，一般第一比例用实线、第二比例用点画线或虚线。每次变换比例，都要用不同比例重复2~3个点。

三、影响钻时的主要因素及钻时的应用

（一）影响钻时的主要因素

地层岩性是影响钻时变化的主导因素，岩性不同钻时也不同，这是钻时录井的依据。相同钻井方式下影响制的主要因素包括：

1.钻头类型和新旧程度

不同类型钻头，对同一地层钻时不一样；同一类型钻头，对不同地层钻时不一样；同一钻头新旧程度不同，对同一地层钻时不一样。只有钻头选择合理，与地层硬度相匹配时，钻时才能较真实地反映地层岩性特征及可钻性；反之，不匹配时，用钻软地层的钻头去钻硬地层，钻时显然要相对增大；对同一钻头同一地层，必然是旧钻头的钻时大。这些都必须综合考虑。在钻时录井过程中，要记录钻头下入深度、钻头尺寸、类型，要观察起出钻头的磨损程度，以便结合钻时的相对变化，综合分析判断所钻地层的岩性。

2.钻井参数

影响钻时的钻井参数主要是指钻压、转数和钻井液排量。在同一地层中，钻头类型选择合适，在一定程度上钻压大，转数合理，排量大，破碎岩石的效率高，钻时则小；反之，钻时要相对增大。钻压的大小、转数的高低、排量的大小都是相对的，都有一定限量的，也存在三者互相匹配的问题。如钻压过大，超过钻头负荷，就可能出现恶性事故；若钻压小、转速低、排量大，则钻时就相对增大，甚至井下可能形成"大肚子"。

3.钻井液性能

钻井液性能对钻时的影响也很大。一般来说，密度低，黏度小，钻时就小；反之，密度高，黏度大，相对钻时也增大。

4.特殊工艺钻井

特殊钻井工艺对钻时的影响很大，比如气体钻井、雾化钻井、泡沫钻井、充气液钻井等，一般钻井介质密度越低，机械钻速越快。

5.工程复杂度

钻头泥包，碎岩效率明显降低，钻时会增大；扶正器泥包，减小钻具与井壁间隙，阻碍岩屑上返，同时增大钻具磨阻，降低作用于井底岩层的有效钻压而降低钻速，钻时增大；局部井壁垮塌使钻时增大；井斜过大或过度不规则会增大钻具磨阻，钻时会增大。

6.人为因素

当其他因素一定时，人为因素主要反映在司钻操作技术熟练程度上，送钻均匀、平稳，能充分发挥机械效能，基本反映岩层可钻性，钻时小；相反，送钻不稳，跟不上钻压，钻时不能正常反映地层可钻性就会出现失真而偏大。

（二）钻时的应用

影响钻时的因素很多，主导因素是地层的岩性，所以钻时在客观上较直观地反映了岩层可钻的软硬程度及岩性特征。因此，利用钻时的变化可推测所钻地层的岩性，但各种影响因素不可能一成不变，而且各种因素在不同情况下的影响程度也有差异，也就是说，在利用钻时资料推测岩性时，要综合各种影响因素，分析它们的变化规律或趋势，才能使推测合理。

1.岩屑描述用它推测判断岩性，确定岩性界面井深

在一般情况下，钻时曲线的相对变化反映了岩石的可钻性，砂岩比泥岩的钻时小；在非碎屑岩中，浅成岩比变质岩钻时小；在描述岩屑时可作为区分岩性的参考。

钻时变化的突变点可作为岩性的分界面。还可以利用某些岩性特征比较明显、钻时曲线变化又比较明显，来校正岩屑迟到时间。

2.划分渗透层和缝洞发育带

在砂泥岩剖面中，渗透层的钻时明显小于其上下非渗透层的钻时。在碳酸盐岩、变质岩或火成岩地层中，缝洞发育带或孔隙性白云岩、生物灰岩的钻时，明显小于其上下围岩的钻时。

3.预示循环观察

油气层钻时一般都比较快，按照正常迟到时间捞取岩屑，照荧光，发现显示要取心时，油气层可能早已钻穿。为了提高岩心卡取率，利用油气层钻时快的特点，在预计含油气层井段，当钻时变快时，必须立即停钻循环，观察油气显示。

4.对比层位，做好地层预告

钻时曲线在一定程度上反映了岩性特征，在正常情况下，钻时曲线在形态上与自然电

位曲线非常相似，在未测井前，可以利用钻时曲线与邻井自然电位曲线或钻时曲线进行粗略的形态相似性对比，初步确定层位，做好地层预告。

5.工程上的应用

根据钻时记录可以精确地计算出纯钻时间，进行时效分析；帮助合理地选择钻头和最佳钻井参数；借助钻时判断钻头使用情况，预报钻头、扶正器泥包等异常；取心时选择割心位置；在高压复杂地区，快钻时、放空也是发生井漏、井涌、井喷的先兆，也可根据钻时变化，提前做好各项应急准备工作，当出现井漏等复杂情况时，还可根据钻时推测复杂发生井段。

第二节　岩屑录井

岩屑录井是指岩屑录井是指按设计取样间距正确捞取岩屑，准确描述，通过归位而恢复地层剖面的一种录井方法。特别是在不能大量取心情况下，它就成了研究地层、了解油气水分布最及时、最直观的第一性资料，还能为荧光录井、薄片鉴定、重矿物分析及生油分析等提供样品。它的实用价值大且经济、简便易行，是录井项目中不可缺少的项目。

一、岩屑迟到时间的测定与计算

岩屑被钻井液携带从井底返至地面所需要的时间叫岩屑迟到时间。准确地测定和计算岩屑迟到时间是岩屑录井的关键。

（一）理论计算迟到时间

井眼并不是一个正规的圆筒，而且岩屑在环形空间中上返时，因重力和涡流作用出现滞后现象。因此，计算得到的岩屑迟到时间与实际岩屑迟到时间总存在误差。当理论计算与实测岩屑迟到时间误差不大时，以实测迟到时间为准；当理论计算与实测岩屑迟到时间误差较大时，要重新实测，确定迟到时间。

（二）实测迟到时间

1.测量方法

选用与岩屑大小、密度、形状相似的代表物及指示物，如红砖碎块、白瓷碎片、染漆岩屑及彩色塑料碎片等，在接单根时投入井口钻杆内，而后记录开泵时间，再在振动筛处观察指示物的出现，及时发现代表物，并记录发现代表物的时间。

岩屑代表物在井口振动筛处发现的时间与开泵时间之差，称为循环一周时间。它包括了代表物在钻具内的下行时间和从井底顺环形空间返至井口的时间。迟到时间是代表物循环一周时间减去在钻具内的下行时间。

2.实测岩屑迟到时间的间距要求

非目的层段：每钻进100m测定一次；

目的层段：每钻进50m测定一次；

钻井过程中钻头直径及钻井泵参数改变时，应及时测定。

（三）岩屑捞取时间的计算

1.放置砂样盆时间计算

放置砂样盆的时间要由迟到时间来确定，提前放置（或清理）会捞取多余的岩屑，推迟放置（或清理）会造成漏取岩屑，均会使岩屑剖面不准确。

录取第一包岩屑放置砂样盆时间：

放置砂样盆时间＝第一包整米井深开始钻进时间＋迟到时间

每次下钻到底后放置砂样盆时间：

放置砂样盆时间＝钻头开始钻进时间＋迟到时间

2.岩屑捞取时间计算

（1）基本公式

捞砂时间＝本米钻达时间＋岩屑迟到时间＋停泵时间

若无停泵时间则为：

捞砂时间＝本米钻达时间＋岩屑迟到时间

（2）变泵捞砂时间计算

变泵时间早于钻达时间时：

$$新捞砂时间 = 整米钻达时间 + \frac{原排量}{新排量} \times 原迟到时间$$

变泵时间晚于钻达时间时：

$$新捞砂时间 = 变泵时间 + \frac{原排量}{新排量} \times （原捞砂时间 - 变泵时间）$$

二、岩屑捞取方法及整理

（一）正常情况下岩屑捞取方法

通常情况下，定点在振动筛前连续捞取。在正常钻进中，每到捞砂时间取走一个砂样盆，立即将另一个砂样盆置于原处，以保证岩屑捞取的连续性，要经常检查砂样盆是否移位并及时纠正，以免造成岩屑漏取。

捞取的岩屑要干净、连续、量足才具有代表性，故应注意：

（1）按时捞取岩屑，及时清理振动筛。

（2）如果岩屑太多，采用垂直切分1/2分法或1/4分法进行捞取岩屑，每包岩屑质量不少于500g。

（3）正常情况下，提钻前必须循环钻井液一周捞完最后一包岩屑，钻进地层大于0.2m，应按迟到时间捞取岩屑，待下钻后与钻完整米所捞取岩屑合为一整包岩屑；特殊情况下，提钻前不能循环完一周时，停泵前按迟到时间捞取岩屑，余下未捞取的岩屑应在下次下钻到底后循环钻井液期间补捞。

（二）特殊情况下岩屑捞取方法

（1）井漏时岩屑的捞取：带堵漏剂钻进时，每包岩屑需要分多次捞取，每次应尽量多捞，清洗时漂去堵漏剂，留下岩屑合为一包，可尽量保证岩屑量足、真实。

（2）欠平衡钻井、泡沫钻井、气体钻井等工艺下需要制定特制的岩屑采集方法和工具。

（三）岩屑整理

1.清洗

用干净而没有油污的清水清洗，不可用水猛冲猛洗，水应缓慢放入，轻轻搅动，当盆内水满时，应稍静止一会儿，再缓缓将水倒掉，以免岩屑中质量较轻的成分如煤屑、炭质页岩、油页岩、油砂等随水漂走。要除去杂物和明显掉块，把岩屑清洗出本色后倒入洗样筛，置于洗样盆上用水将岩屑表面冲洗干净，洗样盆中的碎小岩屑清洗干净后倒入洗样筛一角。

对于特别松散的油砂，将岩屑筛子直接在水中漂洗。较软的泥岩和极易泡散的砂岩，只需将钻井液冲洗掉即可。用水清洗时，注意盆面有无油花、沥青等；清洗后，闻有无原油味，把所观察到的油气现象做好记录再做荧光湿照，供描述时参考。

2.干燥

（1）岩屑干燥前，应将清洗干净的岩屑及时进行荧光湿照观察，并填写荧光记录。

（2）荧光湿照观察和取样后应及时进行干燥，来不及干燥的岩屑应做深度标识。

（3）烘烤时把岩屑平摊在烤盘（电热板）上，不要经常翻搅，防止颜色模糊。

（4）注意烘烤温度和时间，烤至八成干即可取出烤盘，禁止将岩屑烤煳。

（5）如果条件允许，最好是自然晾干。

3.装袋入盒

岩屑干燥或描述完后，应及时装袋和入盒。岩屑干燥后，取适量除去掉块后装百格盒，其余装入岩屑袋内，有挑样任务的井，一包岩屑分装两袋，每袋重量不少于500g，正、副样分别装盒。岩屑袋应标注地区、井号、井深、编号、取样日期、取样人姓名。

三、岩屑描述

（一）描述内容

1.颜色

以干岩屑新鲜面，在光亮处观察到的颜色为准。

2.定名

采用"颜色+含油气产状+岩性"定名，识别主要成分、次要成分、含有物，搞清含油性，定名要准。

3.结构

对粒度、分选、磨圆、胶结物、胶结程度及类型，观察要细，并借助薄片鉴定及常规物化试验如实描述。

4.加酸试验

分强起泡、起泡、弱起泡、不起泡四级。

5.含油气情况

指肉眼及荧光灯下观察到的含油气现象。

（1）颜色：所含油的颜色。

（2）饱满程度及级别：因岩屑体积小，又经过钻井液的强烈冲洗，故一般无饱含油级，只能用含油岩屑占同类岩屑百分比、类同岩心含油面积来套其含油级别。

（3）含油岩性：如实描述。

（4）百分含量：按规范要求填写，分含油岩屑占岩屑的百分比及含油岩屑占同类岩屑百分比两种。

（5）荧光：分湿照、干照、喷照，颜色、强度、百分含量、系列对比级别。

（6）滴水反映：分为珠状（不渗）、半珠状（微渗）、慢扩（缓渗）、扩散（速渗）四级。

6.化石

类型及丰富程度。

7.缝洞

大小、多少、次生矿物成分、含量、结晶程度。

对于碳酸盐岩，利用岩屑，也可挑样统计缝洞级别。

（1）一级：$\dfrac{自形晶矿物}{次生矿物总量} \times 100\% > 50\%$，表示高渗透性；

（2）二级：$\dfrac{自形晶矿物}{次生矿物总量} \times 100\% = 50\% \sim 20\%$，表示渗透性一般；

（3）三级：$\dfrac{自形晶矿物}{次生矿物总量} \times 100\% = 20\% \sim 10\%$，表示低-无渗透性。

（二）描述方法

着重在定名和含油气情况。一般方法概括为形象的几句话：大段摊开，宏观初分，远看颜色，近查岩性；估计百分，逐包定名；干湿荧光，含油搞清；描述重点，油气岩性；分层归纳，逐层叙清。

即将百格盒在光亮处大段摊开直接进行：第一步，稍远一点自上而下宏观颜色、岩性的变化，初步分段分层；第二步，逐包仔细观察，结合钻时、气测等资找出分段岩性特征和油气显示，目估百分比变化，按分层原则进行分段分层；第三步，逐包定名，逐包干照、喷照，找出分段岩性特征和油气水特征。

（三）描述注意事项

（1）描述人应熟悉和掌握区域资料和邻井实钻剖面；掌握钻进中的蹩钻、跳钻及油气显示等资料。

（2）真假岩屑判别：具有下列特征的岩屑是真岩屑：色调新鲜，多为片状，棱角明显，岩屑中百分含量不断增加的或新出现的成分。钻井液切力较高时，个体较大、色调新鲜、带棱角的。钻时较高时，碎小的、色调新鲜、棱角特别明显的。

泥岩的真岩屑多呈扁平状，页岩多呈薄片状，疏松砂岩多圆而不具棱角或棱角不明显，致密砂岩多呈块状。泥岩、粉砂岩、灰岩使用PDC钻头时岩屑往往有明显刮痕，使用牙轮钻头高钻压钻进时，岩屑多有碾压痕迹。

使用PDC钻头、取心钻头、螺杆、气体型钻井液等钻井时，岩屑往往细小或呈粉末状。在一般情况下，上部地层的掉块，在井内滞留的时间较长，受钻井液的冲刷，与井壁摩擦或互相碰撞，往往个体较大而圆滑，色调不新鲜，含量变化大；上部地层掉块延续井段长，占岩屑的百分比低，岩性也往往与钻时不相吻合。

（3）分层原则：当岩屑中出现新的成分时，标志着一个新地层（岩性）出现，上一个地层（岩性）结束。新成分百分含量继续增加，标志着新地层（岩性）持续；当另一种新的成分又出现时，标志着新地层（岩性）结束和更新的地层（岩性）出现。

在确定地层（岩性）的分界面时要结合钻时资料，但还必须综合考虑各因素的影响。在大套单一岩性中，如果岩性特征（如粒级、颜色、结构、构造、含有物、含油级别等）有变化，都应单独分层。分层的最小厚度，一般不小于一个取样间距。对小于取样间距的标志层、特殊岩性层，可依实际厚度分段描述，不受取样间距局限。

（4）岩性分段综合描述：岩性分段综合描述的目的是使人们根据综述，能清晰地建立系统的地层剖面概念。描述的重点要突出岩性特征、组合关系、油气特征和纵向上的变化等。因此，分段不宜太粗，更不能跨越组、段地层界线。一般分段的原则是：剖面具有明显旋回性时，可按旋回分段；若旋回性不好，可按岩性组合关系特征分段；某些厚度较大、岩性单一的层，也可单独分段。

在描述组合关系时，应注意有两种或两种以上岩性在一起且厚度互不相等时，忌用"不等厚互层"来描述，这不仅失去了量的概念，而且是千篇一律的，反映不出剖面的特点。因此，宜采用"互层""夹""间夹""夹零星"四个基本术语来描述组合关系。

互层：两种或两种以上岩性，单层厚度比在1：1～1：2之间的为互层，描述时占优势岩性摆在前面。如砂岩多于泥岩，则为"砂岩与泥岩互层"；若泥岩多于砂岩，则为"泥岩与砂岩互层"。

夹：两种或两种以上的岩性，单层厚度比在2：1～5：1之间的称为夹，可描述为"主要岩石夹次要岩石"，如褐色砂岩夹深灰色泥岩。剖面特征即是以含砾砂岩和砾状砂岩为主，且前者略多于后者，其中夹有厚度比例占2：1～5：1的泥岩。

间夹：两种或两种以上岩性，单层厚度比在5：1～10：1之间的为间夹，描述为"主要岩石间夹次要岩石"。若次要岩石分布不均匀，还需要指出间夹的部位，如灰绿色泥岩中部间夹浅灰色砂岩。

夹零星：单层厚度比大于10：1时称夹零星，描述时与间夹一样，需指出夹层的位置，如灰色泥岩上部夹零星碳质泥岩。

地层的岩性组合形式是千变万化的，无法用几种模式代表，为了真实地反映岩性组合特点，在岩性组合关系比较复杂时，可采取复合描述来说明其特点，如灰绿色泥岩与灰白色含砾砂岩、粗砂岩互层，上部夹浅灰色细砂岩，下部夹少量棕红色砂质泥岩。

（5）描述砾径时，要特别注意区分原始砾石和大砾石经钻头破碎后的碎砾，前者一般表面附有胶结物，不新鲜，后者表面新鲜，棱角清楚。

四、岩屑归位原则

收到测井曲线图后，用电性检验岩性，复查岩屑，依据复查结果归位。

（1）复查发现原定名确属有误，应将岩屑重新定名，重新描述。

（2）复查岩屑原定名确定无误，即使与电性不吻合，也应保留岩屑的真实性，允许保留矛盾。

（3）严禁依据电性而不复查岩屑就直接更改岩屑定名。

（4）岩屑归位要以录井资料为主，岩性的变化要与钻时、扭矩、气测等资料吻合。

（5）主要砂层的归位要符合沉积规律，对一套厚砂层而言，往往从底部开始的砾岩，往上依次过渡到砂砾岩、砂岩、泥岩，在电性也会表现出"台阶"变化。另外，在厚砂层中电阻率出现"尖峰状高阻"可能是灰质（胶结）或含碳质（煤），其厚度若超过（接近）取样间距应单独划出。

五、岩屑挑样

挑样就是挑出分层描述中每层岩性的代表样。挑样要求是依据设计来执行的。对显示层挑样时，不能光挑有显示的岩屑，应按比例挑出一定数量的同层无显示的岩屑，以反映含油的真实情况。

六、影响岩屑录井的主要因素

（1）钻井液性能不稳定（如黏度不均或切力大小不等），可造成钻井液携带岩屑的能力忽大忽小，致使岩屑在井内混杂。黏度太小，失水太大容易使井壁坍塌，使上部地层中的岩屑混入下部地层中。

（2）不下技术套管的井由于裸眼井段过长，上部掉块多，也容易使岩屑混杂。

（3）井深增加和钻进时间增长（或处理事故）容易造成井眼不规则而出现"大肚子"，也可造成携带岩屑的钻井液停滞、往复，返出地面会造成岩屑中以假乱真的现象。

（4）钻井液排量及泵压不稳定，使钻井液迟到时间不准，影响岩屑归位的准确性，在边油气侵边钻进过程中钻井液多相运动也使迟到时间不准。

（5）提下钻、钻进中停钻、停泵和划眼均容易造成岩屑下沉而导致混乱；提下钻、划眼产生掉块，容易使岩屑混杂。

（6）断钻具、钻具刺、掉牙轮等井下事故及井漏井喷均可造成岩屑混乱及漏取事故。

（7）含油砂岩疏松，破碎后成为砂粒导致捞取出现困难。

（8）振动筛筛布孔径过大（目数小）或筛布斜度调节不合理，容易造成岩屑失真或捞取困难。

鉴定和描述岩屑所用工具除了刻度放大镜等普通工具外，还常用到双目镜、碳酸盐分析仪等设备，工作的精确度主要靠人的责任感与经验的积累。

第三节　荧光录井

石油组分中的油质、沥青质、胶质等，在紫外光照射下，会发出特殊的荧光，灵敏度高，即使含量非常微小（十万分之一）也能发出荧光；而且不同的组成成分，发出荧光颜色不同，不同的含量发光的亮度也不一样。利用这些特征，在钻井过程中能及时发现新油、气层，对卡准取心井段、确定含油气层位置、油气性质及含量，是一项必不可少的录井手段。

一、荧光录井方法

（一）荧光直照检测法

该方法是指将岩屑样品置于荧光灯下直接照射，观察荧光颜色、发光强度、发光面积和荧光产状，可分为湿照、干照。取湿岩屑样品进行荧光照射即为湿照，取干岩屑样品进行荧光照射即为干照。

1.荧光颜色

荧光颜色随油质而异，一般轻质组分多的轻质原油荧光颜色浅，多呈乳白色、亮黄色、黄色、金黄色；随油质变稠而变为棕黄色、棕色以至棕褐色，部分氧化稠油直照无荧光显示。

2.发光强度

发光强度也就是荧光的亮度，它可以相对反映含油的丰富程度。一般分为4级，以人体指甲为参照物，与指甲在紫外光照射下的荧光强度（不是荧光颜色）相比，比指甲发光强的为强发光；与指甲发光相似的为中发光；比指甲发光弱的为弱发光；不发光，即无荧光显示。在确定发光强度时应注意，指甲的荧光颜色发白，而含油荧光多发黄色，在视觉上往往容易把含油显示的荧光强度估低；尤其是岩屑颗粒远小于指甲盖的面积，更容易引起视觉偏差而估低岩屑荧光强度级别。

3.发光面积

由于发光岩屑分散，要准确估计一般比较困难。有荧光的岩屑占总岩屑的百分含量可参考目估视域百分比图板，进行对比确定。

需要特别指出的是，由于岩屑的颗粒大小不同，尽管发光面积一样，颗粒细的在视觉上会比颗粒粗的百分比高一些，因此在对比确定荧光百分含量时，要注意岩屑的大小，与颗粒大小相近似的图板对比，避免出现视觉的偏差。此外，由于每包岩屑中都包含延续的、不代表本层"假岩屑"，因此单凭荧光岩屑占岩屑的含量百分比，不能确定岩屑的含油级别，还需进一步定出荧光（含油）岩屑占同岩性岩屑的百分比。

4.荧光产状

荧光产状主要针对岩心荧光而言，指荧光的分布情况，不仅能反映含油的好与差，还能反映油层的均质程度，分为全面发光和不全面发光。

全面发光指岩石表面都发光，根据发光强度的均匀程度，又分为全面均匀和全面不均匀。不全面发光根据发光面积和分布情况，分为星点状、斑状、片状及条带状。

全面均匀指岩石表面都发光，且强度一致。

全面不均匀指岩石表面虽全部具荧光，但强度不一，有明有暗。

片状指样品表面荧光连片，发光面积在40%以上，不发光部分呈斑块状或条带状，还可以根据发光部分的几何形态进一步描述，如不规则片状、条带状等。

斑状指荧光发光点较大，但不连片。发光面积在10%~40%。

星点状指样品表面呈分散、孤立的小光点，发光面积在10%以下。

荧光产状的描述：主要用于岩心观察，岩屑由于颗粒太小，不反映岩石的全貌，但能看到的都应进行描述，还可结合荧光岩屑占同岩性岩屑的百分比进行类比描述。

（二）点滴分析法

将样品置于滤纸上，在样品上滴1~2滴氯仿或四氯化碳，有机溶剂立即溶解岩样中的石油沥青。当有机溶剂挥发之后，滤纸上留下了沥青痕迹，根据其在荧光灯照射下的颜色、发光强度、形态可以判断油质的类型和含量，也就是通常讲的喷照。

对可疑样品、荧光干照不发光的样品或呈粉末状的岩屑样品，可做点滴分析。

痕迹颜色：呈天蓝色或微紫色–天蓝色时，多为油质沥青（轻质油）；呈黄色或黄色–褐色时，多为胶质沥青（中质油）；呈褐色–黑色时，多为沥青质沥青（或稠油）。

痕迹的形状：有点–细带状–不均匀斑状–均匀斑状，沥青含量由少到多。

做点滴分析前，应先做空白试验，先将脱脂滤纸在荧光灯下照射，再滴有机溶剂后照射，确定无荧光反应，方可应用。

石油沥青不但在紫外线照射下会发荧光，而且做点滴分析时，沥青被溶解后会出现随溶剂向外扩散的现象，一部分岩石或矿物，在荧光灯下也发荧光，但作点滴分析时无扩散现象，显然，用点滴分析法即可鉴别是矿物发光还是岩屑中的石油沥青发光。

（三）荧光系列分析

1.原理

利用原油能够完全溶于有机溶剂（氯仿）中和在紫外线照射下能发荧光的特性，可以按需要配制成浓度级别不同的含油溶液，而不同级别的含油溶液在紫外线照射下发出的荧光强度是随浓度降低而减弱的。

2.荧光系列用途

利用不同级别的含油溶液，在紫外线照射下发出的荧光强度是随浓度降低而减弱这一特征，将未知含油浓度溶液的油样和已知含油浓度溶液的标准系列在荧光灯照射下对比荧光强度，找出荧光强度相等的级别，就可以求出未知含油溶液油样的浓度。这对于识别肉眼看不见含油而有荧光显示的岩屑的含油程度，可起到对比和标准作用。在现场录井过程中只记录荧光强度级别。按规定，用0.5g油样，配制成浓度成倍降低的15级样品，称为标准荧光系列。

3.标准荧光系列的配制

（1）所需物品

①氯仿（三氯甲烷）；②蒸馏水；③50mL量筒一个，20mL量筒一个；④0.01g的天平1台；⑤注射器一只；⑥30mL试管15只；⑦试管架1台；⑧油样（最好是本区块同层系油样）；⑨软木塞15个，脱脂棉花，环氧树脂。

（2）配制步骤

①将50mL的量筒置于天平左盘上，称出其质量，再在右盘中加0.5g砝码。

②用注射器取油样缓缓注入置于天平上的量筒中，直至天平平衡，即获得了0.5g油样。

③将天平上的量筒取下置于操作台上，加入氯仿稀释至50mL。摇匀得到第15级系列浓度的溶液。

④将第15级系列浓度溶液取出20mL倾入干净的试管中，加入5mL蒸馏水；塞上包好脱脂棉花的软木塞，用配好的环氧树脂密封，贴上标签（标签上注明油样来源的井号和荧光系列级别）后置于试管架上。到此，标准系列的第15级浓度溶液配制完毕。

⑤将配制好的第15级浓度溶液保留25mL在原量筒中，再用氯仿稀释至50mL，即得到第14级系列浓度溶液，再取液封装。

⑥将配制好的第14级系列浓度溶液保留25mL在原量筒中，再用氯仿稀释至50mL，即得到第13级系列浓度溶液，再取液封装。

（3）浓度计算（单位：mg/L）：由于取的油样为0.5g，用氯仿稀释至50mL，那么这样配制出的油样浓度为0.5g/50mL。换算成以mg/L为单位就等于10000mg/L，即为配制的第15级荧光系列浓度。

4.荧光系列对比方法

将1g碾碎的分析岩样放入试管中，加入5mL氯仿轻轻摇动，使岩样与溶剂充分接触，然后注入少量清水封住有机溶剂液面，防止其挥发；贴上标签，注明井号、岩样井深（井段）；待浸泡4h、24h充分萃取后进行荧光照射，观察发光颜色、发光强度，与标准系列对比定级。对比时应注意：

（1）样品必须碾碎，让其充分浸泡溶解，试管上要写好井深，并用水封，防止氯仿挥发，使溶液变稠，从而影响对比级别。

（2）做系列对比时，岩屑和氯仿用量应尽量准确。当岩屑中挑样困难，挑不够1g时，应根据实际岩屑量，按比例减少氯仿用量，同样可以和标准系列对比定级；若由于岩屑少，溶剂少，对比观察有困难，可增加溶剂一倍稀释，这时对比级别应是观察到的级别再提高一级。

（3）与标准系列对比定级，主要对比发光强度，一般是观察溶液的荧光亮度或溶液的透明度来确定。

（4）定级允许误差不超过0.5级，介于两级之间的，可以根据具体情况分别向上或向下靠半级。定级时都定为整级。

（5）使用的试管和溶剂应与配制系列时使用的相同，并在每次使用时，都要在荧光灯下检查试管溶剂，防止污染，从而使系列对比级别产生偏差。

二、影响荧光录井的主要因素

（一）岩石和矿物发光

矿物在直接照射时，有的与含油显示荧光非常相似，极易混淆；但它们都不溶于有机溶剂，只要挑出发光样品，在自然光下仔细辨认，有的矿物发光就可以剔除，还有如白云质、钙质岩石，通过点滴分析或有机溶剂浸泡即可完全排除。

（二）钻井液混油

钻井液中混有成品油或添加剂，侵入或污染岩样后，它们在荧光灯下直照都发荧光，都溶于有机溶剂，可用某些成品油荧光颜色比较来区分，但有些很难区别。因此，要求区域探井、预探井和扩边、探新块、新层位的探井，钻井液中严禁混入油类（特别是原油）。对于需要添加对荧光录井有影响的处理剂的井，录井队要对每一批次钻井液处理剂取样并进行荧光检查，通过荧光特征对比、泥岩段与储层段荧光观察对比、岩屑新鲜断面荧光观察等手段排除假荧光，及时发现油气显示。

三、荧光录井资料收集

（1）荧光录井资料主要有湿照、干照及喷照颜色，百分含量，发光强度，荧光产状及系列对比颜色，级别。

（2）系统检查岩屑及岩心荧光，对测井可疑段及区域油气层要进行复查，一旦发现荧光，要向上、下追踪，搞清楚油气显示井段。

（3）碳酸盐岩、火成岩要特别注意缝、洞、孔壁荧光显示和次生矿物发光，如方解石、石膏等，并准确记录。

（4）荧光资料在录井综合图上主要绘出干照荧光百分比曲线，在干照无显示、喷照有显示井段，在同一栏中，以右边界为基线绘出喷照百分比曲线。

（5）荧光录井资料，应综合在该层岩心或岩屑描述中，以便结合岩性特征、物性特征、含油特征、滴水试验做出含油评价。

第四节 岩心录井

钻井过程中，用取心工具将地层岩石从井下取至地面，并对其进行分析、研究，从而获取各项资料的过程叫岩心录井。岩心资料是最直观地反映地下岩层特征的第一手资料，通过对岩心的分析、研究可以解决下列问题：根据岩性、岩相特征，分析沉积环境；根据古生物特征，确定地层时代，进行地层对比；计算油气田地质储量；通过岩心录井获得储集层的物性及有效厚度等资料；掌握储层的"四性"（岩性、物性、电性、含油性）关系；了解生油层的特征及生油指标；获得地层倾角、接触关系、裂缝、溶洞和断层发育情况等资料，为构造研究做前期准备；检查开发效果，获取开发过程中所必需的资料。

一、取心原则及取心位置确定

（一）取心原则

一般在单井地质设计中对取心层位、井段都提出了具体要求，作为施工依据。

（1）区域探井、预探井、重点扩边评价井，凡见到油气显示（如气测中有明显异常，槽面见油气显示，岩屑中见油气显示），都必须立即取心，油气显示好可连续取心，特好直到取完油、气层为止；若油气显示差，在油斑级以下可间断取心。

（2）参数井、预探井、重点扩边评价井，若钻遇可疑的油、气显示，岩性又不清楚时，为弄清含油气性、岩性，也必须立即取心证实。除油、气层外，进尺控制在2～3m为宜。

（3）出现设计以外的新地层，层位不清，与设计有出入的剥蚀面、断层等，也应取心证实。

（4）预计含油、气层段外，发现新的含油气显示，必须立即取心，以利于有新的发现。

（5）新探区无显示，必须取储层和深色泥岩作储层物性及生油岩分析。

确保油层都有岩心资料，在钻入油气层段后，要加强钻时录井，一旦发现钻时变快，立即停钻循环观察，证实无油气显示后，才能进行下步工序。有疑问时，循环时间还可延长超过正常迟到时间的二分之一，捞出新岩屑直至弄清疑问为止。

（二）取心位置的确定

针对重点取心的评价井而言，在设计书中都有具体的井深和设计对比的井号、井段。在施工过程中，应根据本井新取得的录井资料（钻时、岩屑等），与邻井对比，做出比较准确的预告。当钻时、岩屑资料反映的地层组合特征，标准层特征不清楚，对比有一定困难时，应在预定取心前20～50m，进行中间对比测井，确定钻井取心井深。在岩性横向变化大，对比非常困难时，也可以申请主管部门批准，按见显示取心要求，第一个油层可以揭开1～2m后取心。

连续取心卡层时，油层以上及以下取心进尺（俗称戴帽穿鞋）均不应超过2m。为了降低钻井成本，提高勘探时效，原则上取心井段内10m以上的隔层应该避开，某些可占用取心进尺的隔层及有特殊意义的层，一是可根据设计取心，二是依据本区的地质特点和需要来决定。

二、钻井取心中的录井工作

（一）取心前的准备工作

丈量好取心工具（包括岩心筒、取心钻头、接头和必要的替根等）并做好记录。

（二）取心钻进中的录井工作

（1）每次下取心工具前，应记录好钻具，计算出到底方入。为了提高单筒进尺和防止特殊情况，方入应留有充分余地，到底方入以2~3m为宜。若方入太大，应倒换替根，做好记录，交接清楚。在取心过程中，若遇卡经强行上提解卡的，应检查钻具长度，并按检查后的长度计算方入，避免井深错误。

（2）每次取心都要准确丈量，画到底方入。若所画方入与实际井深不符，应立即查明原因，并做好记录，采取相应措施，在原因不清无相应措施前，不得钻进。

（3）取心钻进中，钻时应加密测量，一般按0.25m或0.5m间距记录钻时；全面收集蹩钻、跳钻现象、槽面油气显示和钻井液性能变化情况。取心钻进时仍要按设计要求捞取岩屑。

（4）合理选择割心位置。原则上进尺应小于内筒长度1m，若上筒有余心，则应进尺加上筒余心之后要小于内筒总长1m以上。割心位置应尽量选在泥岩层或较致密的层段，也就是取心钻时变慢以后。要尽可能避免在疏松砂岩处割心。

（5）准确丈量割心后方入。取心井底方入应在加压高速割心后，提到原悬重丈量方入，才是正确的。

（6）在连续取心中，中途需要扩眼，要反复核实倒换的钻具，算准、画准扩眼方入（取心小井眼方入）和扩眼到底方入。前者是避免大钻头挤入小井眼造成卡钻事故，后者是避免钻掉地层或余心。故原则上只能扩到井底以上1~2m，若井底有余心，还要加上预计余心长度，以此作为计算扩眼到底方入的依据。

（7）取心钻进时，在服从地质需要的前提下，取心进尺取决于取心工具、取心钻井工艺水平、地层的硬度和胶结程度。

在取心工具和工艺条件一致的情况下，应注意下面四点：对于胶结疏松的砂岩地层，取心进尺不可太长，应力求做到"穿鞋戴帽"，以免岩心损坏；对于胶结中等—致密的砂砾岩地层，取心进尺可适当长一点；对于坚硬或硬度较大的变质岩、火成岩，取心进尺可适当少一些，但不宜太少以致割心不断，造成空筒；对于十分坚硬的地层，可采取"累计取心"法，用两个以上取心钻头重复钻进，最后一次割心，以保证取心成功。

三、岩心出筒、丈量和整理

岩心筒提出后必须及时出筒，保证岩心顺序不乱、不倒。

（一）丈量顶空、底空

岩心筒提出井口后，立即用尺子插入钻头内，丈量岩心至钻头底面无岩心的空间和长度，即"底空"，用以判断井下是否有余心。丈量岩心筒内顶部无岩心的空间长度，即"顶空"。以底空、顶空和岩心筒长度，作为岩心归位的依据。

（二）岩心出筒

1.敲击震动出筒

这是常用的比较安全、简便的方法。具体操作是：将内筒拉出后倾斜放在钻台斜坡前，与地面成30°～40°角，筒底垫起离地面约10cm，然后轻轻敲击筒体，让岩心缓缓滑出，由专人依次接心装盒。其优点是岩心不会错、乱。

2.人工捅心

当岩心中有吸水膨胀的岩性时，往往在筒内卡得较紧，敲击震动不易使岩心滑出，此时需要将内筒平放在场地上，在岩心筒上端置一略小于岩心筒内径的胶皮垫子，然后用长于内筒的油管或铁管，向内冲击顶出岩心。这种方法对疏松的软地层不适用，易使岩心破碎。

3.蒸汽加温解冻后出筒

在冬季，若岩心冻结在筒内，禁止往外硬顶，更不能用明火烧烤，只能用蒸汽加温解冻后出筒。

4.检查筒内是否留有余心

（1）无余心：井深准确，提出钻具岩心爪收缩良好，无余心。岩心长度小于进尺，但岩心中有多个明显的磨损面，则为岩心磨损所致，无余心。若岩心爪在下钻中或在取心钻进中弯曲变形，造成取心失败，这种情况一般也无余心。

（2）有余心：取心提钻后，发现岩心爪未收缩；心长明显小于进尺；有底空则井下可能有余心。应考虑套心。

（三）含油气情况观察与清洗

为了能较真实地搞清楚岩心的含油气情况（特别是轻质油和气层），要求岩心出筒后，立即观察岩心的冒气、渗油、含油情况，若肉眼观察无显示则进行荧光试验，观察荧光的颜色、面积、百分比及含水情况，对有显示的油气界面、气水界面等均用红铅笔标出，并分段详细描述其产出状况，然后水洗，水洗之后再观察断面油、气、水情况，并做滴水加酸试验，确定含油级别，作为评价油层的依据。

岩心只能用无油污的清水清洗，对吸水后容易碎裂的泥岩，用棉纱擦去表面的钻井液。清洗时要特别注意岩心的顺序和上下关系，切勿颠倒。在清洗岩心的过程中，应将假岩心清除掉。假岩心常出现在每筒岩心的顶部，多为下钻时从井壁刮下的碎块、沉砂或破碎的余心与泥饼混在一起进入岩心筒而成。其特征是：柔软，塑性好，手指可插入，剖开后成分很杂，可明显看出泥饼和岩块搅混在一起，偶尔也可见到较大块的岩石，但与上下岩性不连续。这种假岩心不能计算为岩心长度。

（四）岩心丈量

岩心清洗后，按顺序摆放在丈量台上（可将两根钻杆错开接头，并拢在一起），对接好岩心断开的茬口，用特种红铅笔画上一条基线，用钢卷尺一次丈量。丈量读数精确到厘米，毫米数采用四舍五入法，作为岩心实长。在丈量的同时，用特种红铅笔在基线的同一侧标注"整米""半米"位置。当整米或半米位置正好处于破碎岩心或疏松砂岩处无法标注时，选相距最近的整块岩心，按实际距顶长度标注。

岩心摆放时必须做到：

（1）相邻两块岩心有凹凸磨损面的，摆放时应拉开以最长端点相接。

（2）凡相邻两块断面无磨损，茬口能接上的，应对好茬口，挤紧摆放，不能留空隙人为拉长。

（3）凡相邻两块岩心断面无磨损，但茬口对不上，应检查岩心次序和顶底位置，证实岩心未倒乱后，可根据岩性、颜色、岩心外形特点（如偏磨）、上下岩心的倾向等确定对接关系。无法确定对接关系的，可按最长端点连接。

（4）当岩心破碎时，必须堆够体积：油侵I级以上的破碎岩心应装入筒形塑料袋，其直径应略大于岩心直径，摆放在相应的位置上。

（五）岩心收获率

岩心收获率分每次单筒岩心收获率和累计平均收获率，后者主要用于衡量全井取心效果分析：

$$本筒岩心收获率=\frac{本筒实取心长度}{本筒实取心进尺}\times100\%$$

$$平均收获率=\frac{累计实取岩心长度}{累计取心进尺}\times100\%$$

式中，岩心长度和进尺单位为m，读数精确到厘米，毫米数四舍五入；收获率精确到小数点后1位，第2位四舍五入。

必须注意以下几种情况：

（1）每段取心的第一筒心，岩心实长超过进尺在0.3m以内，可认为是两次钻进钻压不同，钻具弯曲程度不同，造成井深误差，可按收获率100%上提取心顶界井深。若岩心长超过进尺0.3m以上，应检查钻具和方入，找出原因，妥善处理。找不出原因，可按收获率100%上提取心顶界井深，必须在观察记录、岩心描述记录中备注说明。

（2）上筒有余心，下筒心长可超过进尺，但两次平均收获率不能超过100%。超过

100%的，应在松散、破碎段和易膨胀的泥岩段，参考钻时进行合理压缩，取其平均收获率为100%。若岩心致密、坚硬、完整，不能压缩，应查找原因，采取相应措施，并在记录上注明。

（3）在连续取心中，上面数筒岩心收获率均为100%，紧邻下筒收获率不能大于100%。若超过100%，应综合前几筒，一同参考钻时，分析原因，合理解决。

（六）岩心整理与出筒观察

1.岩心出筒观察

岩心出筒观察是取准第一手资料的重要工作方法之一。对于含轻质油的岩心更为重要，观察步骤如下：

（1）出筒：岩心出筒依次摆好后立即观察表面油气水情况，岩心应放置水中做含气试验，观察岩心柱面冒气情况，描述冒气面积、冒气形状及连续性，用特殊铅笔标出显示部位，并记录观察到的情况，根据显示情况适当划分油、气级别段。

（2）油侵I级以上岩心用棉纱擦除岩心表面钻井液，进行封蜡。

（3）水洗：水洗后依次摆好，观察油气水情况，并标记。

（4）断面肉眼观察：打开新鲜断面观察含油气水情况并记录下来，同时作滴水加酸试验。

（5）在肉眼观察不到油气水时，表面及打开的新鲜断面均要在荧光灯下观察荧光情况并记录。

（6）强水敏地层不建议水洗，先用手或柔软的物品将表面钻井液擦掉，然后用湿布擦净至基本见本色即可。

2.出筒观察记录要求

（1）文字要简练，突出油气水显示。

（2）对含油岩心重点观察含油面积、含油饱满程度及油质。

（3）对肉眼看不到的油要进行荧光观察，记录荧光发光面积、发光强度及颜色。

3.岩心装盒

（1）岩心清洗编号后，立即按井深由上而下，依次从盒的左上角向右下角装入岩心盒内，每格略有余地，便于取放。岩心盒左面及正面贴上统一印刷填好的盒号标签。

（2）每筒岩心底部放置贴有取心标签的挡板，空筒也不例外。

4.岩心分块编号

（1）分块原则：为了便于分层描述和采样，分块不宜过大，照顾到自然块；有显示的岩心每块长10～20cm；无显示的渗透层每块长20～30cm；破碎岩心堆够体积后选大块者控制编号；泥岩、致密层、碳酸盐岩、火成岩每块长30～40cm，长岩心可以根据分块断开。

（2）编号：在岩心表面水分吹干以后，沿岩心表面用红铅笔画方向线，每块岩心底部标示箭头（指向底部），并在红线上贴2.5cm×1.5cm的块号（用乳胶涂标签表面）。块号标签以带分数形式表示，整数为取心筒次，分子为分块序号（自顶向下编排），分母为本筒岩心总块数。编号要求整齐、美观，力求避开裂缝，便于长期保存。破碎岩心或岩心分块编号被破坏，应选较大的一块补上编号。

5.岩心的保管

（1）严禁冻晒、雨淋、烘烤与丢失。

（2）岩心应保存完整，严禁任何人私自敲砸岩心，严防造成岩心支离破碎，从而影响岩心分析化验工作。

（3）需要观察含油气水情况时，也应选具有代表性的岩心砸开做综合观察。

（4）岩心采样必须按地质录井设计执行。一般在描述后进行，做含油饱和度分析样品必须在出筒后立即采样封蜡上交。采样编号由第一筒到最后一筒，统一编号，填写取样卡放在采样位置上。

（5）对化验及具有特殊地质结构、构造的岩心更要妥善保管，要进行照相，化石要用棉花包好送交有关部门鉴定。

（6）条件具备立即进行岩心验收，验收合格后与研究院联系立即入库统一保存。

四、岩心描述

在岩心出筒观察后，必须做到及时整理、及时描述、及时采样，减少油气逸散挥发，避免资料失真，以便随钻分析地下情况，指导生产。

（一）描述前准备

检查筒次、井段、进尺、实长、收获率是否正确；分块编号、挡板是否齐全符合规定；重点检查岩心的"和尚头""台阶""刻痕"等，茬口是否吻合，顺序有无颠倒；破碎岩心堆入是否合理，发现问题要及时整改。为了能细致地观察描述岩心，应劈开岩心描述新鲜面。特别是有显示的岩心、渗透层、生物灰岩、化石层，必须沿基线劈开，认真观察，进行分段描述。

（二）岩心描述分段要求

岩心描述以筒为单元进行分段描述，分段时主要依据岩性、含油性的变化，同时要兼顾制图的精度（按照比例在图面上小于1mm的层无法表示），以1:100岩心柱状图的要求为例，分段的原则是：

（1）凡岩性、颜色、含油气产状、层理、结构、构造有变化，厚度大于或等于10cm者都要分段描述；厚度不足10cm者，一般按"条带"或"薄层""夹层"处理，描述其距顶位置和岩性，不单独分层。

（2）厚度不足10cm的特殊岩性、标志层、化石层要单独分层描述，绘图时可放大为1mm。

（3）厚层泥质岩中大于5cm的含油砂岩，要分段单独描述。小于5cm者只描述，不分段，但要注明距顶位置。

（4）凡位于筒顶、筒底或磨光面上、下，只要岩性、含油性有变化，不管厚度为多少，都要单独分段描述（特别是收获率不高时）。

（5）同一岩性中存在有冲刷面和切割面，要分段描述。

（三）分段长度丈量方法

岩性分段长度，都是根据该段顶、底界面距筒顶的长度计算得来的。具体方法是：首先分别量出与界面相邻最近的"半米"或"整米"记号至界面的长度，此长度与记号所注距顶长度相加或相减（界面在记号之下为加，界面在记号之上为减），得到每个界面的距顶长度。然后每段的底界距顶长度减去顶界距顶长度即为每个分段的长度。不允许用尺子丈量每个分段的长度，以免造成累计误差。

（四）岩心描述提要

在岩心描述时观察要仔细，描述要详尽，既要重点突出又要简明扼要，因此岩心描述原则的提要如下；描述要突出颜色、岩性、含油性，重点描述含油显示为主。岩性描述，除综合定名外，不同的岩类有不同的描述内容和重点，目前分为碎屑岩、黏土岩、碳酸盐岩、岩浆岩及变质岩5个基本类型进行定名描述。

（1）综合定名，要概括和综合岩石的基本特征，其原则是：颜色+含油级别+特殊含有物+岩石名称。例如：灰褐色油迹中砂岩，浅黄灰色油斑生物灰岩，浅绿灰色含海绿石石英砂岩，灰绿色、黄褐色泥岩等。

（2）碎屑岩的描述内容和原则是：成分、结构（包括粒度、分选、排列方式、磨圆度）、构造（包括层理类型、层面特征、擦痕、缝洞、错动、地层倾角等）、胶结物及胶结类型、胶结程度、化石、含有物及接触关系。砾状砂岩、砂质砾岩中的砂和砾的成分、结构，要分别描述。

描述含油气显示，应以出筒观察的含油、气显示为主，结合出筒24h后观察油气显示变化情况（包括颜色、外渗、结蜡、岩霜等）。描述的内容和顺序是：直观含油面积、饱满程度、外渗情况、冒气情况、气泡大小、油气味的强弱、油气与岩石结构和构造的关系、含水情况和滴水试验结果；干照和喷照荧光颜色、发光面积、发光强度、荧光产状、系列对比级别及颜色。

（3）火山碎屑岩应分别描述火山碎屑与陆源碎屑的成分、相对百分含量变化、结构、构造（内容同碎屑岩）、胶结物成分及胶结类型与程度，含油气显示描述同碎屑岩。

（4）黏土岩的描述要着重反映与生油条件、沉积条件有关的内容，描述颜色（单一颜色在定名中已有，可不再描述）、纯度、含有物、吸水性、可塑性、滑腻感、结构、构造、硬度及化石的种类、含量及分布情况。有油气显示的描述内容同碎屑岩，并要特别注意与裂缝、层理的关系。

（5）碳酸盐岩综合定名后，着重描述组成碳酸盐岩的各种颗粒（内碎屑、生物屑、球粒、团块）的大小、形态特征、构造特征及相互关系，缝合线、迭锥、虫孔、层理等，构造、缝洞发育程度，化石、含有物及接触关系。含油、气显示描述基本内容同碎屑岩（但要注意碳酸盐岩含油级别的划分标准与碎屑岩不同），重点要突出含油、气产状和与裂缝的关系。

（6）岩浆岩、变质岩应描述肉眼或借助放大镜能观察到的特征，重点是组成岩石的矿物成分、相对百分含量、晶形特征、结构、构造、断口、脉体等，含油气显示描述内容同碳酸盐岩。

（7）描述用语力求准确，切合实际。不能跨级笼统地概括（如中-细粒、分选好-中等），要突出每层的特点。

五、特殊取心

特殊取心指对岩心有特殊要求，如油基钻井液取心、密闭取心等。其地质工作，除按一般取心要求外，针对特殊的目的和要求，还要增加特殊录井工作。

（一）油基钻井液取心

油基钻井液取心的目的是求得油层原始含油饱和度。实际上，从高温、高压的地下油层中将岩心取至地面，由于孔隙中油气外逸，不能准确地求出含油饱和度。因此，要求防止钻井液滤液渗入和束缚水外溢，为油田储量的计算提供较准确的参数，为此现场设专门实验室，及时分析含水饱和度。

在钻井取心过程中必须掌握和做好下列工作：

（1）防止外界水渗入岩心

①油基钻井液失水量为0，含水量小于5%，钻井液密度保持在不喷的情况下要尽量低，做到近平衡钻进。

②防止地层中的潜水及雨水流入钻井液，在取心井段以上的水层必须下技术套管

封隔。

③取心前使用水基钻井液钻进，钻至取心层位顶部，向井内替入油基钻井液前，为防止水基钻井液污染油基钻井液，先替入3~4m³原油或柴油，作为隔离两种钻井液和清洗井筒用之油垫，再替入油基钻井液，油垫返出地面后，调整其性能达到要求，即可取心钻进。

④用无水柴油清洗岩心。

（2）防止岩心束缚水外溢

①保持均匀钻进，尽量减小钻井液对岩心的冲刷。

②岩心出筒后，按其上下顺序迅速排好，立即用无水柴油洗掉岩心表面的油基钻井液，再用干棉纱擦净岩心上的柴油，然后对好茬口，立即丈量，将含油岩心送至实验室（避免送样后无法丈量），劈开后立即选样（样品密度按要求选）。

（3）避免岩心在空气中停放时间过久，使岩心束缚水挥发，影响分析成果的准确性：从岩心出筒到将岩心送入化验室的时间不得超过30min。岩心从井口取出到样品装上仪器，要求在1h内完成，时间越短越好。

（4）要了解油基钻井液的成分及其配制方法，掌握其性能，经常检查，尤其是失水量和含水量必须严格控制，如不符合要求必须立即处理。

（5）岩心描述同一般按取心描述内容，若岩心表面被油基钻井液覆盖，看不清颜色和沉积特征，则需将岩心劈开描述其新鲜面。

（6）及时与实验室交换情况与资料。

（7）使用油基钻井液的优点

①能保护油层的自然状态，以取得比较接近油层原始状态的第一性资料（油水饱和度），达到取心目的。

②有失水量低的特点，密度大、黏度高、性能稳定、流动性好。

③对岩心冲刷作用小、钻井液渗入浅、岩心磨损小、取心收获率较水基钻井液高。

④钻时与水基钻井液相反，泥岩钻时低，砂砾岩或油层钻时高。能防止泥岩膨胀、井眼质量好、能润滑钻具、防止泥包钻头及卡钻、能提高钻速。

（二）密闭取心

密闭取心是在水基钻井液条件下，用密闭取心工具及其内筒的密闭液，使岩心受到密闭液保护，几乎不被水基钻井液渗入，达到近似油基钻井液取心的目的。

1.密闭液

密闭液是一种高黏度、黏附性强、没有触变性、具有化学惰性的高分子液体。不污染岩心，在岩心周围均匀涂上一层（3~5mm）液膜，保护岩心不受钻井液浸污，实现岩心密闭。

2.密闭液性能

不污染岩心、黏稠、拔丝如发、丝长大于1m。常温下呈半流状态。90℃~100℃时塑性黏度500~600MPa·s。密闭液密度小于洗井液密度，为0.1~0.3g/cm³。

3.钻井液要求

失水小于4mL，电阻率为20Ω·m。

4.注意事项

（1）割心要尽量选择在非含油处，以避免钻井液渗入含油岩心之中，因此，在钻时由快（2~3min/m）变慢（大于30min/m）后，再钻进20~30cm方可割心；若由慢到快，快钻时进尺不超过3m也割心提钻、防止磨掉岩心。

（2）岩心出筒后，立即按照顺序排好，用棉纱擦除表面密闭液，画上基线丈量，选样和岩心处理按油基钻井液体系处理要求进行，然后立即将含油岩心送实验室进行含水饱和度分析。

（3）不分析的岩心用洗涤剂洗掉岩心表面的密闭液。

（4）岩心整理及描述同常规取心方法。

（5）岩心样品封蜡要求：岩心出筒后可根据含油情况，选取有代表性的岩心进行封蜡。封蜡前，不要用水清洗，用抹布擦除岩心表面钻井液后，用浸染过蜡的桑皮纸包裹岩心再封蜡，注意岩心不能沾蜡。

第五节　井壁取心录井

一、井壁取心

利用电缆将井壁取心器下到井内预定深度，从井壁上取出岩心的方法称为井壁取心。井壁取心是钻井取心的补充和辅助手段，可获取储层岩性、物性及含油性资料。

二、井壁取心适用井段

（1）岩屑严重失真，地层岩性不清的井段。

（2）见油气显示或测井解释有油气层而未取心的井段。

（3）钻井取心收获率太低，不能满足地质要求，要进一步落实的井段。

（4）邻井有好的油气显示而在本井中无显示的井段。

（5）解决地质疑难问题、需要了解的具有特殊地质意义的层段，如断层破碎带、油气水界面、生油层。

三、井壁取心质量要求

取心密度依设计或实际需要而定。通常情况下，应以达到地质目的为准，重点层应加密，取出岩心必须是具有代表性的岩石，一般情况，每米取1～2颗即可，视不同地质要求也可加密与放宽。

井壁取心数量不得少于设计要求，收获率应达到70%以上。壁心长度应大于1cm。每颗井壁取心在数量上应保证满足识别、分析、化验需要。若因泥饼过厚或壁心太破碎太少，不能满足要求，必须重取。当取出岩心与预计岩性不符合时，立即分析原因，确属井深无误，则调整取心位置，在原取心深度上下再取心证实。壁心收获率太低，重点层段没有取到的，补取。井壁取心出井后，贴好标签（井号、井深等），及时观察描述油气水显示，为了保存壁心完整性，不能破坏壁心，不能做系列对比。及时整理装盒，确保壁心真实，严防污染。

四、井壁取心资料的收集

（1）基本数据：取心井深、设计颗数、下井颗数、发射颗数、收获颗数、发射率、收获率等。

（2）壁心描述内容：与岩心描述基本相同，填写井壁取心描述专用记录。描述内容包括每颗井壁取心深度、层位、岩性、含油性、结构、构造、层理、含有物、胶结物及胶结类型、加酸反应情况等。

描述内容中注意事项：荧光颜色以干照、喷照荧光为准；描述含油级别时要考虑钻井液浸泡的影响，尤其是混油、泡油的钻井液；描述重点突出定名及油、气、水显示。

第六节　钻井液录井

一、钻井液类型

按分散介质（连续相），钻井液可分为水基钻井液、油基钻井液、气体钻井泡沫钻井液等。钻井液主要由液相、固相和化学处理剂组成。液相可以是水（淡水、盐水）、油（原油、柴油）或乳状液（混油乳化液和反相乳化液）。固相包括有用固相（膨润土、加重材料）和无用固相（岩屑）。化学处理剂包括无机化合物、有机化合物。

（一）水基钻井液

水基钻井液是一种以水为分散介质，以黏土（膨润土）、加重剂及各种化学处理剂为分散相的溶胶悬浮体混合体系。

（二）油基钻井液

油基钻井液是一种以油（主要是原油、柴油、加重剂、化学处理剂）为分散介质，以加重剂、各种化学处理剂及水等为分散相的溶胶悬浮体混合体系。

（三）气体钻井液、泡沫钻井液

气体钻井液是以空气、氮气或天然气作为钻井循环的流体；泡沫钻井液是以泡沫作为钻井液循环流体的钻井液。这两种钻井液的主要组成是液体、气体及泡沫稳定剂等。

二、钻井液性能与录井关系

（一）密度

钻井液与同体积4℃的纯水重量之比，称为钻井液密度（相对密度）。其主要功能是调节井内液柱压力，要尽量保持平衡钻井，才有利于发现油气显示和保护好油气层。

钻遇高压油气层时，应根据地层压力，适当提高钻井液密度；钻遇低压油气层及漏失层时，应适当降低钻井液密度；钻遇高压盐水层时，如果没有油气层，可采用高密度钻井液将盐水层压死；钻遇一般油气层时，应做到"压而不死，活而不喷"。

（二）黏度

黏度指钻井液内部阻碍其相互流动的黏滞程度。黏度太高，钻井液流动性差，泵压高，排量低，既降低了钻速，又容易造成钻头泥包，引起抽吸井喷，可使钻时失真，气测脱气困难。若黏度太低，则携带岩屑的能力减弱，容易造成岩屑失真，且易使漏失层发生井漏。因此，通常在保证携带岩屑的前提下使黏度尽量低一些。

（三）失水量和泥饼

当钻井液液柱压力大于地层压力时，在压差作用下，部分钻井液水渗入地层，这种现象称为钻井液的失水，失水的多少称为失水量。在钻井液失水的同时，黏土颗粒在井壁岩石表面逐渐聚结而形成泥饼。

钻井液失水量小，泥饼薄而紧密，有利于保护油层和巩固井壁；若失水量大，油气层靠近井壁的油气易被水冲洗，还能使油气层黏土矿物吸水膨胀，钻井液中黏土粒子侵入油气层，堵塞喉道，降低油层的渗透性，伤害油气层；同时，在高渗透层井壁结成厚泥饼，形成"缩径"，使泥、页岩吸水膨胀而垮塌，既造成岩屑失真，资料不准，又影响安全钻进，所以应尽量控制钻井液的失水量，尤其是钻开油气层时。

（四）切力

钻井液中的黏土颗粒由于形状不规则，表面带电性质和亲水性不均匀，常形成网状结构。破坏钻井液中单位面积上网状结构所需的力，称为切力。通俗地说，钻井液静止时悬浮岩屑的能力称为钻井液的切力。静止 1min 时的切力为初切，静止 10min 时的切力为终切。

切力过高，则流动阻力大，起动泵压高，容易憋漏地层，岩屑不易沉淀，易使密度上升快，脱气困难，容易形成气侵；终切过低，携带和悬浮岩屑的能力降低，停泵后岩屑下沉快，易造成卡钻，也影响岩屑录井的质量。所以，一般要求初切要低，终切要适当地高一点（以初切的3~5倍为宜）。

（五）含砂量

含砂量指钻井液中不能通过200目筛孔即直径大于0.074mm的砂子占钻井液体积的百分数。含砂量高，会使钻井液密度增大，失水量增大，泥饼增厚，对钻井液性能造成连锁影响，对设备、钻具增加磨损，一般要求含砂量不大于0.5%。

（六）pH值

pH值等于钻井液中氢离子浓度的负对数值。pH值的变化常引起黏度、切力、失水量等钻井液性能发生变化。pH值低，钻井液分散性变差，切力、失水量上升，并使钻井液膨胀分散，都会造成井壁掉块甚至垮塌，在使用铁铬盐钻井液时，pH值低于8或大于10，钻井液中都会产生大量气泡。

实践证明，保持一定的pH值（pH>8）有利于钻井液性能稳定，而钻遇含硫化氢地层时，pH值则要保持在9.5~11。

三、钻井液录井

地层中的油、气、水进入钻井液中，就会引起钻井液性能变化，连续观察、测量、收集、记录这些性能的变化，即为钻井液录井。

（一）钻井液录井要求

测量间距按地质设计执行，以迟到钻井液井深为准。

（二）密度、黏度测量

1.测量要求

仪器校验：录井前，应用清水对密度仪进行校验（清水密度为1.00g/cm³），要求误差不超过0.01；黏度仪用清水校验（清水黏度28s），要求误差不超过1s。

2.测量方法

取样：在缓冲罐处取流动的钻井液500~1000mL。

黏度测量：左手握住黏度计漏斗下方并用食指堵住出口，右手将钻井液经筛网注入漏斗内，直至液面与筛网齐平为止；将干净黏度计量杯置于漏斗出口下方，松开左手食指，同时按下秒表或记下钟表时间，待量杯钻井液刚流满时，再次按下秒表或记下钟表时间，秒表计时时间或两次时间之差即为钻井液漏斗黏度值。当测量黏度超过120s而量杯仍未满时即视为滴流，可停止测量，继续下一工序。

密度测量：测完黏度后，把量杯中钻井液倒入密度仪盛液杯，保持杯面水平，边旋转边下压盖紧杯盖，用抹布擦洗掉溢出的钻井液，将天平支点放于支架上，调动游码使玻璃珠内的气泡稳在中心刻度位置或以中心刻度为中点微幅摆动，此时读取游码所指的刻度值即为钻井液密度。

（三）钻井液全性能

按地质设计执行。

（四）添加处理剂

调整钻井液性能添加的处理剂时，收集名称、用量、添加时间、井深（井段）；对影响荧光和气测录井的处理剂，如磺化（干、液体）沥青、润滑剂及其他可能会有影响的有机处理剂，应要求提供产品合格证，预先做荧光试验，必要时取样品进行点滴分析和地球化学分析，加入后如对荧光和气测录井造成影响，必须在录井综合记录和录井图中备注说明。

四、地质循环与槽面观察

（一）停钻循环原则

在钻遇到下列情况之一时，必须立即停钻循环，证实确无油气显示后，才能继续钻进。

（1）非钻井因素的影响而钻进速度突然由慢变快。

（2）有放空现象。

（3）气测出现明显异常。

（4）钻井液性能有突出变化或槽面见油气显示。

（5）发生轻微井漏。

（6）为卡地层界面和取心层位的需要。

（7）岩屑中已见含油显示但对显示层是否已钻穿判断不准。

（二）槽面观察

1.当有油气水侵时的槽面观察

（1）连续测定钻井液密度、黏度、槽面高度直至恢复正常；油气水侵高峰时取样测定氯离子和点火试验。

（2）准确记录：钻井液静止时间、开泵时间、迟到时间、油气水侵起止时间及延续时间、高峰时间及每个钻井液性能测定时间；同时，记录钻井工作内容、井深、钻头位置、钻井液泵排量、钻井液池积体变化、进出口性能变化。

（3）详细观察油气水侵情况并记录：油花产状、气泡形态、量的多少、出水情况、钻井液流动形态、油气水流出情况、油质及天然气点火试验情况。

①油花：目估百分含量。

②油花产状：点状、斑状、线状、片状、带状、不均匀状6种。气泡：目估百分含量。

③气泡形态：针孔状、鱼子状、米粒状、黄豆状与蚕豆状5种。

④钻井液流动类型：平稳、波状、冲击及强烈冲击4种。

⑤油气水流出情况：溢流、井涌及井喷；油气水的色味及量的观察；油质主要描述颜色。

2.槽面观察真、伪显示区别

（1）区分空气与天然气：在钻进过程中，由于泵上水不好，抽吸进空气，或由于钻井液处理剂在高温高压下发生物理、化学反应而产生大量气体，都可在槽面形成气泡。这种气泡表现的特点是：很不稳定，时多时少，多时连片集中，泡的直径较大，易破裂，破裂后无油环、油彩，无味，不燃，钻井液性能无变化，气测无异常。

与油气显示有关的天然气泡多而连续，均匀分布，直径小（多为1~2mm），具油味或硫化氢味，可燃，气泡破裂后多有油彩，气测有异常，钻井液性能有变化。油气显示高峰期应取样做点火试验，具体方法是：用小口瓶（矿泉水瓶）在缓冲罐处，将取样瓶按45°角倾斜浸没于钻井液液面下，装入约4/5瓶钻井液（如果钻井液黏度高，可取约3/5瓶含气钻井液再加入1/5瓶清水稀释），用手堵住瓶口，将瓶底朝上取出取样瓶，摇晃使之脱气。将取样瓶拿至安全地方（地质房内），让另一人协助点火，待火源靠近瓶口时，松开堵瓶口的手，观察是否燃烧；若燃烧，应观察火焰颜色、火苗高度、燃烧持续时间，一般油层溶解气呈黄色火焰，纯气层呈蓝色火焰，以此区分油气层。

（2）原油与混入的成品油：一般来说，原油颜色要深一些，多呈棕色、黑褐色甚至黑色，色鲜，地面成品油颜色浅；地下原油多呈分散状油珠或斑块，而混入的成品油多集中呈条带状；如是地下油显示，钻井液性能有变化，地面混入的油则无变化。

（三）有关资料的收集

1.油气侵

起止时间、井段、层位、钻头位置、工况、气测值、槽面显示（油花与气泡形状、大小、分布占槽面百分比、槽面上涨高度）、钻井液性能变化、取样（保存、点火试验）。

2.溢流

起止时间、井深、层位、钻头位置、工况、气测值、槽面显示（油花与气泡形状、大小、分布占槽面百分比、槽面上涨高度）、外溢量、外溢速度、钻井液性能变化、取样（保存、点火试验）、处理措施。

3.井涌、井喷

起止时间、井深、层位、钻头位置、工况、涌（喷）出高度、涌（喷）出物（油、气、水）、夹带物（钻井液、砂泥、砾石、岩块等）及其大小、进出口流量变化、间歇时间；处理井涌（喷）措施：处理方法、压井时间、加重剂名称及用量，压井后钻井液性能及井涌（喷）前及压井后钻井液性能；井涌（喷）原因分析。

4.井漏

起止时间、井漏井深、层位、钻头位置、工作状态、漏失量、漏速、井漏处理措施、处理方法、堵漏时间、处理剂名称及用量、井漏前及处理后钻井液性能、井漏原因分析。

第七节　定向井和水平井录井

一、定向井定义

定向井是指按照预先设计的具有井斜和方位变化轨迹而钻的井。采用定向井技术可以使地面和地下条件受到限制的油气资源得到经济、有效的开发，能够大幅度提高油气产量和降低钻井成本，有利于保护自然环境。

二、定向井分类

（一）按基本剖面类型分类

可分为"J"型、"S"型和连续增斜型。

（二）按设计井眼轴线形状分类

（1）两维定向井：井眼轴线在某个铅垂平面上变化的定向井，井斜变化、方位不变。

（2）三维定向井：井眼轴线在三维空间变化的定向井，井斜、方位均变化，可分为三维纠偏井和三维绕障井。

（三）按设计最大井斜角分

（1）低斜度定向井：井斜角度小于15°，钻井时井斜、方位不易控制，钻井难度大。

（2）中斜度定向井：井斜角度为15°～45°，钻井时井斜、方位易控制，钻井难度相对较小，是使用最多的一种。

（3）大斜度定向井：井斜角度为46°～85°，其斜度大，水平位移大，增加了钻井难度和成本。

（4）水平井：井斜角度为86°～120°，其钻井相对较难，需要特殊设备、钻具、工具和仪器。

（四）按钻井的目的分类

分为救援井、多目标井、绕障井、多底井等。

（五）按一个井场或平台的钻井数分类

（1）单一定向井。

（2）双筒井：一台钻机，钻出井口相距很近的两口定向井。

（3）丛式井（组）：在一个井场或平台上，钻出几口或几十口定向井和一口直井。

三、定向井井身参数

（1）井深：井眼轴线上任一点到井口的井眼长度，称为该点的井深，也称为该点的测量井深或斜深，单位为m，一般用L表示。

（2）垂深：井眼轴线上任意一点到井口所在平面的距离，称为该点的垂深，单位为m。

（3）水平位移：井眼轨迹上任意一点与井口铅垂线的距离，称为该点的"水平位移"，也称该点的闭合距，单位为m。

（4）视平移：水平位移在设计方位线上的投影长度。

（5）井斜角：井眼轴线上任意一点的井眼方向线与通过该点的重力线之间的夹角，称为该点处井斜角，单位为°，一般用α表示。

（6）方位角：表示井眼偏斜的方向，它是指井眼轴线的切线在水平面投影的方向与正北方向之间的夹角。它以正北方向开始，按顺时针方向计算。单位为°，一般用φ表示。

（7）磁偏角：它是指地磁北极方向线与地理北极方向线之间的夹角。地理位置和时间不同，其数值也不同，有正负之分。

（8）磁方位角：用磁性测斜仪测得的方位角。

（9）地理方位角：以地理北极为基准的方位角。

（10）井斜变化率：单位井段内井斜角的改变速度。以两测点间井斜角的变化量与两测点井段的长度的比值表示。

（11）方位变化率：单位井段内方位角的变化值。

（12）造斜率：表示造斜工具的造斜能力，其值等于该造斜工具所钻出的井段的井眼曲率。

（13）增（降）斜率：增（降）斜井段的井斜变化率。

（14）"狗腿"严重度：简称"狗腿度"，它与"全角变化率""井眼曲率"的意义相同，指单位井段内井眼前进的方向在三维空间内的角度变化。它既包含井斜角的变化，又包含方位角的变化。

（15）增斜段：井斜角随井深增加的井段。

（16）稳斜段：井斜角保持不变的井段。

（17）降斜段：井斜角随着井深增加而逐渐减小的井段。

（18）目标点：设计规定的必须钻达的地层位置。通常以地面井口为坐标原点的空间坐标系的值来表示。

（19）靶区半径：允许实钻井眼轨迹偏离设计目标点的水平距离。靶区是指目标点所在水平面上，以目标点为圆心、以靶区半径为半径的圆面积。

（20）靶心距：在靶区平面上，实钻井眼轴线与目标点之间的距离。

（21）工具面：在造斜钻具组合中，由弯曲工具两个轴线所决定的那个平面。

（22）反扭角：动力钻具启动加压后，工具面相对于启动前逆时针转过的角度。

（23）高边：定向井的井底是个呈倾斜状态的圆平面，该平面上的最高点称为高边。

（24）工具面角：指工具面所在位置的参数。有两种表示方法：一种以高边为基准；一种以磁北为基准。

①高边工具面角：以高边方向线为始边，顺时针转到工具面与井底圆平面的交线上所转过的角度。

②磁北工具面角：以磁北方向线为始边，按顺时针方向与工具面方向线在水平面上的投影线之间的夹角，等于高边工具面角加上井底方位角。

（25）定向角：在定向或扭方位钻进时，启动井下马达之后，工具面所处位置，用工具面角表示。可用高边工具面角表示，也可用磁北工具面角表示。当用高边工具面角表示时，与"装置角"一词的意义和计算法相同。

（26）安置角：在定向或扭方位时，当启动马达之前，将工具面安放的位置以工具面角表示，此时的工具面角即为安置角。

四、水平井定义

水平井是指井斜达到或接近90°，井身沿着水平方向钻进一定长度的井。井眼在油层中水平延伸相当长一段长度。有时为了某种特殊的需要，井斜角可以超过90°。

第八节　欠平衡钻井录井

一、欠平衡钻井概述

欠平衡钻井适用于地层压力、储集层类型、流体性质比较清楚的地层，稳定性好且不易垮塌、过压实的硬地层，漏失严重地层，强水敏地层，钻井作业对储层污染严重地层等。在油气勘探开发过程中，根据具体地质情况及施工条件，可以选择不同的欠平衡钻井技术。

（一）欠平衡钻井的基本分类

（1）气相欠平衡钻井：包括气体（空气、氮气、天然气和尾气）钻井、雾化钻井、泡沫钻井、充气液钻井等。

（2）液相欠平衡钻井：主要采用低密度钻井液来实现欠平衡钻进，如水基、油基、玻璃微珠、塑料微珠等。

（二）欠平衡钻井循环流体的当量密度使用范围

（1）气体钻井包括空气、天然气、氮气钻井，密度适用范围为 $0.001 \sim 0.01 \text{g/cm}^3$。

（2）雾化钻井，密度适用范围为 $0.01 \sim 0.03 \text{g/cm}^3$。

（3）泡沫钻井液钻井，包括稳定和不稳定泡沫钻井，密度适用范围为 $0.032 \sim 0.64 \text{g/cm}^3$。

（4）充气钻井液钻井，包括通过立管注气和井下注气两种方式，密度适用范围为 $0.45 \sim 0.90 \text{g/cm}^3$。井下注气技术是通过寄生管、同心管、钻柱和连续油管等在钻进的同时往井下的钻井液中注空气、天然气、氮气。

（5）水或卤水钻井液钻井，密度适用范围为 $1.00 \sim 1.30 \text{g/cm}^3$。

（6）油包水或水包油钻井液钻井，密度适用范围为 $0.8 \sim 1.02 \text{g/cm}^3$。

（7）常规钻井液钻井（采用玻璃微珠、塑料微珠等密度减轻剂），密度适用范围为大于 0.9g/cm^3。

（8）钻井液帽钻井，国外称为浮动钻井液钻井，用于钻地层较深的高压裂缝层或高含硫化氢的气层。

二、欠平衡钻井录井

气相欠平衡钻井对录井的影响表现在部分信息被弱化，或被叠加成干扰信息，或信息被混淆不能准确归位，或有的信息根本无法采集。

（一）气体欠平衡钻井录井

气相欠平衡钻井一般应用于常压区和低压区，应用压力系数范围为0.75～1.15。空气钻井主要使用于非目的层段，要求地层无油气水显示，钻井工程上主要用于提高机械钻速，天然气钻井、氮气钻井、柴油机尾气钻井主要应用于目的层的钻井阶段，充分暴露油气层，防止因液相钻井造成介质污染，达到保护油气层、解放油气层的目的。气体钻井要求地层流体不含H_2S。

1.气体钻井地质录井

（1）气体钻井迟到时间确定

由于气体钻井的特殊性，常规液相钻井使用迟到时间的测定和计算方法已不适用。目前使用的方法有如下几种：

①岩屑观察法。通常利用接单根后，记录钻头接触地层开始钻进的时间，在空气排出管出口处观察岩屑粉末返出的时间，当空气排出管出口返出的岩屑粉末含量增多时记录时间，这两个时间的差，即为岩屑上返迟到时间。

②气体染色法。在接单根时钻具内放入一定量的彩色塑料碎片，记录空气泵开泵时间和彩色塑料片返出井口时间，其差值为循环一周时间。由气体状态方程求出气流平均流速，则可计算出气体下行时间。

（2）气体钻井岩屑录井

①对岩屑录井的影响。气体钻井使用的钻头是空气锤，对地层岩石进行硬粉碎，岩屑一般较细，多呈粉末状。岩屑在上返过程中，由于高速运动，和钻具、井壁之间的碰撞进一步加剧，使得岩屑的颗粒直径由常规的块状变成粉尘状，给岩性的识别和定名带来较大的困难。

②气体钻井岩屑的取样方法。气体钻井条件下岩屑取样的方法是：在排砂管开一个支路，安装一个带阀门的取样管线。取样器一头打磨成楔形，深入排砂管内形成一个挡板，另一头连接一个可以密封的布袋。取样器焊接在排砂管线的斜坡处，并向后倾斜，与排砂管线夹角为120°左右，这样捕获岩屑的数量有保证，进入取样器内的岩屑不会发生逆向反弹。采样时取样器的阀门处于半开状态，排砂管线内的部分岩屑进入支路管线；捞取岩屑样时阀门关闭，打开下端的布袋，岩屑自动流入砂样盆。

③气体钻井岩屑的鉴别和定名方法。气体钻井下岩屑普遍较细，呈粉末状，很难找到

直径在2mm以上的岩屑，一般小于0.08mm，无法进行薄片鉴定，但可用显微镜对岩屑粉末进行观察，主要观察岩石矿物的成分，判断地层的岩性，建立岩性剖面。对于碎屑岩，利用岩屑颜色和岩石成分，结合其他物理性质加以识别；用碳酸盐岩测量仪检和元素分析仪测数据，解决岩性识别问题。具体在岩性识别上遵循"大段摊开，颜色分段，逐包手感，浸水滴酸，显微镜观察"的原则。

④气体钻井中常见的岩屑识别特征。

砂岩：分为粉砂岩、细砂岩和中砂岩。细、中砂岩目测为砂粒，且多为无色透亮的石英矿物（其他成分均呈粉末状），手感砂粒也较强烈；粉砂岩呈粉末状，手感也有轻微砂粒的研磨感。将砂样装入烧杯中，用清水浸泡后，轻微晃动，细、中砂岩混合液较清，底部可见破碎岩屑颗粒，主要为石英；粉砂岩混合液较浑浊，底部破碎岩屑少且粒度小。倒出上部液体，选稍大颗粒的砂样在刻度放大镜下观察。

泥岩：主要通过观察颜色和泡水进行识别；砾岩：颗粒相对较大，手感有强烈的研磨感，浸水后可看见破碎砾石；白云岩：用水清洗后，滴酸起泡（粉末使接触面积增大）后，速度迅速变缓（剩余较大颗粒使这种影响减弱），反应不完全；煤：颜色黑，染手，轻撒粉末不沉于水（质轻）；石膏：颜色为浅灰色或白色，泡水晃动见分散物，拨开滴酸不起泡，取澄清滤液加入$BaCl_2$液体，见白色沉淀物。

2.气体钻井综合录井

（1）气体钻井的综合录井参数：气体钻井是以气体作为钻井介质，无法录取液相钻井介质的进出口参数（泵冲、流量、温度、电导率、密度）。通常dc指数监测地层压力方法因缺少钻井液密度数据而不能使用。

气体钻井条件下，能够测量立（套）压、悬重、扭矩、转盘转速、钻速这些工程参数。由于气体钻井条件下不用脱气器，经过对取样装置进行改进，可以测量气测全量、组分、H_2S和CO_2等气体参数。

（2）气体钻井综合录井仪传感器安装

①工程参数传感器安装。气体钻井条件下，工程参数传感器的安装与常规钻井相同。由于气体钻井使用立压一般在2~3MPa，为了灵敏反映立压的变化，建议使用6~10MPa的压力传感器（转入液相钻井时应更换相应量程的传感器）。

②钻井液出/入口传感器安装。气体钻井条件下，在钻遇油层、水层、硫化氢气层后，气体钻进结束，转为液体钻进。为了不耽误钻井作业时间，录井前安装好钻井液出/入口传感器（包括池体积和脱气器），在转入液相钻井时备用。

（二）泡沫欠平衡钻井录井

泡沫欠平衡钻井是以泡沫流体作为循环介质，泡沫流体由气液两相构成的乳化液，它具有静液柱压力低、漏失量小、携屑能力强、对油气层损害小等特点。稳定泡沫是由水、压缩气体、发泡剂及其他化学剂组成的混合物，压缩气体包括空气、氮气、二氧化碳及天然气。泡沫钻井特别适用于低压、低渗透或易漏失及水敏性地层的钻井，也可用于永冻地区的钻井。

1.泡沫钻井地质录井

（1）迟到时间确定：泡沫钻井中，造成迟到时间测量困难的因素较多。第一，由于钻具中安装单流阀，无法用塑料片等片状固体标记物实测迟到时间，只能用粉状小颗粒或液态标记物实测；而相对于大量的泡沫，小颗粒的固体标记物很容易被其包裹，肉眼无法观察，实测极为困难。第二，由于泡沫在钻杆内存在压缩过程，造成下行时间计算不准确。第三，接单根时泡沫在钻杆内和环空内的运行状态是一种间断而非稳定状态，与正常钻进时相对连续而稳定的运行状态相去甚远，因而接单根时实测的迟到时间与正常钻进时实际的迟到时间有差距。泡沫钻井环境下迟到时间的确定目前使用的方法有：

①岩屑观察法。

②实物测量法。

③通过快钻时与岩屑量、气测对应分析检验法。

（2）泡沫钻井岩屑录井：

①岩屑录井影响。泡沫钻井作业中，泡沫在井筒内流动时要经过加压和释压两个过程，造成井筒内泡沫返出时不连续。由于钻速快，接单根频繁，造成循环中断，岩屑在井筒内混杂沉淀，影响岩屑的代表性。泡沫钻井因为无法使用振动筛，直接由岩屑返出口经导管喷射到地面，所以传统的岩屑取样方式没有办法捞取岩屑。

②泡沫钻井岩屑取样方法。岩屑捞取装置为一密闭装置，一端为泡沫携带岩屑的入口，另一端为泡沫的出口，底部为岩屑样托盘。泡沫的出口加装滤网装置，这样泡沫携带的岩屑就能被滤网阻隔下来，保留在下部的托盘上，泡沫经滤网被排出。捞取岩屑时，只需取出托盘即可。

③泡沫钻井岩屑清洗。泡沫钻井液对岩屑无污染，捞取的岩屑保持地层的原始颜色，清洗时加一点消泡剂，只需用清水冲洗即可。

2.泡沫钻井综合录井

（1）泡沫钻井综合录井参数：泡沫钻井综合录井参数参照气体钻井。

（2）泡沫钻井综合录井仪传感器安装：

①工程参数传感器安装

②钻井液出/入口传感器安装。

③硫化氢传感器安装。

④泡沫钻井色谱样品气采集方法。

第四章　地质钻井方法

第一节　地层（油层）对比及特性研究

一、地层对比研究

井下地层对比是油气田勘探地质工作的基础。无论是对地层特性的了解，还是对岩层层面的空间构造形态研究，都要在地层对比的前提下实现。地层对比以单井地层剖面的正确划分为依据，可以说单井的地层划分是对比的基础。在实际工作中，通过地层对比可以帮助更正确地划分单井地层剖面，而地层特性的研究可进一步指导和修正地层对比。因此，单井剖面的地层划分、地层对比及地层特性的研究既有区别又有联系，而且相互制约。它们贯穿于整个油气田地质勘探工作之中，不断更改，逐渐完善。地层对比工作按研究范围分世界的、大区域的、区域的和油层对比4类。前两类是以古生物群、岩石绝对年龄测定和古地磁等方法为主的大区域对比方法，属于地层学的研究范畴。区域地层对比是指在一个油区范围内进行全井段的对比，而油层对比是指在一个油田内含油层段的对比，它们是油气田勘探阶段和开发初期经常研究的内容。

（一）地层对比的依据及方法综述

地层的岩性变化，岩石中生物化石门类或科、属的演变，岩层的接触关系以及岩层中含有的特殊矿物及其组合等，都客观地记录了地壳的演变过程、涉及范围和延续时间，这为分层以及把油区内相距很远的地层剖面有机地联系起来，提供了可能性与现实性。

地层对比方法很多，包括岩性对比、岩相对比、古生物对比、重矿物对比、构造对比以及层序地层对比等多种多样的方法。

岩性对比是小范围内常用的对比方法，其依据是：沉积成层原理以及在沉积过程中相邻地区岩性的相似性、岩性变化的顺序性和连续性。利用岩石的颜色、成分、结构、沉积构造和旋回性等特征进行岩性分层，进而作井间地层的对比。岩性变化必然导致测井曲线出现差异，因此，可以利用测井曲线间接地进行岩性对比。测井曲线对比，是根据同层相邻井曲线的相似性，或根据几个稳定的电性标志层做控制，且考虑到相变来进行的。利用测井曲线进行地层对比的优越性在于：它提供了所有井孔全井段的连续记录。尤其重要的是，它的深度比较正确，并能从不同侧面反映岩层的属性。常用的对比曲线有视电阻率曲线和自然电位曲线，此外，自然伽马曲线、中子测井曲线等也提供了很有价值的参考。

对于岩性和厚度变化剧烈、有不整合以及经受过强烈构造运动的地区，或在井眼稀少的情况下，应该采用岩相对比法。这种方法的依据是：在同一时间的层段中，相邻井所处的沉积环境是相近的，在成因上是相互联系的。为此，要观察与收集岩心的环境标志，建立微相剖面，并且利用能反映岩性组合特征的曲线划分地层层段，进行井间岩相剖面的对比。

古生物对比，是研究岩心（或岩屑）剖面上生物组合的演变，根据古生物组合划分地层单元。它是对比的有力根据，在建立分层的时间概念上是极为重要的。

重矿物对比与古生物对比相似，它局限于取心井段，按重矿物组合的变化分层。重矿物对比有助于加深对古地理的了解，特别是对物源区的识别。

构造对比是利用地层之间的构造接触关系，如不整合和假整合标志，因其具有区域特征，可用来划分地层和进行对比。地壳运动必然引起沉积条件的改变和古生物特征及其组合的变化，因此利用不整合面划分和对比地层，实质上与重矿物法、古生物法是一样的，它可以作为分层和对比的依据之一。

层序是指一套相对整一的、成因上存在联系的、顶底以不整合面或与之可对比的整合面为界的地层单元。层序是一个具有年代意义的地层单位，层序内部相对整合的地层形成于同一个海平面（或湖平面）升降旋回中，层序是成因上有联系的多种沉积相在纵向和横向上的有序组合。层序地层学是划分、对比和分析地层的一种新方法。

（二）传统地层对比的步骤

1.确定对比标志

（1）等时面的确定：现代沉积或古代沉积都证实了陆相和海相之间存在横向联系。粗碎屑沉积在横向上逐渐变成细粒沉积，进而过渡到碳酸盐沉积。岩体内部的岩性界面可以平行或穿过等时面。为了正确对比地层，必须首先确定等时面，指出它们在总的地层层序中的位置。不坚持时空概念就不可能进行正确的地层对比。

时间标准层代表等时面。为了便于对比，应在剖面中找出尽可能多的等时面，要求它们在岩性上或者在测井曲线上容易识别，分布广泛，岩性稳定。

地层对比首先是标准层的对比。显然，在剖面上标准层越多，分布越普遍，对比就越容易进行。有的标准层分布范围小，岩性或电性不太稳定，可以选作辅助标准层，或作为小范围标准层。

（2）沉积旋回的确定：沉积旋回指在沉积剖面上岩性有规律地变化。由下而上岩性由粗变细的称为正旋回，反之称为反旋回。旋回的产生，有的由于地壳周期性升降运动所致，它的影响范围大；也有的由于沉积物堆积速度超过地壳下降幅度，其影响范围较小，如砂体前积会造成反韵律的剖面特点。区域地层对比主要用大型（或高级次）的沉积旋回作为对比的依据。

（3）特殊岩性层段的确定：特殊岩性段可以作为对比过程中大套控制的依据。要求它在剖面上分布稳定，录井标志及曲线特征清楚，如碎屑岩剖面中的膏盐段、油页岩及钙质页岩段等。

2.典型井（或典型井段）的选择

典型井的条件应该是位置居中，地层齐全，而且有较全的岩心录井资料，包括古生物和重矿物分析成果；测井资料齐全，曲线标志清楚。以典型井作为地层对比时的控制井。

3.骨架剖面的建立

骨架剖面应通过典型井向外延伸，一般先选择岩性变化小的方向，这样容易建立井间相应的地层关系。然后从骨架剖面向两侧建立辅助剖面以控制全区。对比时首先将井位、井深按比例画出。当井距变化很大时可以变比例尺或采取等间距。其次将分层界限和岩性画在井身剖面上，特别要标出时间标志层、旋回层及特殊层段。最后，将相应的标志层、旋回层和特殊层段用对比线相连。

4.面积控制及地层分层数据表

以骨架剖面上的井作控制，向四周井作放射井网剖面，进行对比。或作面积闭合的地层对比，要求分层的闭合误差达到最小值。对比结束后，要求统一各井的分层数据，作为地层研究的基础资料。

5.对比过程中的地质分析

对比工作不仅是为了获取地层分层数据，对比过程本身也就是对地下地质研究和分析的过程。根据沉积盆地沉积成层原理，井间各层对比线的变化应该是协调的。如果出现异常，则需要分析其原因，是由于分层错误还是由于地质现象造成的。经常出现的异常井段有两类，一类是沉积层序问题，即地层层序出现重复、缺失或层序倒转，这类地质现象均与构造运动有关。在对比中应该将这种异常井段挑出，并留在构造分析与制图中重点解决。另一类是对比中厚度有异常的变化。如果是由于不整合引起的异常，则其厚度变化是有规律的，而且具有区域性特征；如果只出现于个别井或个别井段，则可能与断层有关。在对比时可采用由正常井段逼近异常井段的方法，找出断缺或重复井段。由沉积引起的厚度变化，在对比时对相应层段进行仔细分析后，往往发现厚度的变化是有规律的。此外，在连接对比线时，必须考虑到井间岩性变化。总之，在对比过程中如发现异常的对比线，则应认真分析，要求经过修正后，面积闭合误差达到最小值。

（三）层序地层对比步骤

单井层序分析有利于建立层序地层纵向格架，分析沉积环境，初步确定有利的砂体层段。但是仅仅进行单井层序分析是远远不够的，而要以单井层序分析为基础，结合地震资料，利用钻井信息进行井间地层对比，追踪各层序地层单元的空间分布状况，这才是建立钻井层序地层格架和分析储集砂体横向展布规律的最佳方法。因为地震反射同相轴基本上代表了等时地层界面，利用地震资料可大致确定位于地震剖面附近井的地层对应关系，避免单纯利用测井曲线和岩性对比引起的穿时、穿层现象。进行井间地层对比分析主要依据以下原则：选择位于构造走向（或倾向）方向的典型井，作为连井对比标准井，分别进行单井分析，确定关键界面，并进行沉积体系与沉积相分析，总结沉积环境纵向演化规律；根据沉积基准面升降变化的相似性及层序边界的特征，进行沉积层序对比；通过合成地震记录标定对应层位，保证地层对比的等时性。

（1）等时地层格架的建立。陆相层序地层与海相地层相比具有很大的差异性，主要表现在4个方面：陆相地层沉积范围小；水体深度和广度不同，变化频率快；涉及水上和水下沉积；相变激烈，沉积物相对较粗。这些差异使得陆相层序等时层序格架的建立难度远大于海相层序，因此必须尽量多地用各种测算方法进行综合判断。

首先，进行不整合界面、磁性地层对比，在宏观上确定其三级层序以上地层的等时性。

其次，随时间间隔的缩短，可以用古生物、岩相变化的沃尔索定律、标志层及其衍生物等确定四级层序地层等时性。

最后，更小一级的层序地层对比以标志层、测井资料为基础，分析其沉积旋回性的组合。

当然，还有各种方法的测算，根据其精度，在不同层序级别上确定其等时性。通过这样不同级别层序等时性的确定，可以建立等时层序格架。

（2）体系域的划分。由于不同体系域中的生储盖类型有明显的差别，所以对不同类型的陆相盆地层序地层体系域进行详细研究尤其重要。

体系域是在一定等时格架内，成因上、空间上有一定联系的三维沉积体系的组合，它由若干个三维沉积体系所组成，在范围和时间上比一个沉积体系要广和长。沉积体系是成因上有联系的沉积作用所形成的一类沉积体的三维组合。

（3）陆相层序地层显然应该包括一切陆相沉积体系所形成的地层，其最重要的影响因素是湖平面及沉积基准面，而沉积基准面既受构造控制又受湖平面变化控制。在陆相沉积中除构造最大活动期外，绝大部分时间受湖平面的影响，因此在湖泊中能用湖平面变化形成沉积体系在垂向、横向上的变化来命名体系域。而在冲积扇、河流和浊积岩中用基准面的变化来命名，把湖泊体系域划分为两个体系域，即湖侵体系域和湖退体系域。在特殊情况下，当湖泊的斜坡具备坡折时，湖退体系域分为高位体系域和低位体系域（坡折以下可以称为低位体系域）。由此陆相层序体系中关于体系域可分为3种类型。对于陆相坳陷盆地可分为湖侵体系域和湖退体系域。对于陆相断陷盆地，无坡折带分为湖侵体系域和湖退体系域；有坡折带分为低位体系域、湖侵体系域和湖退体系域。

（四）地层单元的建立

在全区进行地层对比以后，应该建立该区的地层层序，编出综合柱状剖面图，作为研究区域内划分地层的依据。常用的地层层序有3种，即岩石–地层单元、生物–地层单元和时间–地层单元。

1.岩石–地层单元（群、组、段、层）

以岩性作为主要分层依据。岩石–地层单元的界面可以是突变的，也可以是渐变的，它与时间–地层单元可以吻合，也可以不完全一致。岩石–地层单元层序，要以每一层主要出现的岩性命名。正式出版的岩石–地层单元要说明分层依据、名称、典型剖面及其位置、地层特征、界面和接触关系、延伸方向、形态、相应时代、对比依据等。根据钻井资料确定岩石–地层层序时，还要补充典型井段的井位、井深、井口地面海拔、有关的钻井资料及测井曲线等。有时需要由几口井的井段凑成一个完整的岩石–地层层序，这种方法在化石少、岩性变化大和井数多的地方常常使用，有重要的实际意义。

2.生物–地层单元（带、亚带）

根据古生物组合划分地层单元。在地层对比中，生物地层学起着关键的作用。由于生物组合在时、空上是有变化和不断调整的，因此，依据古生物组合划分地层时必须建立正确的时空观念。此外，由于指相生物的存在，生物–地层界面有可能穿越地层等时面。生物–地层单元会直接地或间接地引用到岩石–地层单元和时间–地层单元的建立上。

3.时间–地层单元（界、系、统、组、段）

其地层界面与地质时代界面一致，地层界面可以反映岩性或古生物的变化，或者是两者共同的变化。时间–地层单元可以与岩石–地层单元或生物–地层单元一致或相交。地层对比的主要目的是建立与时间相一致的层序关系。层序关系无论在地层研究还是在构造研究上，都是极为重要的。在建立时间–地层单元之前，首先要识别和确定岩石–地层单元。在拥有充分资料之后，特别是经过逐层段的沉积相研究之后，才有可能建立时间–地层单元。

二、地层特性的研究

从勘探岩性遮挡和地层遮挡油气藏的实际需要出发，要勾绘出有利于勘探对象的轮廓，必须对该地区的地层特性进行充分研究。这项工作是在通过地层对比，初步建立地层层序的基础上进行的。其内容包括对厚度、岩性、沉积相以及不整合面上下地层分布的研究。常用的手段是地质分析推理和地下制图方法，通过绘制剖面图、平面分区图、平面等值线图来达到恢复与展现地下地层结构的目的。对这些图件的综合解释，有助于建立更正确的地层对比关系，有助于构造的研究，有助于建立地下地层结构的时空概念，从而指导油气田的勘探与开发。

（一）地层厚度的研究与应用

1.等厚图的编制

等厚图是最基本的地层特性图件。地下地层等厚图的资料来源于录井或测井资料的对比结果。井点之间的厚度变化是通过等值线来体现的。勾绘的等值线，即等厚线，要与图上各井点的厚度相吻合。井点之间的等值线由内插法作出，但要与沉积特点相一致。因为等厚线的分布要受物源区大小和远近、相对沉积速率、剥蚀作用等因素的控制。如果不考虑这些因素而采用井间机械内插，就必然会出现解释上的不协调，或与其他地质现象不协调的矛盾。

等厚图是利用直井的铅直厚度资料完成的，当地层水平时，直井所穿地层的铅直厚度等于地层真厚度；当地层倾斜时，铅直厚度大于真厚度。所以，在有构造倾角变化的地区，应一律用真厚度作等厚图。当然，根据工作需要也可作铅直厚度等值图，如利用地层顶面构造图推算底面构造图时，就要利用铅直厚度等值图。等厚图很有意义，它经常能解决令人困惑的问题。

2.等厚图的应用

等厚图的应用很广泛，包括：

（1）指导勘探工作，如预告探井标准层深度和估计完钻井深以下的深部标准层海拔；

（2）利用地层等厚图与地层顶面构造图交会，编绘地层底面构造图；

（3）利用不同时期等厚图研究古构造；

（4）利用不同时期等厚图配合岩相图类，研究沉积环境，建立相的时空概念。

（二）岩相图的编制与应用

如何把一套反映环境的岩层组合变化表现出来，是地层特性研究的另一个重要课题。常用手段是编制岩相图。在编制各类岩相图件之前，首先要对井的剖面资料予以整理，即在对比基础上，确定出同一时间层段的井名、井深、岩性、分层厚度、分岩类统计厚度，以及各岩类所占厚度的百分比值等。在此基础上，可以按资料准备程度及要求，编制各种类型的相图。表现岩层组合的图件形式有剖面图、平面图及立体图。平面图又分为等值线图、分区图和点图3种形式。表现相变化最直观的图件是立体图，但在相变快、井剖面资料少时是难于做到的。目前，主要精力仍集中在对岩性组合平面展布的分析上。在计算机处理数据与作图日益普及的今天，将广泛开展岩性组合的定量研究。

1.相剖面的对比及简化的相剖面图

地层相剖面对比的依据是：相可以用与其相应的岩性组合来表示，而相的变化是连续的、有序的。所以，不同岩性组合之间必然有内在的联系。利用这种联系，建立井间地层的对应关系，以达到建立全区时间地层单元的目的。

（1）单井纵向层序的研究—划分相单元：根据测井曲线的形态、幅度等组合特征，结合录井时所能获取的全部相标志，对井身剖面进行相带划分。首先划分出二类相的层段，如河流相、三角洲相等，然后细分出亚相。如果是由多期亚相组成，还应该分出每一期的层段。划分相单元，要求尽可能细致到三类相，以便有利于井间岩相单元的对比。在井位图上按比例画出井柱，标以划分出的岩相单元和井段，并附以典型的曲线形态以及相标志等，以便在对比之前先建立全区相带分布及演变的粗略概念。

（2）等时面的确定：岩相变化与岩性变化一样，同样存在有穿越等时面的问题。

（3）骨架相剖面的建立：选择对比剖面时，首先选择顺沉积走向方向并以典型井（岩心资料最全、相标志清楚）作为骨架，因为依靠它比较容易建立井间地层及岩相变化的相应关系，以便控制全区。其次以垂直或斜交骨架剖面作为补充剖面，来研究相带的横向变化。

在对比前，应先将井位、井深按比例画出，然后标以岩性、岩相单元、等时面及曲线，必要时要附以录井相标志资料。在对比时，先将等时线连线，再在等时间段内依据各井的纵向相序，按照沃尔索相变原理识别井间的相变规律。

（4）区域内全井段岩相对比：以骨架剖面上的井点为中心，逐个向外扩展，进行井间对比，要求对比结果能够闭合，闭合误差应达到最小值。最后完成全部井的统一分层，定出分层数据。

2.岩相图

岩相图把能够说明岩相的主要岩层组合，以分区形式表现出来，它的背景图为该层的等厚图，从图上可以清楚地了解到物源区、沉积区、盆地相对升降等区域性变化情况。对于简单的砂泥岩地层，可以选择能说明相带特征的资料，如砂岩体形态或测井曲线形态等作为分区的依据。

当岩性变化复杂、井点资料少、勾画不出岩相带的平面分布时，可以点图形式，直接将资料整理结果标在井位上。以圆的直径表示该井所钻遇某层段的视厚度值，圆内用不同符号代表各种岩性在层段内所占的百分比。从图上可以粗略地看出各种主要岩类的厚度及岩层组合的大致变化。

3.等岩图

等岩图是一套图件的组合。先以等值线形式表示某层段内不同岩类的厚度分布，然后在各等厚图上按不同岩性类型分区。一个地区等岩图采用何种岩性组合方式，要看用所选岩性组合作出的等岩图能否明确表示出主要岩类的分布特点。对一套等岩图、地层等厚图以及表明沉积物矿物组分图件的综合分析，对阐明沉积物源区、判断沉积环境以及了解沉积过程都极为重要。显然，分的层段越薄，研究就越仔细。对大套多层重复的岩性组合，由于划分不出薄的制图层，因而分岩类研究较为有利。

4.比率图

在制图层段中，求一种岩类的累计厚度与其余岩类总厚度之比值，将该值标于井位旁边，按内插法勾绘等值线图。在勾等值线图时，要注意与地质特征相吻合。

5.百分比图

在要制图的层段，计算某一种岩类的累计厚度与该层段总厚度之比，以百分数表示。将该值标于井位旁边，按内插法勾绘等值线图。比率图与百分比图在多岩类组合地区，可以与等岩图配合，分别作出各岩类的比率图和百分比图。

6.交替频率图

等厚图、百分比图或比率图都难以区分出单层的厚薄。要把薄互层与厚层分开可借助频率图。其方法是在同一层段内，将岩层变化的次数记下，换算成次数/100m，将其标于井位旁，用内插法作等值图。如果有的井没有钻穿该层段，依然可以依据已钻层段计算频率作图。

以上介绍了各种常规图件的编制方法及其代表意义。在多数情况下，不管什么类型的地层图件，都仅仅显示了某个方面的基本特征，它并不能精确完整地描绘出一个复杂的地层结构。所以，在研究地层特征时，必须将所有编绘的各类图件进行综合分析，并且对上下相邻层段也进行类似的研究，以建立地层发育的时空概念。此外，为了评价可能的储集岩，还需要细分相带，进行定量的测绘制图。

（三）不整合的研究及古地质图的编制

在建立地层层序时，研究不整合面的时代及其分布是个很重要的环节。在这方面，编制古地质图起着很大作用。

1.不整合面的研究

石油地质人员对不整合面的发生、发育、范围、类型和其上下沉积层的超覆与剥蚀关系极为重视，因为除对研究地层层序和地质发展历史十分有用而外，不少油藏的遮挡条件与不整合面紧密相关。除区域不整合外，还有局部的、短时期的沉积间断也值得重视，如河道冲刷、充填等。识别不整合要靠多方面的依据。在露头区识别不整合是最容易的，而要确定地下存在的不整合，就需要根据岩心、岩屑、测井和地震剖面所提供的关于沉积、古生物和构造方面的标志。仅仅根据某一种标志，不可能做出决断。因为几乎所有不整合面的单个标志都可能是由于断层缺失或沉积相变造成的。掌握的标志越多，识别不整合面的可靠性就越大。

2.古地质图的编制

古地质图是紧贴在不整合面之下的地质图。编绘古地质图主要依靠钻井资料。在古地质图上，不同时代地层的出露宽度受地层厚度、地层减薄率、地层倾角及剥蚀面起伏等因素的控制。

在编绘古地质图时，必须掌握这些条件，因为在控制点间，可能需要画出几条地质界线，而任何一种条件都会对勾绘位置产生影响。在勾绘古地质图之前，一定要有构造图、等厚图以及不整合面等高线作为基础，以便在勾地质界线时充分考虑这些因素。古地质图是研究地史、构造和沉积的重要工具。目前，为探明与不整合面有关的超覆油藏，还要作不整合面上的岩层分布图，称作仰视图，也有人叫作古底砾岩分布图。将它与古地质图相配合，在寻找地层油藏、确定不整合时间界线、追索大地构造变动、划定古海岸和不同时间的超覆边界及解释沉积环境方面都是极为有用的。

三、油层对比和油层特性研究

（一）油层细分与对比的原则和方法

细分油层以及通过对比，正确地划分出油砂体单元，是认识地下复杂油层的基础，也是开发多油层油田的关键。

1.较稳定含油层段的细分和对比方法

对于湖（海）相成层的含油层段，应按照旋回级次分为油层组、砂层组和小层，然后进行对比连线。在对比过程中，可以结合电性标志层，采用从高级次到低级次逐级对比的方法。

2.非均质性强的油层的细分

对于非均质性强的含油层系，分层对比相当困难。如河流相的砂体，在平面上呈水系分布，纵向上随着时间的推移，它的位置也在不断变化。要研究油砂体分布，弄清油层之间、上下层之间的连通情况，必须细分等时岩石单元，了解各个时期砂体的空间分布。只有在这个基础上，才能正确地划分出油砂体单元，掌握油田开发中的油水运动规律。

（1）油层细分—等时面的确定：等时面的确定原则前已述及，既要标志明显，又要分布广泛。在油层对比时，还要求在含油层段内部，挑出尽可能多的等时面。对于相变大的陆相含油地层内部，既没有清楚的旋回特征，又没有成层稳定的泥岩作标志层，如何细分层段是个难题。大庆油田使用等高程法划分时间单元，即把与同一标志层距离相等的砂岩体顶面作为等时面，把位于同一等时面上的砂岩体划为一个时间单元。等高程法的理论依据是，对于泛滥平原，水道充填的末期应处于同一水准面。

（2）含油层段相的确定方法：对于复杂多变的含油层段，要正确进行油层对比，必须先对同一时间单元的地层进行相的研究。由于油田内部含油层段取心分散，而且以研究物性参数的岩心居多，因此分析相的常规手段主要依靠测井资料。关于用自然电位识别相带的方法，在后面章节中有专门的讲述。对于含油层段，除自然电位曲线外，其他可用于相分析的资料还有自然伽马曲线、密度测井曲线、中子测井曲线、侧向测井曲线和倾斜测井曲线以及这些曲线的解释成果等。

3.非均质性强的油层对比

在对油层细分并确定含油层段砂体所属的沉积相带之后，就进行对比，以了解砂体的横向变化及井间砂层的对应关系。在大比例尺的砂层对比中，往往可以看到单个砂体的形态，它有助于判断环境。经过含油井段剖面细分及井间小层对比后，即可建立全油田含油层段的对应关系。

4.油田综合柱状图的建立

在油田含油层段对比的基础上，可以建立全油田含油层段的纵向层序剖面。一般选择油田上钻遇地层最全的井的柱状剖面，附以相应曲线作为油田综合柱状图。也可以选择几口井的典型井段组合成油田综合柱状剖面图，作为全油田油层划分及对比的依据。

（二）油层特性的研究方法

1.相带分区

对于非均质性强的油层，要通过绘制平面图来表现其变化情况。说明非均质最好的图件就是小层相带分布图。在油田范围内，要研究某一时间单元内油层段的相带分布，主要的相标志是来自岩心、岩屑和录井资料，以及其他标志岩性组合特征的平面图件，如曲线形态分区图、纯砂岩等厚图、砂泥岩百分比图、粗砂与细砂层厚度比值图和层次频率图等。利用所有上述资料及图件，进行综合解释，最后绘制出油层的相带分区图。

2.油层时空概念的建立

如果有一组时间上连续的相分区图，就可以清楚了解油层的发育和展布情况，建立油层的时空概念。为了便于观察和分析，也可作每个砂层组的纯砂岩等厚图及测井曲线分类图。如果有若干层这样的图，便可了解砂体的成因及其发育过程。此外，还可以将几个层段合成一张栅状图来表现油层的空间分布及连通情况。总之，不同相带的沉积特征和变化规律，可以揭示并预测油层内部的连通性及非均质性。

3.油层物性图

利用岩心分析及地球物理测井解释成果，作油层储油物性平面变化图，如小层等孔隙率图、等渗透率图、等泥质含量图等，可将它们与相应的地质图类相配合来研究油层的非均质性问题。

研究油层特性还应做到动静结合。要在生产过程中不断利用小层动态分析资料，验证、充实和完善对油层特性的认识。只有在对油层特性进行仔细分层研究的基础上，才能建立油层分布的时空概念；只有在充分掌握静态、动态资料后，才能真正认识油层的非均质性。也只有在这个前提下，才能掌握油水在地下的运动规律，从而指导油田的合理开发和开采，提高石油采收率。

第二节　断层及其封闭性研究

在研究地下断裂时，除了分析断层的性质、延伸状况和形成时期外，还应该考察其对流体的封闭性能。

一、井下断层的识别

井下钻遇断层的标志，主要表现为岩性、产状、古生物组合的突然变化。另外，从钻进过程中钻井液的漏失和意外的油气显示，编绘构造图出现的异常情况，开发时期同层的相邻两块面积动态上相互隔绝等，都可以帮助我们判断地下断层的存在。

（一）井孔地层剖面的重复或缺失

将井孔的综合解释剖面图与该区的综合柱状剖面图对比，可以确定地层的重复或缺失以及同一岩层厚度的急剧增厚或减薄。在地层倾角小于断层面倾角的情况下，钻遇正断层地层缺失，钻遇逆断层则地层重复。反之，在地层倾角大于断层面倾角的情况下，穿过正断层地层重复，穿过逆断层则地层缺失。此外，还必须注意与不整合面上地层超覆造成的地层缺失加以区别。但是，特别是在新区，仅仅根据一口井的地层缺失来区分是正断层还是不整合面是相当困难的，需要做全面细致的对比分析，特别要研究区域地层剖面。但要指出的是不整合具有区域性，而断层则只是在钻遇断层的井才出现地层缺失，并且沿断面倾斜方向，各井钻遇断层的深度和缺失层位均不断变化，并伴随因牵引而造成的倾角变化、断层角砾岩及破碎带等现象。

（二）非漏失层发生钻井液漏失和意外的油气显示

钻井时，倘若在渗透性很差或致密的岩层中，突然发生钻井液漏失现象，或者在不该有油气显示的地层中出现了油气显示，都说明可能钻遇断层。

（三）近距离内标准层的标高相差悬殊

相邻两井虽未钻遇断层，但发现标准层的标高相差悬殊。这种不正常现象可能预示着相邻井间存在未钻遇的断层。

相邻井标准层标高相差悬殊，也可能是其他因素引起的。如构造产状的剧变，单斜或背斜一翼的挠曲都会引起类似现象，这时必须参考地震资料和区域地质构造特征等进行综合判断。

（四）短距离内同层内流体性质、折算压力和油气水界面有明显差异

断层把油层分割成互不连通的断块，因各断块的油气藏形成和保存条件不同，同层流体处于不同的地球化学条件下，造成流体性质上的差异。或由于断层两盘互不连通，同一地层的埋藏深度不同，形成各自独立的压力系统，使断层两盘的折算压力和油气水界面有明显的差异。

（五）断层在地层倾斜矢量图上有特殊显示

由于构造应力的作用，通常在断层带附近发生牵引现象，使局部地层变陡或变缓，在倾斜矢量图上形成红、蓝模式；或者在断层面附近形成破碎带，倾斜矢量图上呈现杂乱模式或空白带；或者由于断层上下两盘地层产状不同反映在倾斜矢量图上则有明显差异。因此，根据倾斜矢量的变化情况，就可以比较准确地确定断点的位置。在资料完好的情况下，还可以确定断层的走向以及断层面产状。除同生断层所产生的逆牵引现象外，一般正牵引的倾向与断层面的倾向是一致的，牵引处最大倾角也接近断层面的倾角。

利用地层倾斜矢量图判断断层的最大优点是直观，只需要一口井的资料即可。尤其是在测井曲线对比难以确定断点的具体位置时，它可以指出断点的确切位置。这对一个新探区的第一口井来讲，更为重要。其缺点是当断层两盘地层产状一致又无牵引现象存在时，断层在倾斜矢量图上无明显反映。

二、断点组合

单井确定了断点，只能说明该井钻遇断层，在无倾斜测井资料时，还不能确定断层面的走向、倾向和倾角等断层要素。当一口井钻穿几条断层时，井孔剖面上将出现几个断点。当多口井各自都有若干断点时，哪些断点属于同一条断层，哪些断点属于另一条断层？这就需要对断点进行研究，把属于同一条断层的各个断点联系起来，才能全面分析各条断层的相互关系，这项工作称为断点组合。

（一）断点组合的一般原则

进行井间断点组合时，应遵循以下几项基本原则：

（1）各井钻遇同一条断层的各个断点，其断层性质应该一致，断层面产状和垂直断距应大体一致或有规律地变化；

（2）经组合后的断层，同一盘的地层厚度不能有突然变化；

（3）断点附近的地层界线，其升降幅度与垂直断距基本符合，各井钻遇断缺层位应该大体一致或有规律地变化；

（4）断层两盘的地层产状要符合构造变化的总趋势。

（二）断点组合方法

（1）当有地层倾斜测井资料时，可用其确定各个断点断层面的走向和倾向，然后可以按上述原则对各个断点进行组合。

（2）如果没有倾斜测井资料，为了不使具有相同走向、倾向，但又不属同一条断层的诸断点错误地组合在一起，最好还是通过尽量多的井作一系列纵横剖面草图，使同一断点至少能通过两条剖面进行组合。值得注意的是，同一条断层在不同方向剖面中的同一井点，其产状应该是不变的，不能在这条剖面上是向东倾，而在另一剖面上变为向南倾。

（3）在断层彼此交叉的复杂地区，往往一口井会钻遇多条断层，具有多个断点，这时应该绘制断面等值线图来组合断点。作图先从只有一个断点的井区开始，求出这条断层的产状要素后，再根据已知的走向、倾向、倾角、断距等资料延伸到复杂区。把断层相交的点逐个地加以区分，从而作出各条断层的断面等值图，分解复杂区的断点。

在地下构造复杂地区，断点组合往往有多解性，需要综合分析各项资料，互相验证，找出合理的断层组合方案。为此首先应将断面等值图、构造剖面图和构造草图互相参证，同时应参考地震资料、油气水分布情况以及动态方面的资料，检验断点组合是否正确。

三、断层面图的编制与应用

断层面图即断层面等高线图，是表现断层面形态的图件。编制断层面图的原始资料是各井在同一条断层面上的断点标高和井位图。作图一般多用三角网法，有时也用剖面法。井数越多，反映断面起伏变化就越细致。将断面等值线图与油层构造等值线图重叠，把相同数值的等高线交点相连，即为构造图上的断层线位置。

断层面图可以让我们比较直观而形象地了解地下断层的产状要素及变化情况，掌握断层的延伸范围和断层对地层的切割关系。把两条断层的四条断层线与断层横剖面图对照起来看，还能清楚地反映出整个油层顶、底界面被断开的具体位置和水平断距，以及上下盘油层厚度的变化情况。断层面图不仅可以从整体上研究断层的展布和规模，而且可以检查断点组合是否正确。尤其是在断层附近部署开发井时，断层面图是不可缺少的图件。

四、同生断层发育时期与活动强度的分析

同生断层在我国东部油区特别发育，其成因虽然是多方面的，但具有下列共同特征：断层下降盘地层厚度明显增大；断距一般都随深度而增大；断层面弯曲，倾角上陡下缓，凹面朝上；平面上多呈弧形或雁行状排列，具明显的方向性，总的走向与区域地层走向、沉积等厚线平行，延伸可达几十或上百千米，向着盆地中心阶梯状下掉。由于同生断层是在沉积盆地发育过程中边隆、边断、边沉积时形成的，因而与油气运移聚集有密切关系。断层常常具有较好的封闭性。在靠近断层的下降盘，往往砂岩层数增多，厚度增大，成为良好的储层。

同生断层的活动情况，可根据断面两侧厚度变化来研究。若断层两盘地层厚度发生显著变化，说明断层在这些地层沉积期间是有活动的。地层沉积期间断层的垂直位移大约等于断层两盘地层厚度之差。同生断层的活动强度，通常用"生长指数"即下降盘地层厚度与上升盘地层厚度的比值来表示。为了研究断层发育情况，可作各个时期的剖面图，在绘制剖面图时，必须运用完整的厚度，也就是要把所观察到的厚度（如在井下剖面中观察到的）加上因断层而减小的厚度。具体做法是，由下而上从目的层落差中减去基准层的落差，以恢复基准层以前的古断层情况，求古落差的步骤如下：

（1）根据钻井或地震资料作现代构造横剖面图；

（2）量出各标准层的现在落差；

（3）从目的层落差中依次（自下而上）减去各基准层（研究层以上各标准层）的现在落差，就可得出各基准层沉积以前的古落差；

（4）自下而上分别以每一个标准层为目的层，减去其上各标准层的现代落差，就可得出每一个标准层各时期的古落差。

五、断层封闭性的研究

众所周知，断层是控制油气分布的重要因素之一。有些断层能够阻挡油气的运移，另一些断层则可成为油气运移的通道。即使是同一条断层，在它形成发展早期可以是开启性的，油气可沿断面向上运移。到了后期，由于上覆地层的压实以及其他作用，它可以变成封闭性的。研究断层的封闭性，不论在理论上或者在油气勘探开发实践中，都是非常重要的问题。根据油气圈闭理论，盖层或断层面之所以能够对油气形成遮挡，从本质上讲是由于盖层或断层面和储层之间具有不同的排驱压力所致。只有当盖层或断层面的排驱压力大于储层的排驱压力时，才能阻止油气运移。对断层封闭性的研究，可从以下几个方面着手：

（一）断面处的测井曲线显示

从理论上讲，封闭性断层反映在组合测井曲线上，断层面是不渗透的。开启性的断层，因断面和断裂破碎带具有渗透性，在砂泥岩剖面测井曲线上，声波时差变大，密度和电阻率值降低，井径扩大；在碳酸盐岩剖面中，开启性断层和裂缝性渗透层一样，会出现"三低一高一大"的特点（自然伽马、中子伽马、电阻率低，声波时差高，井径大）。

（二）断面两侧的岩性条件

当断面两侧为渗透层与非渗透层接触时，通常断层被认为是封闭的。但断层两侧渗透层与非渗透层沿断面延伸方向，接触情况是有变化的，因此位置不同，断面的封闭性质会有很大差异。

（三）断层面及其两侧岩层的排驱压力

理论研究证明，在亲水岩石内，断面两侧岩层和断面物质的排驱压力，决定了断层是否封闭。如果断面两侧岩层的排驱压力相同或接近，则此处断层是不封闭的。反之，如果断面两侧岩层的排驱压力差别很大，则该部分的断层就是封闭的。排驱压力相差愈大，封闭性愈好。如果断面物质的排驱压力大于断面两侧岩层的排驱压力，断层也是封闭的，反之断层就不封闭。值得注意的是，断层的封闭性不是一成不变的。

（四）断层的力学性质

从定性的观点讲，通常认为张性的断裂容易造成开启性断层，而压扭性的断裂则容易形成封闭性断层。但具体问题应具体分析，如我国渤海湾地区很多井都钻遇到张性正断层，有的在一个井孔中就碰上6~7条，但多数并未发现在断点处有井漏现象，一般都认为断层是封闭性的。我们可以从断层面受力的情况作具体分析。在断层面上，上覆地层必将有一个垂直于断层面的分力，这个分力与静水柱压力之差，就是对断层面裂缝的压应力。如果断面裂缝壁的强度抗拒不了这个压力，断面裂缝必将合拢并逐渐封闭。

（五）断层的活动强度

通常认为断裂活动强，断层多，裂隙发育，容易形成开启性的断面，给油气运移造成良好通道；断层活动弱，断层少，裂隙不发育，则相对容易形成封闭性断面。

（六）断层两盘的流体性质及分布

若断层两盘流体性质不同，油-水界面高度不一样，则说明断层是封闭的。

（七）断层活动时期与油气聚集期的关系

一般认为，在油气聚集期已停止活动的断层具有封闭性，在主要油气聚集时期之后产生并继续活动的断层具有纵向开启性质，多为油气运移的通道。许多次生浅层油气藏就是沿该类断层向上二次运移形成。同生断层常常具有良好的封闭性。因为沉积和断裂同时发生，泥质层还没有被压实固结而呈半塑性状态，泥质层很容易沿断面或破裂带发生塑性流动，从而在断面处形成一个天然的不渗透边界。

第三节　地下古构造研究

一、地下古构造的研究方法

油气勘探实践说明，古构造的形成时期对油气的聚集有重要影响。所谓古构造或古隆起，就是指那些在沉积过程中形成的隆起，又称同沉积背斜。同沉积背斜常具有上缓下陡的构造形态，上下构造形态常常不吻合，高点有明显偏移；岩层的厚度由轴部向翼部变厚，构造顶部地层与两翼比较，常欠完整或有多次局部不整合在顶部出现；在岩层厚度变化的同时，受沉积补偿条件的差异、沉积分异以及水下冲刷等因素的影响，同沉积背斜上同一层的岩性由顶部向翼部发生变化。根据以上特点，古构造研究主要是采取厚度分析法，并结合岩性、岩相、沉积间断、构造形态等的研究。

（一）岩性、岩相分析法

岩相古地理的研究表明，盆地水体深度及古地形特征，对岩性、岩相的分布有明显的控制作用。由于同沉积背斜是一个继承性的古隆起，在古地理上为水下一个高地，受波浪和底流冲刷比翼部强烈，沉积在古隆起上的碎屑物质比离隆起较远的地方要粗，因而同一层沙泥岩的百分比有所变化。在陆相沉积盆地中，主要是通过编制砂岩百分含量等值图和砂岩厚度图以及岩性岩相图，定性判断古构造的存在和分布。在碳酸盐岩发育地区，当有古隆起存在时，靠近古隆起顶部因水流较浅，细粒物质被带走，有利于形成生物滩和滩沉积。在构造运动作用下，有时生物礁滩会出露水面，遭受淋滤和溶蚀，成为良好的储层，如泸州古隆起就可能属于这一类型。

（二）沉积间断分析法

沉积岩剖面中的不整合面和剥蚀面，都是某一地质时期地壳运动性质、延续时间和影响范围的反映。因此，可根据沉积岩系上下层位不整合接触或沉积间断，来确定地壳上升或古构造隆起的时间。

（三）构造形态分析法

构造形态是构造发展的最后结果，构造发育过程中的各种变化都会刻画在构造形态中。所以对构造形态的分析，可以粗略解释局部构造的发育情况。

松辽盆地的研究结果表明，有3种类型的构造：第一类构造，从剖面上看，顶薄翼厚，且翼部倾角为下陡上缓，闭合幅度为下大上小，这类构造则是逐渐隆起的老构造，即所谓的同沉积背斜，如双兴等构造；第二类构造，一翼厚一翼薄，翼部倾角为上陡下缓，闭合幅度为上大下小，这类构造则是后期形成的新构造，如红岗子、林甸等构造；第三类构造，顶厚翼薄，深层为向斜，浅层为背斜，这类构造属于先凹后隆的新构造，如三兴、杨大城子等构造。另外，从平面形态及其各级构造间的关系分析，也可以估计构造形成的新老次序。一般情况是：构造轴向与区域构造走向斜交的，多为老构造，如双兴等构造；相一致的为新构造，如登娄库、大安等构造。基岩隆起带上的弯隆或似弯隆状的大面积小幅度构造，则多为伏龙泉组以前发育的老构造；而呈带状的大面积、大幅度的构造多为伏龙泉组以后的新构造。

构造形态分析是一种定性分析方法，必须以剖面形态分析为主，综合考虑平面形态，其结论才能比较正确。

（四）厚度分析法

上述岩性、岩相、沉积间断和构造形态分析方法，都只能定性地讨论古构造的发展情况。而厚度分析方法，却能够较为定量地研究古构造的发展史。其基本原理是：假设盆地接受沉积时，各类沉积物在水体中的沉积深度始终保持不变，当地壳持续下沉时，沉积物相应进行补偿，即沉积厚度与地壳的沉降幅度相一致，或简称沉降和补偿一致。这种情况在一定条件和范围内是正确的，如海洋陆棚区和湖盆长期比较稳定的主要坳陷区。所以，对于那些地壳活动不太频繁，沉积比较稳定的海盆或湖盆，运用地层的厚度资料来研究含油气盆地区域构造和局部构造的发展史是比较有成效的。运用厚度资料分析构造发展史时，主要是通过编制古构造图和构造发育史图（又称"宝塔图"）。

编制局部构造发育史的宝塔图，首先要选择油层顶面和其他有意义的地层界面为标准面或基准面（它们大部分与地震反射标准层相当），然后算出各井或地面剖面各层组的厚度。厚度资料可从以下三方面取得：

（1）利用钻井剖面和地面地质剖面直接读取厚度；

（2）利用地震剖面并参考附近钻井资料读取厚度；

（3）用构造图叠合，取等高线交点，求出厚度。

取得厚度数据后，就可着手编绘古构造剖面图和古构造图。

为了使地层厚度更准确地反映古构造轮廓，在区域构造研究中还应注意结合岩性、岩相方面的资料，对划分的标准层进行沉积深度的校正。除深度校正外，还要考虑地层的缺失、不整合面或沉积间断面及残余地层厚度，为此应对缺失的地层厚度进行恢复。上述4种分析方法，是岩性定性、接触关系定时、上下构造定发展、厚度定量的综合研究方法。也就是根据同一沉积层在平面上的岩性、岩相变化，推测古构造隆起的大体位置；根据上覆岩层的厚度变化，定量地确定古构造隆起幅度；根据上下层位的不整合接触或侵蚀面，确定构造形成的具体时期；根据上下构造层和构造形态的差别以及两翼陡缓的变化，定性地了解古构造发展历史和性质。但是，地质情况复杂，地层厚度受多种因素影响。有沉积和补偿的不同情况，有成岩过程中的压实作用，有后期的风化剥蚀，甚至由于构造运动强烈而使同一层的厚度在不同构造部位发生变化等。因此，以厚度为主的分析，需要与其他方法互相补充、彼此验证，使分析结果更为完善。

二、油（气）田构造图的编制与应用

油气田构造图是表示油气层顶底面或标准层构造形态的等高线图。它与地面构造图的区别主要是资料的来源不同，地下构造图的资料来自地质录井、地球物理测井和地震剖面。

（一）编制构造图的准备工作

1.选择制图标准层

用来编制构造图的地层界面应为等时面，称为制图标准层。一般选择井下油气层或邻近油气层的标准层作制图标准层。有时由于井中取心少，对测井、岩屑等资料研究不充分，特别是对区域资料对比分析不够，把剥蚀面误选为制图标准层，这种情况应当避免。根据勘探工作需要，有时制图标准层还专门选用标志明显、起伏大并在地震剖面图上反映清晰的不整合面作构造图。这是出于寻找不整合地层油气藏的需要，如找潜山油气藏等。

2.斜井、弯曲井地下井位的校正和标高换算

在编制油气田地下构造图时，对斜井和弯曲井的地下井位进行校正和标高换算，主要是为了获得制图标准层的准确海拔高度，以保证构造图的质量和精度。

（二）编制地下构造图的方法

编制构造图实质上是以等高线来描绘标准层界面相对于基准面的起伏特征。人工编制地下构造图的方法有下列3种。

1.内插法

内插法又叫等值内插法，适用于比较平缓而变化不大的构造。用此法绘制构造图时，首先在平面图上把所有的地下井位点好。然后将每口井制图标准层顶（或底）面的海拔标高算出并分别注在各井位旁边。把相邻的井点连成三角形控制网，对每个三角形的边按给定的等高距进行等值内插，将相同标高值的各点用平滑曲线相连。勾绘等高线的原则是：

（1）等高线从高部位井点到低部位井点间内插穿过。不同翼和不同断块之间等高线不能相互穿越。

（2）等高线彼此不能相交。倒转背斜及逆断层例外，但下盘被隐蔽部分一般不画图或以虚线表示，以免混淆。

（3）当层面近于陡立时，等高线重合。

2.剖面法

用剖面法绘制构造图，适用地层倾斜较陡和被断层复杂化的构造。当储油气构造属于狭长的线状背斜时，探井剖面往往与褶曲走向垂直，井剖面之间距离较远，更利于用制图标准层的一系列平行横剖面（或加一条纵剖面）来绘制构造图。横剖面是根据钻井资料编制的。构造图上的等高线，可看成一组等间距的水平面与该标准层的交线。因此，利用构造横剖面绘制构造图时，首先应在剖面上按选定的等高距作平行于海平面的若干平行线，把这些平行线与制图标准层的交点垂直投影到水平基线上，并注明各投影点的海拔标高。

每个剖面都按这种方法进行投影。投影完后，将各剖面水平基线上的投影点移到对应的剖面线上，再把同一翼相同标高的各点连成平滑曲线。

对于有断层的构造，若剖面方向垂直断层走向，剖面上标准层与断层面的交点也按上述方法投影。在勾绘构造图时，首先应将各条剖面上断层上下盘与制图标准层交点的投影连接起来，便可得到表示同条断层的两条断层线。只有断面直立时，这两条线才合二为一。在断层消失的地方，同一断层的两条断层线相交。断层两盘的某些等高线，当不能从一个剖面延续到另一个剖面时，必须与断层线相交。等高线与断层线相交的具体位置，可根据同一盘相邻两剖面间制图标准层与断面交点的标高内插确定。

对于用横剖面无法控制的横断层或斜断层，通常采用断层面等高线交切法来绘制断层线。首先应根据各井同一断层断点的海拔标高，绘制断层面等高线图。然后将同一盘上构造等高线与断层面等高线相同标高的各交点相连，即为断层面与该盘构造面的交线，也就是该盘构造图上的断层线。断层线与等高线作完后，应对图件进行审校，把等高线的外形轮廓修平滑，但修图时不能违背实际资料。

3.地震构造图的深度校正法

在一个勘探程度不高、钻井不多的地区，主要依靠地震构造图进行深度校正以绘制构造图。此外，在老探区勘探深部油气层时，也可以应用仅有的少数钻井资料去校正地震构造图的深度，从而绘制出深层构造图。深度校正常采用等差值校正法，具体做法如下：

（1）经过井斜、井位校正，把井点投到地震构造图上。

（2）计算各井点由地震法定出深度与实际深度的差值，并标记于井位旁边。

（3）按内插法勾绘等差值曲线。如果区域大，就应分析等差值曲线的变化趋势，分区选出适当的深度校正差值，分别对各区地震深度进行校正。如果地区小，就对等差值线与地震构造等高线的交点逐一校正。交点上的实际标高等于地震标高值减去差值。

（4）按校正后的标高勾绘等高线，即得到经钻井深度校正后的深部构造图。

（三）地下构造图的应用

地下构造图的用途有以下几种：

（1）反映构造类型、轴向、高点位置、各部位的地层产状、断层性质及其分布等地下构造特征，为研究圈闭类型和油气藏类型奠定基础；

（2）根据构造图上的等值线，可以确定任何一点制图标准层的深度，因而能为新井设计提供深度依据；

（3）可在构造图上圈定油气边界，为储量计算提供面积参数，为开发方案如边外注水、切割注水、面积注水等提供地质依据；

（4）作为编制开发与开采现状图的背景图，观察油水边界或气水边界在油（气）藏各部位的推进情况，分析油层动态，以便调整生产和开发部署。

（四）表征地下构造的其他图件

1.等层位图

华北油田勘探二部在分析古潜山地质结构中，创造性地编绘了任北油田古潜山顶面等层位图，取得了良好的质效果。

等层位图主要用于研究剥蚀面以下厚度大（数百或上千米）、分布广、岩性比较单一的大套碳酸盐岩或页岩地层。对古潜山来说，内外动力地质作用，使各地区的残余厚度差别很大。为了清晰地反映潜山顶面地层的详细分布情况和古地形，根据综合柱状剖面图上的测井曲线特征（本区主要用自然伽马曲线），从顶界（设为零）向下，每隔一定深度（或厚度）人为地将地层分为许多等厚的小层，将各井中这些等厚层的相同层位用等值线相连接，即成等层位图。也就是说，同一等值线上的点都具有相同的层位。

编制等层位图的方法是：首先编制研究地区古潜山地层综合柱状剖面图，并证明深度（从顶界开始）或厚度比例。然后将各井的潜山地层归位于综合柱状剖面图，求出各井潜山顶面所对应的深度，以层位数表之。最后将各井潜山顶面的地层层位数字注在井位旁边，按内插法勾绘"层位等值线"。和勾绘某标准层界面等值图一样，在有断层存在时，等层位线不连续。为了准确划定断层位置，要充分利用地层对比和倾斜测井资料，以确定井下断点深度、断距、断层性质等，并结合地震测线及其他有关资料，判定断层的产状要素。断层问题处理得越好，等层位图的精度就越高，其所反映的潜山地质结构也就越接近真实情况。

等层位图有以下用途：

（1）反映潜山地层的剥蚀程度。如果综合柱状图（或简称为"层位尺"）的深度比例数值，以潜山地层最新层位点为零值，则层位数值越小，表示剥蚀程度越浅；层位数值越大，表示剥蚀程度越深。所谓等层位线，实质上就是等剥蚀线。因此，等层位图也可称作"剥蚀程度图"。

（2）反映潜山地层残余厚度。因为潜山地层某层系的总厚度与剥蚀厚度之差值等于该层段的残余厚度，所以每条等层位线实际上就是等残余厚度线。

（3）反映潜山顶面地层分布。若只采用组成潜山地层的界面层位数值勾绘等层位图，则这样的等层位图就是剥去覆盖层的潜山顶面地质图。华北油田勘探二部编绘的任北古潜山等层位图，采用了潜山地层等剥蚀线和潜山地层界面层位等值线两种线条，所以较之潜山顶面地质图具有更丰富的内容和更广泛的用途。

（4）求潜山地层产状要素。等层位图与潜山顶面等深图叠合起来，谓之"潜山顶面地质结构图"。根据该图可以求得潜山地层产状要素。

（5）反映潜山内幕断层的某些特征。此外，等层位图还可以反映潜山内部"泥质隔层"和受其控制的储层段的空间分布及潜山内幕的圈闭条件等。

值得指出的是，等层位图的适应范围是有限的。首先，它要求组成潜山的地层应具有良好的可比性和稳定性，如果组成潜山的地层可比性很差或对比标志层的间隔很大，厚度变化也大，则此种方法难于应用。其次，等层位图和其他等值线图一样，要求一定的井网密度，如果井间距离过大，就失去了作图的意义。因此，它主要适用于油田地质研究。对于断层很多、结构过于复杂的断块油田，则不便应用。

2.收敛图

由于地层厚度的变化，常使上部地层的构造与下伏地层的构造不一样。如果有了上部地层的构造图和上下地层之间的等厚图，利用两图等值线交点的差值，就可以作出下伏地层的构造等高线图。此图又称收敛图。

三、趋势面分析的应用

趋势面分析是用某一函数，对地质体的某一特征或某种组合特征在空间上的分布进行研究，用该函数所代表的曲面来拟合或逼近该地质特征在空间上的分布。也就是用数学方法把观察值划分为两部分，即趋势部分和剩余部分。受大范围因素控制的趋势部分反映区域性变化的总特征；受局部因素和随机因素控制的剩余部分反映局部异常和随机误差。通过趋势面分析，地质工作者可以排除人为主观因素的干扰，更好地认识区域变化规律与局部地质特征。

（一）寻找有利油气储集构造

油气田的勘探经验表明，受构造控制的油气藏占有很大比重，采用传统的地质方法研究构造与油气关系时，有些局部构造常常被区域构造的展布特性掩盖，不易很快发现。但趋势面分析却能弥补这方面的缺陷，在分离区域构造背景之后，突出局部构造，为寻找油气田提供新的依据。

（二）研究地下断裂分布情况

趋势面分析的基本功能在于将数据中的区域性背景与局部特征和随机干扰分离开来，以期从中找出隐蔽的或被掩盖而有意义的信息。在一般情况下，岩体顶面的起伏虽然有较大的随机性，但往往是连续变化的。然而，构造断裂所造成的起伏则具有线状展布、方向性明显和非连续性的特点。这就是地下断裂能通过趋势面分析加以显示的前提。

第四节 油（气）田地质剖面图的编制与应用

一、剖面位置的选择与井位校正

为了较全面地反映地下构造形态和油气水的分布状况，原则上剖面线应尽可能垂直或平行于构造轴向，尽量穿过更多的井，而且尽可能分布均匀。为了充分利用更多井的资料，对于剖面线附近的井，要移到剖面线上。移位方法有如下两种：

第一种，当剖面线垂直或斜交地层走向时，位于剖面线附近的2井、3井，应当沿着地层走向移到剖面线上。移位后各标准层的标高应保持不变，才能正确反映地下构造形态。

第二种，当剖面线与地层走向平行时，剖面线附近的井不得不沿地层倾向移到剖面线上。这时标准层的标高发生了变化，应该进行校正。

二、斜井和弯曲井的井身投影

如果井是铅直的，经上述井位投影后就可作剖面图了。但是，由于各种原因，实际钻出的部分井孔在空间是倾斜或弯曲的。有时为了勘探和开发需要，还人为地朝一定方向钻斜井或弯曲井。如果把斜井或弯曲井当作直井作剖面，就必然歪曲地下构造形态。井孔所钻遇的地层界面、含油气井段、断点位置都可以用以上方法投影到剖面上。此外，还可用电子计算机连续处理井斜资料，进行垂直井深的计算，其结果用来作剖面图就比较容易了。

三、绘制地质剖面图的步骤

经过井位和井斜投影后，把选择好的剖面线按比例画出，标出海拔零线，把各个井位点标在剖面线上。按各井井口海拔标高，参照地形图描绘出沿剖面线的地形线。然后把井身、地层界线、标准层和断点等画出。最后将各井相同层位的顶面、底面连接起来，把属同一断层的各断点连接成断层线。

四、油气田地质剖面图的应用

油气田地质剖面图，是表征油气田地下构造、地层和含油气情况的基础图件。图中内容不宜包括太多，不然重点不突出，看起来不够清晰。矿场常根据需要，突出主要部分，删去次要内容，编制不同类型的剖面图，如构造剖面图、地层剖面图、油（气）层剖面图及岩相剖面图等。

油气田构造剖面图着重表现整个钻遇地层或油气层和标准层的构造特征。通过它还可以组合断层、绘制构造图和研究各层产状变化。油气田地层剖面图或油气层剖面图着重表现地层的厚度、岩性或含油气层的纵横向变化。只画地层的称地层剖面图，只画油气层的称油气层剖面图，着重表现沉积相带分布的称为岩相剖面图。油田剖面图在矿场上应用十分广泛。除上述而外，对于分析油气藏类型、油气水层在纵向上的分布规律、断层产状、不整合，特别是设计新井等，都起着十分重要的作用。

第五章　油气田勘探

第一节　油气田勘探的主要任务及程序

一、油气田勘探的主要任务

油、气田勘探的主要任务是经济、有效、高速地寻找、发现油气田，探明油气地质储量，并查明油气田的基本情况，取得开发油田所需的全部数据，为油气田全面开发做好准备。

二、油气田勘探程序

（一）勘探程序的概念

油气田勘探是一个连续的过程，在这一过程中，往往需要根据勘探对象和勘探目标的差别，将油气田勘探过程划分为若干个阶段，各阶段既相互独立，又保持一定的连续性。通常我们将油气田勘探各阶段之间的相互关系和工作的先后次序称为勘探程序。勘探程序的基本内容包括两个主要方面：一是勘探阶段的划分，其主要依据是勘探对象、最终地质目标；二是不同阶段的勘探部署，即针对不同阶段的对象、任务和目标，有选择性地使用经济的、有效的勘探技术和研究方法进行科学勘探。勘探程序不是一成不变的，它将随着勘探技术的不断发展与勘探对象的变化而变化。

（二）以前的油气田勘探程序

1.区域综合勘探

区域综合勘探主要是以盆地为对象，整体勘探，整体研究，整体认识油气的生成、运移和聚集条件的勘探。

　　油气田勘探的实践使我们认识到，在油气田勘探过程中应始终注意两个关系：一是局部和整体的关系，油气田是局部问题，但油气田的形成与整体（盆地、凹陷）是分不开的。二是主次关系，必须以找主要油区和大油田为主。因此，寻找油气田应从盆地入手进行综合勘探，研究盆地的沉积发展史、构造发展史、生储盖条件和生储盖组合关系，研究圈闭的形成及有利于油气聚集的圈闭条件等，指明油气田勘探方向。所以，区域综合勘探是油气田勘探的基础工作。

　　区域综合勘探的基本任务是解决"五定"问题，即定盆、定凹、定组合、定带、定圈闭。其中最重要的是解决中间的"三定"，因此，必须利用各种资料对盆地基底和沉积盖层的岩性、岩相、构造以及油气生成、运移条件等进行深入细致的研究。

　　区域综合勘探的主要方法是地质、地球物理（包括重、磁、电和地震等方法）和钻井。通过这些方法取得各项原始地质资料，搞好综合研究，完成"五定"工作。其具体要求是：

　　（1）根据盆地不同凹陷的发展历史、沉积和构造条件以及油气生成条件，确定生油凹陷和主要生油凹陷；

　　（2）根据剖面上不同层位的有机质含量、环境条件、转化指标、岩性及厚度等确定主要生油层及一般生油层；

　　（3）以生油层为主，结合储集层、盖层条件确定生储盖组合数目和类型以及主要生储盖组合；

　　（4）根据盆地沉积特征及构造类型以及构造发展历史，确定二级构造带的类型和有利于油气聚集的二级构造带；

　　（5）根据综合研究，进一步确定盆地类型和可能存在的圈闭条件等。

　　区域综合勘探的最后成果，是确定盆地内主要生油凹陷及有利于油气聚集的二级构造带，为第二阶段的勘探部署提供依据。

　　2.整体解剖

　　在区域综合勘探阶段所完成的工作基础上，明确了盆地的主要生油凹陷、主要生储盖组合和最有利的二级构造带，就要把勘探力量主要集中在一个凹陷或一个二级构造带上，以凹陷或二级构造带为勘探对象进行整体解剖。尤其对二级构造带整体解剖是发现油田、大油田、多油田的重要勘探方法。二级构造带有共同的隆起背景，其中各构造有相似的发展历史及形成条件，在凹陷内对油气聚集有重要的控制作用，所以对二级构造带进行整体解剖，对油气田的发现具有重要意义。

　　整体解剖的主要工作方法是地震和钻井，地质的任务是做好综合研究。地震的具体工作是加密测线，搞多次覆盖，加强构造形态特征的研究。钻井是直接了解地下地质情况和发现油气的主要方法，在整体解剖的二级构造带上增加井的密度，布井时既要重点集中，又要以一定的力量展开对二级构造带的勘探。

3.油田勘探

油田勘探主要是指在整体解剖的基础上打出油井，提供一定的含油面积的情况下，进一步掌握含油气范围内的地质条件、油气水性质等的勘探过程。在勘探过程中，除在必要时加密地震测线了解构造情况外，主要的工作方法是钻井。设计不同类型的井，加密勘探井的部署，加强油田地质研究，重点解决以下问题：

（1）确定油气藏面积；

（2）确定油层厚度、有效厚度及油层物性的变化以及油层孔隙度、渗透率等各项参数；

（3）确定油层之间隔层厚度、岩性特征、延伸范围、毛细管压力；

（4）确定油、气、水的成分及性质；

（5）确定油藏类型、形态特征、驱动类型、油层的层数；

（6）划分层、组、段；

（7）计算储量确定油气藏（田）的开采价值。

油田勘探过程，往往是油田准备开发的过程，所以在有条件的情况下应开辟试验区对油井进行试采工作，以及进行一定规模的油田建设。

油气田勘探是一个极其复杂的过程。在正常的勘探程序中，如上所述，是先进行区域综合勘探，然后进入整体解剖，最后进入油田勘探。但是，在具体的勘探过程中，各勘探阶段往往交叉进行。例如，在区域综合勘探的初期即打出了高产油气井，此时就要集中较大的勘探力量进行局部勘探以探明油气田特征，勘探进程也就相应地变为油田勘探与区域综合勘探同时进行。此时要注意的是，虽然对局部地区的地质情况的了解会有益于区域综合勘探的展开，但仍需进行深入细致的区域综合研究，防止漏掉或推迟大油气田的发现。

（三）现行的油气田勘探程序

中国石油天然气集团公司（CNPC）现行油气田勘探程序是在不断吸收国内外的先进经验，对原油气勘探程序进行了多次重新修订后制定的，它明确地将油气田勘探工作划分为区域勘探、圈闭预探、油气藏评价勘探3个阶段。

1.区域勘探

区域勘探是指在大的油气区内评价各盆地的含油气远景，优选出有利的含油气盆地；在盆地内重点分析油气生成条件，搞清楚油气资源的空间分布，从而预测有利的含油气区带。

2.圈闭预探

圈闭预探的最终目标是发现油气田，是在区域勘探优选出的有利含油气区带的基础上进行圈闭准备，通过圈闭评价，优选出最有利的圈闭提供钻探，然后开展以发现油气藏为目的的钻探工作，揭示圈闭的含油气性，对出油的圈闭计算控制储量和预测储量。

3.油气藏评价勘探

油气藏评价勘探的任务是在已经发现存在工业性油气藏的基础上探明油气田，提交探明控制储量，并为油田顺利投入开发做准备。

第二节　油气田勘探中常用的方法

合理采用勘探技术方法对于油气田勘探至关重要，只有明确了不同阶段的勘探任务、勘探对象、主要目标，并采用合理的配套技术，才能提高勘探效益。其一般思路是，首先利用较便宜的勘探技术，如地质类比、遥感、化探、非地震物探等逐步缩小勘探的靶区，同时有针对性地开展不同精度的地震勘探工作，以查明勘探对象的具体特征，然后利用成本昂贵的钻探技术来发现和探明油气藏。"物化铺路、地震先行"是现代油气田勘探技术应用的基本准则。下面将介绍我国油气田勘探中常用的几种方法。

一、地质法

地质法是油气田勘探的基本工作方法，在我国油气田勘探的历史中发挥了重要作用。它主要包括野外地质露头及油气苗的地质调查与研究工作、通过钻井获取地下岩心岩屑等资料所进行的地质录井工作、实验室分析工作及对相应资料的研究分析工作。此外，要对地球物理、地球化学、遥感遥测各种方法提供的大量间接资料进行地质解释。

地质工作除了要研究岩石、地层、构造、发展史等基础地质问题外，还要着重研究区域和局部的油气藏形成条件，如生、储油条件、运移条件、圈闭及保存条件，以确定油气藏是否可能存在及其远景评价。所作的主要图件有：地质图、构造图，地层剖面图、构造横剖面图、油气苗分布图、岩相古地理图以及表示化验、分析资料的石油地质方面的图件。

二、地球物理方法

地球物理方法，是通过物理方法测定地下地层、岩石、油、气、水等的电性、放射性、声速、波速等方面的一些参数，来反映某些地质特征和变化规律的方法。地球物理方法分为两大类，一类用于钻井中，称为地球物理测井法，一类在地面进行工作，称为地球物理勘探法。

（一）地球物理测井法

地球物理测井法包括各种类型的测井方法，如自然电位测井、普通电阻率测井、声波测井、放射性测井、感应测井等。地球物理测井资料主要用于剖面上确定油、气、水层和层组划分，测定钻井剖面各种重要参数，进行剖面对比解释构造，近年来在研究沉积相、油藏描述工程进行地层分析与油气评价也主要依靠测井资料。

（二）地球物理勘探法

地球物理勘探方法主要有重力法、磁力法、电法（合称为非地震物探）及地震法等，是区域石油勘探的重要方法之一。尤其是在覆盖地区和海洋区域，地面地质方法无法应用的情况下，地球物理方法便成为重要的勘探方法。其主要作用是确定基岩的性质和起伏情况、沉积盖层的厚度和构造（包括背斜、隆起和断层等）的分布及特征等。各种方法对区域地质构造情况的了解都有重要的作用，但对局部构造的勘探，地震法具有更重要的意义。

地震勘探是利用地震仪，接受人工地震形成的地震波，研究这些地震波在岩石中的传播规律，从而了解地下地质构造情况以及岩性、岩相分布情况。

人们在地下或水下浅层安置炸药，炸药爆炸或其他方法引起的冲击会产生巨大的震动，在压力作用下，地下岩石发生压缩和膨胀，从而产生岩石质点的震动，形成地震波。所以说，地震波是借助于岩石的弹性震动而产生的。当地震波遇到不同密度和速度岩层的分界面时，会产生两种现象：一种是地震波除部分透过界面外，其余部分从分界面反射回来，反射回来的波叫反射波；另一种是地震波沿着岩层分界面滑行一段再折射回来，折射回来的波叫折射波。根据接收和研究的波的类型不同，地震勘探又可分为反射波法和折射波法。

地震波的传播速度与岩石性质有关，一般来讲，致密坚硬的岩石地震波传播速度快，疏松岩石地震波传播速度慢一些。根据地震仪所记录的地震波速度，参考其他方法求得的本区地层速度资料，就可以计算出地下各层界面的深度，从而了解地下地层的起伏状况，寻找有利的圈闭。

三、地球化学勘探法

在油气藏分布地区，油气藏中的烃类及伴生物的逸散或渗透会使近地表形成地球化学异常。利用地球化学异常来进行油气勘探调查，确定勘探目标和层位，这种方法称为地球化学勘探法（简称"化探"）。根据分析介质的差异，油气化探法可分为气态烃测量法、土壤测量法和水化学测量法。

（一）气态烃测量法

烃类中$C_1 \sim C_5$因在近地表的温度、压力条件下呈气态存在，所以可用直接测量气体的办法来探测。常用的方法是游离烃测量，即对土壤中采集到的游离状态的气态烃$C_1 \sim C_5$进行色谱分析，依其烃类组成特征来寻找油气藏。

（二）土壤测量法

针对土壤样品进行多指标分析，研究地下是否有油气存在，包括酸解烃、蚀变碳酸盐、微量铀、碘测量等方法。

（三）水化学测量法

利用盆地中的水介质携带有油气生成、运移的信息，来寻找地下的油气。其主要分析指标包括$C_1 \sim C_5$的浓度，苯系物和酚系物的溶解度，水的总矿化度，水中U^{6+}、I^-等无机离子浓度等。

此外，还有细菌法，由于某些细菌对某种烃类（如甲烷、乙烷、丙烷）有特殊嗜好，所以在油气藏上方这些烃类相对富集区内，这些细菌大量繁殖。通过采样进行细菌培养，可反映烃类异常区，用作寻找油气藏及评价含油气远景的重要指标。

四、钻井法

钻井法是发现油气田最直接的勘探技术，地下有没有油气最后都必须通过钻井来证实，因而钻井法也是油气勘探中最重要的方法之一。然而，与其他勘探方法相比，钻井法速度慢、投资高。所以，它必须在地质、地球物理、地球化学等方法综合勘探的基础上进行。按照勘探阶段的区别和研究目的的不同，钻井可以分为科学探索井、参数井、预探井、评价井等类型。

（一）科学探索井

科学探索井简称科探井，是在一个没有研究过的新区，为了查明地下地层、层序、接触关系等特征，评价盆地的含油气远景而部署的区域探井。科探井研究项目比较齐全，一般要求全部取心，深度达到基岩面，位置选择在剖面尽可能全的地区。

（二）参数井

参数井也是一种区域探井。它是在地震普查的基础上，以查明一级构造单元的地层发育、生烃能力、储盖组合，并为物探、测井解释提供参数为主要目的的探井。参数井的研究项目没有科探井齐全，一般要求断续取心，全井段声波测井、地震测井。

（三）预探井

预探井是在地震详查的基础上，以局部圈闭、新层系或构造带为对象，以揭示圈闭的含油气性，发现油气藏，计算控制储量（或预测储量）为目的的探井。

（四）评价井

评价井又称详探井，它是在已经证实具有工业性油气构造、断块或其他圈闭上，在地震精查或三维地震的基础上，以进一步查明油气藏类型，确定油藏特征，落实探明储量为目的部署的探井。

钻井技术关系到找油的速度和钻穿层位的深度，所以，钻井技术和方法的提高，是提高勘探效率和扩大勘探层位的重要问题。油气勘探难度的日益增加，推动了钻井技术的迅速发展。水平井及大位移井钻井技术、深井超深井钻井技术、老井重钻技术是钻井技术发展最为迅速的3个领域。我国最大钻井深度已超过7000m，并在较深的层内见到良好的油气显示。

五、遥感技术

结合航空摄影、卫星遥感手段进行地面地质调查，是现代油气勘探的一大特点。遥感技术更是以概括性、综合性、宏观性、直观性的技术特点，日益成为油气勘探中一种成本低、省时、适用于交通不便及环境恶劣地区进行地面地质调查的先进方法。

遥感技术是根据电磁波理论，应用现代技术，不直接与研究对象接触，从高空或远距离通过传感器对研究对象的特性进行测量的方法。电磁辐射是自然界普遍存在的物质运动形式，无线电波、微波、红外线、可见光、紫外线、X射线和Y射线等都是电磁辐射，波长从最短的Y射线（近似的波长为10^{-13}m）连续延伸到最长的无线电波（波长约为30km），从而构成了电磁波谱。在自然界任何物体都以特定的频率（或波长）吸收、反射、透射、发射和散射5种电磁辐射的交互作用产生与电磁波辐射的波长和物体特征相关的波谱信号（不同的特征值和不同反射、吸收或发射的波谱曲线形态）。应用卫星取得紫外波段、可见光波段、红外波段、微波等多波段的电磁辐射，用计算机数字处理这些不同的特征值和不同的波谱曲线形态，可分析研究确定物体的属性。地质人员可通过卫星照片上不同色调、图形及阴影等判别各种地质现象，解决石油勘探及其他地质问题。

第三节　油气资源评价

一、工业油、气流的标准

工业油、气流标准是指在目前的技术经济条件下，一口井具有实际开发价值的最低产油（气）量标准。凡是具有工业油、气流井的地区都要计算油气的储量。工业油、气流标准受国家有关政策、油气价格、当前工业技术水平、油气田所处地理位置和油气地质条件的复杂程度等多方面因素的影响。随着工业技术水平的不断提高及国家在不同时期对油、气的需求量不同，工业油、气流标准也会相应地改变。

二、油气储量的概念及分类

油气储量是指石油和天然气在地下的实际蕴藏量。油气储量是油气田勘探成果的综合反映，是油气田开发的物质基础，也是国家制定能源政策和进行投资的重要依据。由于地质、技术和经济上的种种原因，目前还不能把地下储存的油、气全部采出到地面上。为此，油气储量可以分为以下3类：

（1）地质储量：是指在地层原始条件下，具有产油（气）能力的储集层中石油和天然气的总量。

（2）可采储量：是指在现代工艺技术和经济条件下，能从储油层中采出的那部分油（气）量。

（3）剩余可采储量：是指油气田投入开发后，可采储量与累积采出量之差。可采储量与地质储量的比值（用百分数表示）称为采收率，它是反映油气田开发效果的重要指标。

三、油气储量的分级

一个油田从发现、探明到投入开发要经历几个阶段，在不同的勘探和开发阶段，因为掌握油气田资料的数量和精度不同，所以各阶段计算出的油气储量的可靠程度不同。因此，有必要根据油田的勘探程度及各阶段掌握的实际资料，对油气储量进行分级，用以表明在不同阶段对油田的认识程度和所计算出的储量的可靠程度。

（一）远景资源量

远景资源量是根据地质、地球物理、地球化学等资料统计或类比估算的尚未发现的资源量。它可以推测今后油气田被发现的可能性及规模大小。

（二）预测储量

预测储量是指在地震详查及其他方法提供的圈闭内，经过预探井钻探获得工业油、气流后，根据区域地质条件分析和类比，按容积法估算的储量。该圈闭内的油（气）层变化、油（气）水关系尚未查明，储量参数是由类比法确定的，因此可估算一个储量范围值。预测储量是制订评价钻探方案的依据。

（三）控制储量

控制储量是指在某一圈闭预探井发现工业油（气）流后，以建立探明储量为目的，在评价钻探过程中钻了少数评价井后所计算的储量，其相对误差要求不超过 ±50%（与已开发探明储量比较）。控制储量可作为进一步评价钻探、编制中期和长期开发规划的依据。

下列情况所估算的储量均为控制储量：

（1）评价钻探方案尚未全部执行完毕，在需要为中、长期发展规划提供依据的情况下，根据当时实际已取得的资料所估算的储量。

（2）在评价钻探方案执行过程中，发现评价对象的储量质量较差、经济效益较低，或其他原因暂时中断评价钻探，在这种情况下所估算的储量。

（3）在评价钻探方案执行过程中，因资金、施工技术等原因，尚未完成评价钻探任务的条件下所估算的储量。

控制储量的精度较低，所以在该地区进行重大开发建设投资所依据的储量（探明储量+控制储量）中所占比例应小于30%，以降低投资风险。

（四）探明储量

探明储量是在油田评价钻探阶段完成后计算的储量，是在现代技术和经济条件下可开采的可靠储量。探明储量是编制油气田开发方案、进行油田开发分析及油田开发建设投资决策的依据。

要算准探明储量，应尽可能充分利用现代地球物理勘探技术和油（气）藏探边测试方法，查明油（气）藏类型、含油（气）构造形态、储集层厚度、岩性、物性及含油（气）性变化和油、气、水边界等。

凡属下列情况之一者，均可计算探明储量：

获得工业油、气流的发现井本身已取准储量计算参数，并有准确的物探资料为依据，在发现井附近的合理面积内，可计算探明储量；面积小于1km²的小型断块或岩性圈闭，只有一口工业油、气井，若取准了必要的储量计算参数，也可以计算探明储量；简单的中小型各类油气藏，已做过地震详查，搞清楚了构造形态，虽然只有少数评价井获得工业油、气流，但已查明了油气藏的油、气、水界面和含油、气边界，并获得了齐全、准确的储量参数，也可计算探明储量；还未全面探明含油气边界的大型含油、气圈闭，在获得工业油、气流评价井控制的油气藏有关部位，已取全储量参数的，可按评价井供油、气半径圆周的外切线圈定的面积计算探明储量。

按勘探开发程度和油藏复杂程度，可将探明储量分为以下3类：

（1）已开发探明储量（简称Ⅰ类）。它是指在现代经济技术条件下，通过开发方案的实施，已完成开发井钻井和开发设施建设，并已投入开采的储量。该储量是提供开发分析和管理的依据，也是各级储量误差对比的标准。新油（气）田在开发井网钻完后，即应计算已开发探明储量，并在开发过程中定期进行复核。在提高采收率的设施建成后，应计算所增加的可采储量。

（2）未开发探明储量（简称Ⅱ类）。它是指已完成评价钻探，并取得可靠的储量参数后所计算的储量。它是编制开发方案、进行开发建设投资决策的依据，相对误差为±20%。

（3）基本探明储量（简称Ⅲ类）。对于复杂断块、岩性圈闭和裂缝型储集岩油（气）藏，在完成地震详查、精查或三维地震，并在钻了评价井后，在基本取得储量计算参数和含油面积基本控制的情况下所计算的储量为基本探明储量。该储量是进行"滚动勘探、开发"的依据，其相对误差为±30%。

在滚动勘探、开发过程中，部分开发井具有兼探任务，应及时补充、算准储量的各项参数。在投入滚动勘探、开发后的3年内，经复核，基本探明储量可直接升级为已开发探明储量。

四、油气资源评价的层次、基本内容及方法

油气资源评价可以按含油气大区、盆地（凹陷）、区带和圈闭4个层次建立程序，对各个层次的油气资源分别进行评价。一般是以盆地为单元、以区带—圈闭为重点、以含油气层系为中心，通过地质评价、油气资源估算和决策分析3个环节来完成。

（一）含油气大区评价

含油气大区可以是一个大的地质构造单元，也可以是一个地质、地理甚至与行政区划有关的单元，还可以指一个巨型盆地或一群盆地，这些盆地在地质成因结构或含油气层

系上具有一定相似性，也可以是石油经济地质有共性的地区。我国在第一次全国油气资源评价中，以油气地质特征和分布规律为基础，结合行政区划、经济地理条件和能源供销规划配置，将全国划分为东北区、华北区、江淮区、南方区、西北区、青藏区和海域7个评价区。

含油气大区评价是国家或石油公司为制定远期勘探规划而进行的评价工作，其目的在于分析含油气大区的含油气特征与对比选择。含油气大区评价的主要内容包括石油地质综合研究、资源量预测和经济决策分析3部分。

（二）盆地评价

盆地是区域性评价的基本单元，盆地评价是国家或石油公司为制定中期战略规划而进行的评价工作。盆地评价是在含油气大区研究的基础上进行的，是在对盆地环境、盆地基本特征（构造、沉降、沉积等）、盆地演化等地质分析的基础上，研究盆地的构造史、沉积史、生烃史及聚集史，建立地质模型并求取相关的评价参数，估算油气资源量。

（三）区带评价

区带是勘探中进行局部评价的基本单元。区带比二级构造带具有更广泛的意义，除了具有一组圈闭、一群构造、一个构造带和岩性圈闭带以外，还可指以某一层系为目的的一轮勘探行动。区带评价研究是在盆地研究的基础上进行的，同时又丰富和充实了盆地研究。区带评价除了要研究勘探区带所处的区域构造位置、沉积特点、地质演化史、生储油特征外，还必须指出有利的含油气区带圈闭的个数、层位以及圈闭规模和资源的分布概率。其内容包括区带构造评价、区带生烃评价、储集层和盖层评价以及勘探效果研究。

（四）圈闭评价

圈闭评价是各级油气资源评价中最具体、最实际的工作，也是勘探阶段的最终目标，其目的在于拟定探井井位，直接发现油气田。当前，圈闭地质评价的方法主要有风险概率统计法、评分法与定性排队法等。一些石油公司从油气生成、运移、圈闭等标准入手，从地质概念模型到数学模型，形成了圈闭评价的计算机系统。

随着勘探的进展，圈闭大体上可划分为钻探圈闭、已发现油气的圈闭、已控制圈闭和已开发圈闭。在勘探中，各类圈闭的评价工作也必须相应地进行。

对于一个圈闭来说，在不同的勘探阶段，其评价方法及地质风险分析的内容不同，储量计算的公式及参数应用也不同，得到储量的级别和评价结果也就不同。

第六章　油气勘探

第一节　油气勘探概述

一、油气勘探在石油工业中的地位和作用

（一）油气勘探是油气工业的排头兵

油气工业由勘探、开发、储运、炼制、销售等构成。而油气勘探由地质、地化、物探、钻井、录井、测井、固井、试油等行业构成。从油气工业的构成中可以看出，油气工业是建立在油气田或油矿之上的大型系统产业链。油气勘探开发是石油工业的主体，只有通过勘探发现大油气田，才能为石油化工提供充足的物质来源。

（二）油气勘探是油气工业可持续发展的保障

无论在国内市场还是国外市场，只有通过勘探不断地发现油气田，才能为油气工业的发展提供充足的油气后备储量。而目前，制约我国油气工业发展的瓶颈是油气资源接替紧张，我国油气资源相对不足，使得我国油气工业对外依存度越来越高。要实现我国石油工业的可持续发展，必须大力加强油气勘探，只有发现一批大中型油气田，使油气的探明储量和产量有较大幅度的提高，才能从根本上改变目前我国油气工业与国民经济发展不协调的局面。

（三）没有油气勘探就没有像样的油气工业

我国石油工业从小到大、由弱变强的几十年发展历程表明，一个国家的强大石油工业是建立在充足的油气资源基础之上的。通过艰苦创业，经历六十年石油勘探会战，陆续勘探发现克拉玛依、大庆、辽河、胜利、大港、长庆、华北、塔里木等大油气田，这些大油

气田的发现和开发奠定了新中国石油工业的基础，也使我国的油气工业形成了一个勘探→开发→储运→冶炼→石化→销售的一个完整的油气工业体系。

因此，可以说一个国家没有油气勘探发现大的油气田，其油气工业就要受制于人，这个国家也就很难形成一个像样的油气工业体系与油气理论体系。

二、油气勘探工作的基本性质

（一）油气勘探是一项系统工程

油气勘探是以石油地质学中的油气生成、油气藏形成、油气田分布规律等理论为指导，采用科学的勘探程序、合适的技术方法、先进的管理部署，以达到经济、有效、高速地寻找、发现和探明油气地质储量为目的的系统工程。

油气勘探首先要通过地质调查、物探、化探、钻井等多工种的联合作业，系统采集反映勘探对象地质特点的资料，然后综合利用地层学、沉积学、构造地质学、储层地质学、石油地质学、地球物理学、地球化学、勘探经济学、管理学等多学科专门知识，对勘探对象进行地质评价、资源量评价及勘探经济评价。油气勘探是一项综合性非常强的系统工程，这项系统工程是一个不断缩小靶区，逐步逼近目标（油气田）的过程。

油气勘探也遵循所有固体矿产勘察的"先找后探"原则。首先，从沉积盆地的整体上认识区域地质特征和石油地质特征，分析油气藏形成的基本条件，预测有利的生油凹陷和含油气区带；其次，在有利的区带内，开展以地震和地质研究为主要内容的勘探工作，分析区带的成藏条件和成藏规律，选择有利的钻探目标；再次，在此基础上开展以钻井为主要方法、以发现油气田为目的的勘探工作；最后，对于已经发现的油气田，要进一步通过钻井与其他方法的配合，取得各方面的资料，探明油气田和地质储量。

（二）油气勘探是一种科学研究活动

油气田勘探是一种地区性强、探索性强的科学研究活动。正如伟大的科学家牛顿所说，"没有大胆的猜测，就没有伟大的发现"。但是，这种大胆的猜测，尤其是关键性的决策工作必须建立在翔实的基础资料、渊博的理论知识和丰富的勘探经验的基础之上。"石油首先存在于地质家的头脑之中"，石油地质家可以根据地质条件的相似性，利用已知的成油模式对可能发现的油气藏类型、储量规模进行预测，从而提高勘探的成功率。

油气勘探工作的对象是地下不同规模的地质体，影响油气田形成和分布的地质因素有数十种甚至上百种之多，最主要的包括构造与演化特征、沉积与地层特征、油气生排与运聚特征、油气成藏期后改造与破坏等，而不同的地区地表地质条件也千差万别，往往只具相似性而无相同性，不论勘探程度是低还是高，获得的资料是少还是多，地质解释的多解性依然存在。

（三）油气勘探是高科技产业

1.油气勘探投资大

由于油气勘探工作的特殊性，需要从各方面采取地下地质信息，取得各种各样的数据，就需要投入各种先进的仪器设备。因此，勘探的资金投入很大。

2.油气勘探风险大

油气勘探涉及的因素复杂，情况多变，头绪众多，它必然面临各种各样的风险，包括地质风险、工程风险、自然灾害风险、经济风险等。

3.油气勘探技术密集

油气勘探采用各种高科技手段（如卫星遥感技术、三维地震叠前深度偏移处理技术、井下和井间成像技术等），使用各种高精尖的仪器设备（如电子显微镜、岩心CT扫描、电子探针、同位素质谱仪），引进功能强大的计算机硬件及软件系统，油气勘探的科技含量之高绝不亚于其他任何产业。

4.油气勘探利润巨大

油气勘探虽然投资规模大。风险大，但其巨额的经济回报也是其他项目所不能比拟的。综上所述，地区性强与探索性强、资金密集与技术密集、风险巨大与利润巨额构成了油气勘探的基本特点。寻找和发现更多的油气田，探明更多的油气地质储量是每个石油勘探工作者的主要责任，促进国民经济发展、提高人民生活质量一直是油气田勘探奋斗的目标。

三、CNPC现行油气勘探程序

中国石油天然气集团公司（CNPC）现行油气勘探程序是1996年在原石油部油气勘探程序的基础上，不断吸收国内外的先进经验，进行了多次重新修订后制定的，它明确地将油气勘探工作划分为区域勘探、圈闭预探、油气藏评价勘探三个阶段。

（一）区域勘探

区域勘探的任务是在大的油气区内评价各盆地的含油气远景，优选出有利的含油气盆地；或在盆地内重点分析油气生成条件，搞清楚油气资源的空间分布，从而预测有利的油气聚集带。

（二）圈闭预探

圈闭预探的最终目标是发现油气田，在区域勘探优选出的有利油气聚集带的基础上进行圈闭准备，通过圈闭评价，优选出最有利的圈闭提供钻探，然后开展以发现油气藏为目的的钻探工作，揭示圈闭的含油气性，对出油的圈闭计算控制储量和预测储量。

（三）油气藏评价勘探

油气藏评价勘探的任务是在已经发现存在工业性油气藏的基础上探明油气田，提交探明或控制储量，并为油田顺利投入开发做准备。该程序的主要特点是：第一，各勘探阶段对象明确，范围由大到小，以便迅速地缩小勘探靶区，及早发现油气藏；第二，各阶段相互关联，前一阶段是后一阶段的准备和基础，后一阶段验证前一阶段的成果。随着勘探工作的不断深入，各阶段可交叉进行。整个勘探的基本思路所遵循的都是一个先"找"后"探"的过程，首先解决的都是勘探方向和勘探战略上的问题，通过各种地质调查手段寻找油气藏形成的基本条件，然后以钻探为主要方法，揭示圈闭的含油气性，以发现油气田和探明油气地质储量。

第二节　油气勘探方法

一、地质勘探方法

（一）地面地质测量

地面地质测量是最古老的地质调查技术。它主要是通过野外地质露头的观察、油气苗的调查，结合地质浅钻和构造剖面井等手段，查明生油层和储油层的地质特征，落实圈闭的构造形态和含油气情况。该方法是在地层出露区或薄层覆盖区找油的一种经济和有效方法。

（二）油气苗调查

石油和天然气在地表的出露（露头）被称为油气苗。自然界中油气苗现象是大量存在的，如五大连池药泉湖中大量气泡的涌出、方正老尖山玄武岩裂缝中的石蜡和玄武岩气孔中轻质油存在等。油气苗的存在是地下岩石中油气在浮力、水动力及构造应力作用下，沿储集层、断裂带、岩石裂缝或不整合面运移至地表的结果。油气苗的存在为一个地区下一步油气资源评价和区域勘探提供了可靠依据。早期的找油是从观察出露到地表的"油气苗"入手的，这是最直观的找油方法。我国的克拉玛依油田因附近有"黑油山"而引起注意，投入钻探后发现的；独山子油田则因有含油气的泥水长期溢流而成的"泥火山"著称；玉门油田旁有"石油沟"；延长油矿范围内有多处油苗出露；青海有些与"油"有关的地名，如"油砂山""油泉子"等，是现代的石油勘探队员在野外勘查时以油苗而给其取的名。

（三）油气资源遥感

遥感是20世纪60年代新兴的科学技术之一，它是人类迈向太空、对地观测、获取地表空间信息的一种先进科学技术，具有宏观、准确、综合地进行动态观测和监测的能力。

结合航空摄影、卫星遥感手段进行地面地质调查，是现代油气勘探的一大特点。印度尼西亚米纳斯油田的发现就是一个非常典型的例子。米纳斯油田是东南亚地区最大的油田，"米纳斯原油"是世界上"蜡质低硫"原油的代名词，该油田位于中苏门答腊第三纪盆地中，地面为丛林和现代沉积所覆盖，地质构造难以辨认。但在航空照片上，可以明显看出一个高的隆起，由该隆起高区向四周的径向泄流系统十分引人注目，呈环状辐射分布。

遥感技术更是以概括性、综合性、宏观性、直观性的技术特点，日益成为油气勘探中的一种成本低、省时、适用于交通不便及环境恶劣地区进行地面地质调查的先进方法。它是在利用卫星遥感手段获得大量数据的基础上，运用统计分析、图像处理、地理信息系统等技术手段，解译和分析地质构造，圈定油气富集区。

构造信息提取与分析是遥感在石油勘探中最早应用并逐步发展起来的，也是国内外应用最广泛、最成功、最有效的方法，包括地貌构造解译分析、地质动力解译分析等。20世纪80年代中期以来，地理信息系统（GIS）技术的引入、烃类微渗漏遥感直接检测技术的开发应用，以及强大功能的电子计算机的出现，使得现代遥感技术在卫星图像的分辨率、光谱频带范围、立体成像、图像处理与解释等方面的应用不断提高。新一代卫星获得的高质量商业化数字式图像，已经使遥感技术的应用开始从区域勘探转向区带评价。

二、地球物理勘探方法

非地震物探是重力、磁法和电法勘探的总称，它们主要是以岩石密度差、磁性差、电性差为主要依据，通过在地表或地表上空地球重力场、电场、磁场特性的变化来达到反映地下地质特征的目的。其作用概括起来有3个主要方面：一是反映地壳深部结构及其特点；二是反映基底顶面深度与起伏状态以及基底断裂与岩性；三是在条件有利的情况下，反映沉积盖层的构造特征。因此，重磁电勘探既可以为大地构造单元的划分提供依据，也可以在一定程度上圈定有利构造。重磁电勘探作为研究区域构造和局部构造的有效方法，常常互相配合使用。特别是在区域勘探阶段，在查明区域构造特征方面，具有效率高、成本低的优点。

（一）重力勘探

地壳中各种岩石和矿物的密度（质量）是不同的，其引力也不相同。据此研究出重力测量仪器，测量地面上各个部位的地球引力（重力），排除区域性引力（重力场）的影响，就可得出局部的重力差值，发现异常区，这一方法称为重力勘探。它就是利用岩石和矿物的密度与重力场值之间的内在联系来研究地下地质构造的。重力勘探中的重力异常特征主要应用于以下三个方面：研究和解释地壳深部地质结构；研究和判断盆地基底的结构、基底断裂特征和基底表面的起伏；分析盆地沉积盆地盖层的构造特征（如断裂的分布、特殊岩性体分布、凹陷区与隆起区的分布等）。

（二）磁法勘探

地壳中各种岩石和矿物的磁性是不同的，油气勘探中采用磁力仪测定地面上各部位的磁力强弱，以研究地下岩石矿物的分布和地质构造，这一方法称为磁法勘探。一般铁磁性矿物含量愈高，磁性愈强。在油气田区，由于烃类向地面渗漏而形成还原环境，可把岩石或土壤中的氧化铁还原成磁铁矿，用高精度的磁力仪可以测出这种磁异常，从而与其他勘探手段配合，发现油气田。

（三）电法勘探

电法勘探的实质是根据岩石和矿物（包括其中的流体）的电阻率不同，利用仪器在地面测量地下不同深度地层介质电性差异，用以研究地下各层地质构造。此外，电法勘探对高电阻率岩层，如石灰岩等的勘探效果明显。

（四）油气地震勘探

地震勘探已成为一种最直接、最有效的方法。地震勘探的基本原理就是通过人工方法激发地震波，研究地震波在地层中传播情况，如地震波的传播时间、传播速度、振幅、频率、相位等，就可以得出地下不同地层分界面的埋藏深度、岩性及油气分布等，进而查明地下地质构造，为寻找油气田或其他矿产资源服务。

地震勘探是沿着地面上事先设计好的一条测线，在放炮的同时，在地面上利用精密的仪器把来自地下各个地层分界面的反射波引起的地面震动情况记录下来，一段一段进行观测，并对观测结果进行处理，然后就可以得到形象地反映地下岩层分界面埋藏深度起伏变化的资料—地震剖面图。

从地震剖面图上可以看出，不同反射界面上反射波振动图的振幅极大值连线（被称为同相轴）的起伏变化，形象地反映了地下岩层起伏的完整概念，如能结合地质、钻井和其他物探资料，经过综合研究，绘制地下主要反射层位的构造图，就能查明地下可能的储油气构造，确定钻探井位。地震勘探基本由三个过程组成，即地震资料的野外采集，地震资料的室内处理和地震资料的综合解释。地震勘探与其他物探方法相比，具有精度高的优点。地震勘探与钻探相比，又具有成本低以及可以大面积了解地下地质构造情况的特点。因此，地震勘探已成为油气勘探中一种最有效的勘探方法。有人做过这样的统计，全球范围内90%的油气田是通过地震勘探方法间接找到的。

地震勘探可以分为以下4种类型：

1.二维地震勘探

长期以来，地震勘探一直是在地面上沿一维测线观测地震信息，这种在平面内采集数据和处理地震资料的方法称为二维地震勘探。二维地震勘探是沿各条测线进行地震施工采集地震信息，然后经过电子计算机处理得出一张张地震剖面图。经过地质解释的地震剖面图就像从地面向下切了一刀，在二维空间（长度和深度方向）上显示了地下的地质构造情况。

2.三维地震勘探

20世纪70年代末期兴起了三维地震勘探技术。所谓三维地震勘探，是在一个平面上采集地震信息，并在三维空间进行处理。三维地震采集的数据是一个三维数据体。三维偏移是在空间上进行的，各点都是按照它们的真倾角方向偏移，因此可以回到它们各自的反射点位置上。三维偏移的结果与真深度是一致的。由于地下的地质体本身就是三维的，所以要真实地反映地下构造、地层、岩性和油气圈闭的空间位置，就必须进行三维地震勘探并进行三维成像处理。这种方法可以提供剖面的、平面的、立体的地下地质体的构造图像，大大地提高了地震勘探的精确度，对地下地质构造复杂多变的地区特别有效。

3.四维地震勘探

四维勘探是由三维勘探发展演变而来的，是由通常的三维空间和时间组成的总体，勘探作业时用空间的三个坐标和时间的一个坐标，通过随时间推移观测的勘探数据间的差异来描述地质目标体的属性变化。具体说，四维地震是指伴随油气田的开发与开采，每隔一定时间对油区内进行新的三维地震测量，以获取地下产油气层内流体特征（如剩余油分布、油气水饱和度、地层压力、孔隙度等）的地震勘探工作，这种方法多用于油气田开发后期地下流体的动态监测。

4.井间地震勘探

目前油藏勘探的主要手段是三维地震。当地面条件较好，并且为浅层时，常规三维地震信号有效频率最高只能够达到100Hz左右（能够分辨速度变化在4%～6%、厚度为7m左右的连续地层）；目标地层达到1700m以下时，有效频率降至50Hz左右（垂直分辨率14m左右）；在地表条件较差地区，严重影响对微小含油圈闭的分辨能力。

井间地震是将震源与检波器都置入井中进行地震波观测的一种物探新方法。由于地震设备能够靠近目的层，避开了地表强衰减风化层的低速带对地震信号高频成分的吸收，因此可以获得极高分辨率的地震信号，可以对井间地层、构造、储层等地质目标进行精细成像，大大降低钻井的风险与费用。地震资料解释是把经过处理的地震信息变成地质成果的过程，包括运用波动理论和地质知识，综合地质、钻井、测井等各项资料，作出构造解释、地层解释、岩性和烃类检测解释及综合解释，绘出有关的成果图件，对勘探区作出含油气评价，提出钻井位置等。具体包括解决岩层的构造形态、断裂的分布、地层的层序与分布、岩层的岩性、储层特征及其内部流体特征等方面的问题。

三、地球化学勘探方法

地球化学勘探是通过系统测试分析自然界中与油气有关的化学异常，来评价区域含油气远景，寻找油气藏的一种直接找油技术。地球化学勘探方法的主要优点在于成本低，可以在各种地表条件下使用，而且作为一种重要的直接找油技术，是其他技术所不能替代的。地球化学勘探的基本原理主要是通过油气在扩散和渗滤过程中所引起的一系列的物理-化学变化规律，即油气藏与周围介质（大气圈、水圈、岩石圈、生物圈）之间的相互关系的研究，利用地球化学异常来进行油气勘探调查，确定勘探目标和层位。

根据油气运移及扩散机理，地下岩石中如果有油气藏存在，则无论油气藏之上的盖层封闭能力多么强，油气的分子在构造运动力、地层压力、水动力、浮力、毛细管力作用下，总是会沿垂向上向地表进行运移和扩散，并在近地表的岩石、土壤及地下水中留下运移和扩散的痕迹。油气田从形成到消失的过程中，烃类及其伴生物逸散至近地表形成地球化学异常。人们利用各种精密化学分析仪器，通过对近地表土壤、水和岩石的观测，在获得各种介质的地球化学指标之后，可以通过各种数学地质方法进行数据的处理和分析，来圈定这些异常。因此，油气化探数据处理，其目的一是压制和消除干扰，如地表干扰、景观条件变化等；其二是提取异常，结合地质构造等关系的分析，可以确定有利的勘探远景区或目标。

油气地球化学勘探方法可分为土壤经气体测量法、土壤硫酸盐法、稳定碳同位素法、汞和碘测量法、地下水化学法等。按照取样位置的差别，还可以分为空中化探、近地表化探和井中化探。

四、钻探技术

钻探技术（有人称为井筒技术）是以钻井工程为作业主体，配置钻井液、井控、测井、中途测试、录井、试油等诸多的井筒服务技术部门，采用特殊的钻探设备或装置，将地层钻穿，来直接探测地下地层中油气的存在与分布状况的一种油气勘探方法与技术。

（一）探井类型

按照勘探阶段和研究目的的不同，探井可以分为科学探索井、参数井、预探井、评价井、兼探井等类型。

1.科学探索井

科学探索井简称科探井，一般是在没有研究过的新区，为了查明区域沉积层系、地层接触关系、生储盖及其组合特征等，评价盆地的含油气远景，或者是为了解决一些重大地质疑难问题和提供详细的地质资料而部署的区域探井。科探井的钻探深度一般较大，研究项目比较齐全，要求高。第一，要求系统取心，至少在重点层段全部取心；第二，以探地层为主，要求钻在盆地地层较全的部位；第三，要求分布均匀，对盆地有较好的控制作用。

2.参数井

参数井与科探井一样，也是一种区域探井、它是在地震普查的基础上，以查明一级构造单元的地层发育、生烃能力、储盖组合，并为物探、测井解释提供参数为主要目的的探井。一般定在靠近凹陷中心的相对高处，现称为"定凹井"。参数井的研究项目没有科探井齐全，一般要求断续取心，要求全井段声波测井、地震测井、取心不少于进尺的3%。其部署的主要目的在于取得地质和物探解释参数，并有侦察性找油的"先锋"作用。另外，参数井的井数明显多于科探井，部署原则也较为灵活。参数井一般以盆地为单元进行统一命名，取探井所在盆地的第一个汉字加"参"字为前缀，后加盆地参数井布井顺序号命名。如塔里木盆地的塘参1井，就是部署在塔里木盆地塘古孜巴斯凹陷的第一口参数井。

3.预探井

预探井是在地震详查后构造形态已基本查明，定在有根据的圈闭内高处，以揭示圈闭的含油气性，发现油气藏和油气富集区，计算控制储量（或预测储量）为目的的探井。

预探井的井号一般以区带名称或圈闭所在地名称的第一个汉字为前缀，后加1～2位阿拉伯数字，如塔里木盆地塔中凸起上的塔中1井、塔中4井。有些特殊钻探目的的预探井的名称可以根据需要在区带第一个汉字后面加上一个具特殊目的的汉字，再加上顺序号，如以钻探轮南古潜山为目的的轮古1井、轮古2井等。

4.评价井

评价井又称详探井，它是在已经证实具有工业性油气的构造、断块或其他圈闭上，在地震精查或三维地震的基础上，在预探所证实的含油面积上，以进一步查明油气藏类型，确定油藏特征（原油性质、油气水界面、构造细节、油层厚度），评价油气田规模、生产能力、经济价值，落实探明储量为目的部署的探井。评价井的命名方法是在区带预探井汉字后加3位数字，如位于塔中4油田的塔中401井就是一口以评价塔中4油田为目的的评价井。

5.兼探井

对某些主要油层已探明，而次要油层或开发区块生产目的层上下含油情况尚不清楚的油藏，在部署开发井时，有目的地设计几口生产井先承担勘探它层的任务，待勘探任务完成以后再返回开发目的层承担生产任务，这种性质的开发井称为兼探井。

（二）开发井类别

1.开发井

承担采油或注水任务的井，称为开发井。它们一般是在进行油藏开发设计时统一部署的新井，但开发设计时也常常尽量利用一些原来的探井（也称老井）作为开发井。行列井网布井的油田一般按井排编号，如双24–36井（双台子油田第24排第36号井）。

2.观察井

对某些特殊类型油藏（如凝析气藏、稠油油藏等）或某些开发试验区，为监测观察油藏注采动态，需要特别设计一些井，这些井一般不承担注水或采油的生产任务，只作动态监测资料的录取井使用（一般监测压力、温度较多），这样的井称为观察井。

3.检查井

在油藏开发到一定时期后，为了了解油层的水洗状况和开发效果，需要取得开发区内油层的岩心，以研究油层的动用状况和剩余油分布，这样特别设计的资料录取井称为检查井。检查井一般采用密闭取心方法对油层部位全部取心，重点研究油层水洗情况和油水饱和度变化，以对油藏的储量动用情况和剩余油分布进行研究评价。观察井和检查井一般冠以"观"或"检"字加数字编排命名，如观1井、检7井等。

4.调整井

油藏开发到一定时期或阶段，影响油藏开发的许多因素会逐渐暴露出来，开发效果可能偏离设计预期，这时一般需要油藏进行层系或井网的改变，以提高开发效果、采油速度与采收率。这样的开发层系井网的大范围改变，称为开发调整。在油藏进行开发调整时部署的井统称调整井。

（三）钻井方式

按照油气勘探开发的目的不同，尤其是为了最大限度地开采地下油气资源、节约油气的勘探开发成本而设计了不同的钻井方式。目前的钻井方式主要有直井、定向井、水平井、大位移井、平衡钻井、欠平衡钻井、多分支钻井、重钻老井等类型。此外，录井、测井、地层测试及试油、实验室分析测试等方法与技术，这里不再赘述。

第三节　区域勘探

一、盆地普查

（一）基本任务

盆地普查，是指在一个含油气盆地内，从基本的石油地质调查开始，到优选出有利的生油凹陷的过程。盆地普查的主要任务是，通过采用各种非地震地质调查和地震勘探技术，结合区域探井的钻探，在盆地内进一步优选生油凹陷，落实各生油凹陷的生油量。简言之，盆地普查的任务就是"定凹"，这里的"凹"是指有利的生油凹陷及其相邻地区，具体地说，就是纵向上一个或多个含油气系统在平面上所占据的区域。

为了达到上述目标，就必须首先研究以下几个方面的基本问题：

（1）盆地区域沉积地层特征，包括沉积盖层的时代、厚度、岩性、岩相、分布情况，建立地层剖面，划分构造层；

（2）盆地区域构造特征，主要是指盆地内区域构造单元的分布特征，各构造层间的关系、断裂展布特征与构造发育史等；

（3）储盖组合特征，包括生油凹陷的分布、烃源岩的分布与生烃潜力、区域盖层的岩性岩相特征与空间分布、主要的储盖组合以及预测主力勘探目的层系；

（4）盆地水文地质、温度压力特征及油气显示情况。

（二）工作程序

1.非地震物化探

进行盆地的重磁力普查，有针对性地进行电法普查，开展油气化探或油气资源遥感解译，布置地质浅井。其目的在于进一步确定盆地范围、基底周边特征，进一步划分区域构造单元和构造层，对生油凹陷的范围和沉积厚度做出解释，以便对不同凹陷进行生烃条件的初步评价。

2.地震普查

在盆地普查阶段，地震普查一般是以8～16km的测网距进行地震面积连片测量，进一步控制隆起、坳陷的形态，查明其内部结构和二级构造带的形态、类型及展布范围，为部署区域探井服务。对于中小型盆地、海域和构造复杂的盆地，测线可以适当加密。

3.科探井钻探

（1）科探井设计：在充分考虑航磁、重力、电法、油气化探、地震调查成果的基础上，以地震概查或普查资料为主，选择某一盆地中对评价油气远景具有决定意义的部位部署科学探索井，以了解沉积岩厚度、建立盆地完整的地层层序为主，同时为物化探提供工程地质参数，做出单井综合评价。这里要求完井深度一般要钻达基底。

（2）资料录取要求：科探井的录取资料一般以岩心为主、岩屑为补充，建立系统的分析化验剖面。岩心、岩屑及其他分析样品应分多批选样、送样，以便尽早取得分析结果。科探井钻井一般要求在重要目的层段进行系统取心，同时要进行综合录井以及全套数控测井，并增加中途完井测井、地层倾角测井和垂直地震剖面测井。

（3）单井评价：对科探井所取得的录井、测井、测试、分析化验等资料进行深入的综合研究，并配合地层、沉积构造、生油、储油等进行专题研究，科探井不仅应提交钻井、录井、测井、测试等完井报告，而且应提交地层、沉积、构造、生油、储层等专题评价报告以及单井评价总报告，并对盆地下步勘探工作提出建议。

4.凹陷评价与优选

通过上述勘探工作获得了各种样的资料，可以进行生油凹陷的评价与优选。其主要任务包括：

（1）进行生油条件的评价。利用参数井钻探资料，确定烃源岩分布的主要层段、发育的主要有机相带、全面评价烃源岩质量，如有机碳丰度、干酪根类型、演化程度等，预测有效烃源岩分布区。

（2）确定主要储盖组合。包括储层的主要类型及有利储集层段和储盖组合，重点研究区域盖层层位、岩石类型、空间展布。

（3）研究盖层的厚度及空间分布、不整合个数、剥蚀厚度、剥蚀时间与范围。通过油气生成、运移、聚集、保存等地质作用的定性分析，配合盆地数值模拟技术，就可以预测各生油凹陷的资源远景，初步划分含油气系统，从而优选出有利的生油凹陷。

（三）勘探部署原则

从区域出发，整体解剖，着重查明区域地质构造概况和石油地质基本条件；以油气分布的源控理论为指导，重点研究油气的生成条件；因地制宜地选择工种，加强综合勘探。

二、区域详查

（一）基本任务

区域详查是指从盆地普查确定有利的生油凹陷开始，一直到优选出有利的油气聚集区带的整个过程。

区域详查的任务是在盆地普查阶段优选出的有利生油凹陷及其邻近地区，通过地震普查与详查，进一步划分二级构造单元，控制二级构造带形态，研究其基础地质特征、石油地质特征、圈闭分布特征，通过对区带地质条件的综合分析，确定其成藏条件与成藏模式，并通过油气系统分析与模拟，提交区带资源量，指出有利的油气聚集区带，为圈闭预探提供战场。

区域详查的具体任务：

（1）详查有利的二级构造带或局部构造、岩相带。这一部分工作详查的内容包括二级构造带的空间位置、范围大小、形态、闭合度、闭合面积、封闭性、构造层间关系，在搞清构造形成、发展史、成因类型及对控制油的关系上，编制本区的构造图（比例尺1：100000～1：25000），写出研究报告，指出可能存在的油气藏类型。

（2）确定勘探目的层。进一步详细研究组成构造带的地层剖面，对生储盖组合进行评价，确定一个至多个勘探目的层，并提供详细的岩性、岩相、厚度及变化、埋藏深度等地质资料。

（3）确定和评价圈闭聚油条件和有效性，提供合理的评价参数和预探井位。

（4）查明并研究本区的水文地质条件、油气水性质、侵蚀作用、岩浆活动及油气藏保存条件。

所谓区带，是指含油气盆地中具有共同的成因背景和相似特征的一组勘探目标和已知油气藏。这些勘探目标和已知油气藏具有相同的烃类来源、储油岩系和区域盖层。平面上一个区带可以包括多个二级带，这些二级带往往具有相似的油源条件、储盖组合特征、成藏演化历史。而在同一个二级带范围内，纵向上不同的勘探目的层由于成藏机制的差异性，则可能分属于不同的区带。如四川盆地，按照上三叠统、中下三叠统、上二叠统、下二叠统、石炭系和震旦系六大含油气层系和川东、川南、川西南、川中、川西、川北六个地区划分区带。

（二）工作程序

1.地震普查与局部地震详查

区域详查阶段的地震普查工作一般是在生油凹陷及临近地区，以4km×4km～

4km×8km的测网进行面积测量，以控制区带的形态和分布特征；而局部地震详查则是以2km×4km～1km×2km的测网进一步查明区带内圈闭的分布和基本特征，为区带评价提供依据。

地震普查与局部地震详查的主要作用包括：

（1）查明基底深度及基底以上各构造层的基本构造形态，主要断裂的展布，进行区带（二级构造带）划分。

（2）为开展区域地震地层学和层序地层学研究提供资料，以预测生储盖条件，进行油气资源评价。

（3）落实圈闭的分布，确定圈闭基础数据及其发育史；根据控制程度和资料质量还要对圈闭做出可靠性的初步评价。

（4）为区域探井的部署提供构造图和井位依据。

数理统计是一种确定合理的地震测网密度的可行方法。另一种数理统计方法是对测网密度与发现圈闭的百分数的关系进行研究，根据测网密度与发现圈闭百分比的关系曲线的"拐点"来确定合理的测网密度。

2.参数井钻探

在区域详查阶段，部署参数井的主要目的在于：进一步了解二级构造单元的地层层序、接触关系、岩性及岩相特征；了解区带储盖组合情况，确定勘探主要目的层；为地球物理资料解释提供参数依据；另外，本阶段试探性找油的任务比较明确。因此，参数井的部署一定要选择对二级构造带有利的构造部位，以提前突破出油关。

在参数井部署过程中，所需的主要图件应包括：两层以上1：50000或者1：100000的区域地震构造图，两张以上1：100000或1：200000的重磁异常图以及区域大剖面及综合解释成果；生油岩分布与预测厚度图、储层平面预测图、地层—岩性综合预测剖面分析图；沉积埋藏史分析图、构造发育史分析图、压力预测图等。

3.区带评价与优选

区带优选是在油气系统研究以及区带地质评价、资源量预测和经济评价的基础上进行的。区带评价首先要从构造特征、沉积特征和含油气系统特征分析入手，确定区带的成藏条件与成藏模式、油气保存状态和分布规律。含油气系统研究为区带评价提供了系统化的研究思路和研究手段。

含油气系统研究的主要内容和方法包括：

（1）有效烃源岩的评价：采用岩石热解地球化学评价、实验室分析模拟等手段评价烃源岩的生烃能力，判断其成熟度；

（2）油/气源对比：通过油/岩抽提物组成、成熟度、碳同位素、烃类色谱、生物标志化合物分析，确定油气/烃源岩之间的关系，这是划分含油气系统的主要依据之一；

（3）层序地层学分析：其目的是利用有限的钻探资料对烃源岩、储层和区域盖层进行三维空间的分布预测，建立含油气系统的基本框架；

（4）油藏地球化学分析、流体历史分析、古构造分析：由此确定油气运移的相态、方向、主要通道，圈闭的形成、发展、破坏历史，恢复油藏充注过程、油水界面的变化，确定成藏关键时刻，推断油气藏类型与分布，为预测有利油气聚集区带服务；

（5）地质—地球物理综合解释：其主要任务是通过特殊处理解释，确定区带构造形态，进行储层的横向预测、烃类检测等。

在建立含油气系统地质概念模型的基础上，采用"五史"模拟技术，可以重塑含油气系统的烃类演化过程，定量预测区带资源量的规模及其在三维空间上的分布。同时，结合区带资源质量类型、资源获取的难易程度（如埋藏深度、地表条件等），可以对区带勘探经济效益进行预测。以此为依据，优选出最有利的油气聚集区带，作为下一步勘探的主战场。

（三）勘探部署原则

从区带形成的地质背景出发，系统研究区带构造与沉积特征；以建立区带成藏模式为中心，重点研究油气运聚和保存条件；重视各种类型的储盖组合，正确选择勘探目的层。

第四节　圈闭预探

一、基本任务

在区域详查阶段查明各二级构造带的形态和类型，并根据区带成藏条件、资源规模、经济特征优选出有利的勘探目标区以后，便可以进入以发现油气田为主的圈闭预探阶段。圈闭预探阶段是指在优选出的有利区带上，从圈闭准备开始，到圈闭钻探发现油气田的全过程。因此，圈闭预探的整体对象是一个区带，其最终目标是尽可能揭示区带上所有圈闭的含油气性，发现油气田并计算、控制和预测储量，为评价勘探提供对象。圈闭预探阶段的主要任务是：寻找工业性油气田，并为评价勘探做好准备。当发现油气流时，应查明油气来源层位、初步产能、范围大小、埋藏条件，计算出二、三级地质储量，证实为工业性油气藏存在。如果确实无工业性油气藏存在，经过地质、工程技术上的慎重分析后予以核销（否定）。

在圈闭预探阶段，需要重点研究的地质问题包括以下3个方面。

（一）圈闭规模和基本要素

这部分工作主要通过地震的普查、详查，找到更多的圈闭，包括构造圈闭和非构造圈闭，进一步落实圈闭的形态、闭合面积、闭合高度、高点埋藏深、断层和次高点的分布等。

（二）圈闭的油气藏形成与保存条件

这部分工作特别要研究圈闭的油气运移通道、圈闭的形成、发展、破坏历史。确定圈闭形成的雏形期、发展期、定型期、破坏期，以及它们与构造运动期次、油气生成运移和聚集的关系，从而预测油气藏的形成条件、成藏演化史和油气保存状态。

（三）圈闭内油气富集条件

这部分工作重点研究圈闭内储层类型、物性特征、空间分布。通过储层沉积学的分析和地震储层横向预测，研究圈闭范围内储层的平面上、剖向上的展布；采用烃类直接检测技术，预测可能的含油气范围；通过类比和参数统计分析，确定油气充满系数、含油饱和度、原油基本性质。

二、工作程序

圈闭预探的主要任务是通讨圈闭的准备和系统评价工作，优选出地质条件好、经济价值高的圈闭进行钻探，以高速、有效地发现油气田，并提交预测和控制储量。其工作流程包括：通过对地震资料的处理与解释，识别出各种类型的圈闭，同时进行可靠性分析，进行圈闭的初选；开展圈闭的地质评价、资源量估算、经济评价，确定成藏可能性、资源量规模、勘探经济效益，在此基础上开展圈闭综合排队和优选，为预探提供有利钻探目标，同时加强对圈闭描述和预测，为井位拟定和井身设计提供依据。圈闭钻探后，要利用钻探成果进行再评价，对于评价为较有利的圈闭可以再度纳入储备，而评价为不利的圈闭，在进行深入的研究之后，可以进行核销。

（一）进一步地震详查

在区带勘探阶段，由于测网密度勘探工作量的限制，对圈闭条件掌握得并不是十分清楚。如4km×8km的地震普查虽然可以不漏掉主要圈闭，但高点的位置不太确定，至于非构造圈闭就可能更加不清。因此，在圈闭预探阶段要进行进一步的地震普查与详查，其测线网密度一般要求达到2km×4km～1km×2km，以发现更多的圈闭数目和类型。对于重点圈闭的详查要达到1km×2km～0.5km×1km，以提高圈闭的准备质量。

圈闭识别包括构造圈闭识别和非构造圈闭识别。在目前物探技术条件下，构造圈闭相对比较容易识别，而对于非构造圈闭，由于其特殊性和复杂性，必须根据物探资料进行一系列特殊处理，充分运用地震地层学技术研究地层尖灭线、超覆线、不整合面等地质现象，用以确定非构造圈闭的范围、类型及规模等。具体工作如下：

（1）构造圈闭解释：做出各地震反射层的构造圈闭平面图、关键部位的构造剖面图，按规定落实圈闭基础数据与断层基础数据，并进行主要目的层的地震相、沉积相、储层预测、特殊地质体的解释和圈闭发育史分析。

（2）非构造圈闭解释：作出反映非构造圈闭形态的平面图、控制形态的地质剖面图等，根据构造等高线、地层超覆线、地层剥蚀线、储层尖灭线、断层线的形态特征和组合关系确认非构造圈闭，并按规定落实圈闭基础数据，完成目的层的地震相、沉积相、储层预测和圈闭发育史分析。

（3）其他解释：作出反映地层、岩性、储层物性及是否有烃类存在等各种相关解释，并绘制平面、剖面图。

（二）圈闭评价与优选

圈闭评价与优选是在圈闭可靠性评价的基础上，对评价为可靠和较可靠的圈闭进行地质有效性评价，计算圈闭资源量和勘探经济效益的综合分析，并采用各种风险评价方法，对圈闭进行综合排队，其最终目的是优选出有利的若干个圈闭作为下一步钻探的对象，以便及早发现油气田。在此阶段，采用的主要技术就是圈闭地质风险分析技术、圈闭资源量预测技术、圈闭经济评价技术和圈闭优选决策技术。

（三）待钻圈闭描述与预探井设计

1.进一步地震详查或精查

在选出的圈闭上，迅速进行地震详查，测线网密度一般要求达到1km×1km～0.5km×1km，在圈闭比较复杂的情况下开展地震精查。对所得资料应用时作特殊处理，进行岩性、地震地层学研究，查明构造内渗透层（砂体）的分布情况，提高圈闭准备质量。

2.圈闭精细描述

根据勘探总体部署和勘探项目总体设计的安排与工作可行性分析，对每个评价为Ⅰ类和Ⅱ类的部分圈闭进行描述，提出预探井井位设计方案。

（1）圈闭形态特征描述：通过所需的地震资料可重新确定处理流程和处理参数，进行重新处理，并做必要的目标处理工作。用邻近（邻区）探井的井筒资料，对地震剖面的层位、速度、深度、岩性、物性、含油气性等标定与解释，以提高地震资料的解释精度，编制准确反映目的层顶面埋深的精细构造图。

（2）储盖层描述：进行地震相、储层沉积相及目的层岩性预测，储层纵、横向追踪及空间展布预测，目的层厚度预测，储层孔隙度与压力预测，分析盖层发育状况，综合评价盖层的封闭性能。

（3）含油气性预测：利用地震信息，结合非地震物化探资料，或用已知井信息进行烃类检测。对圈闭、断裂形成及发育史、沉积史与生、储、盖组合，油气运移时间、通道、距离，油气藏形成、保存与破坏史进行模拟、描述，预测圈闭含油气的可能性规模及油气藏类型。

（4）保存条件描述：这一部分工作包括确定断层位置、延伸长度、断开层位、断距、断层性质、活动性及活动时期、断层面两侧岩性配置关系，综合评价断层对目的层的封堵性；描述地层水活跃层位、活跃程度及对油气藏的影响。

（5）圈闭资源量重新估算：以圈闭精细描述成果来修正原圈闭资源量计算参数，重新计算圈闭资源量。通过圈闭精细描述，提交下列主要成果：各层段高精度的地震构造图；预测的本区地层剖面图（显示目的层层位）；预测的渗透层分布资料及图件；对构造区内各圈闭的评价及资源量估算；预探井井位建议方案。

3.预探井井位设计与布井系统

根据控制整个区带或圈闭的主要含油气层系的油气藏类型、含油气范围、取得储量计算的有关参数考虑，进行圈闭预探井总体部署。对圈闭精细描述后的有利圈闭，根据描述结果进行预探井井位设计，并从地质目的和地面施工条件出发，进行设计井位的论证，完成预探井井位设计论证报告。定向井、水平井要进行钻头最佳轨迹设计，另外，必须进行预探井井位经济技术可行性论证。

对作为突破口的第一、二口探井井位的设计，要从解决的主要地质问题和工程技术可行性方面进行重点论证，第一口预探井应设计在区带上最有利的圈闭的最有利部位，考虑到较大构造内可能存在的油气藏类型，可同时设计几口井，组成一个布井系统。当第一口探井失利时，用布井系统解剖这个构造，以便发现不同类型的油气藏。

（1）布井系统的采用：布井系统是指井与井之间的组合关系，为保证将井设计在构造上油气聚集的有利部位，同时便于钻后地下地质研究，预探井常常按照一定的布井系统来部署。常用的布井系统包括十字剖面系统、平行剖面系统、放射状剖面系统、环状剖面系统、网状剖面系统等。选择布井系统的主要依据是圈闭形态与复杂条件，以及可能存在的油气藏类型。

①十字剖面系统将探井布置在两个近于垂直的剖面上。这种布井系统广泛适用于穹隆和短轴背斜。

②平行剖面系统将探井布置在近于平行的若干剖面上。其适用于长垣、背斜带、单斜带及长轴背斜、断裂带等线形圈闭，以及探寻地层或岩性类型的隐蔽油气藏。

③放射状剖面系统将探井布置在由某个中心点（如高点）向周围放射的剖面上。这种系统适用于地台区较大型不规则隆起上。

④环状剖面系统将探井布置成一环或数环，适用于秃顶油藏及刺穿构造上。

⑤网状剖面系统中探井排列成规则的三角形网及方形网，可适用于不规则的岩性油藏（礁、砂体）的勘探。很明显，一定规格的网状系统普遍适用于任何类型的油田评价，且便与今后的开发井网相符合。

另有一种被称为临界方向布井的方法目前在实践中得到广泛的应用。这种布井方法的思路是把井布在最能说明问题的临界关键地点。如对具有多个高点的二级构造带来说，第1口井布在构造顶部的最高点位置，以解决最有利的局部高点上是否含油的问题；若见油气，第2口井布在局部高点之间的鞍部，解决几个局部高点是否连片含油的问题；再见油后，第3口井则布在圈闭整个二级构造带最低等高线附近，其目的在于解决整个二级构造带是否含油的问题。这种布井方法适用于大型构造及油藏类型比较简单的情况，对复杂类型的构造和油藏则不适用。

（2）井位的选择：井位的确定应考虑以下3个问题：一是预计含油气的关键部位，如高点部位；二是从面积上照顾到圈闭的各个部位，这样做的目的是不漏掉油气藏；三是各井不位于相同的等高线上，这样有利于探边。

（3）预探井类型划分：根据开钻的先后次序和钻探必要程序，预探井在设计时应分为3类：一类是独立井，它的位置和深度等已经确定，无彼此依赖关系，属迟早必须钻探的井；第二类叫附属井，它也是必须要钻的井，但位置和深度应根据独立井所得的资料进行调整；第三类是后备井，它是有可能钻也可能不钻的井，是否需要进行钻探，以及其位置、深度都要视前两类井的结果而定。

（4）探井数量的确定：预探井的数目主要取决于圈闭面积的大小、油气藏的类型、圈闭的复杂程度以及对区域的研究程度。通常小型的圈闭需1~5口井，中型的圈闭需8~12口井，大型的圈闭需15~25口井。上述布井系统同样也适用于评价勘探阶段。

4.圈闭钻探与钻后再评价

（1）圈闭钻探：实行科学打探井，应有一套地质、工程技术方面的要求和标准。它包括探井钻探前的准备，钻进中采用优质泥浆严格保护油气层，完井工作中抓好全套电测井、固井和试油工作。

在圈闭钻探过程中，要及时收集预探井的录井、测井、测试及分析化验等井筒信息，用于标定地震资料、修正原有参数、建立新的判别标准和判别模式；要取全取准油、气、水层资料，准确划分油、气，水层；要开展单井油层评价。在地质构造总结评价、测井解释总结、钻井固井质量总结、综合录井总结、岩石物性、流体性质等专题报告的基础上进行单井油层评价和储量估算，并做单井资金总结及经济效益分析。

（2）钻后再评价：对已获油气流的圈闭，要应用新资料进行油气藏早期描述，计算控制和预测储量。对邻近地区的未钻探圈闭，也应进行新一轮的圈闭描述评价工作，以修正优选圈闭可钻性的评价和新的预探井井位设计方案，提交预测储量。对于钻探无发现的圈闭，经过钻后的反馈评价，做出继续勘探或放弃勘探的决策。

三、勘探部署原则

在预探阶段，基本工作方法是钻预探井，因此本阶段的关键问题是如何科学部署预探井，利用最少的钻井工作量高效率地发现油气田。以下总结的几项原则都是围绕这一核心问题而提出的：

（1）着眼整个区带，选择有利的三级构造为突破口，以迅速突破出油关；

（2）提高圈闭准备质量，保证预探的顺利进行；

（3）合理部署预探井，高效地发现油气田；

（4）兼顾多层系、多类型油气藏的勘探，全面完成预探任务。

第五节　油气藏评价勘探

一、基本任务

油气藏评价勘探的任务就是对油气藏进行评价，搞清楚油气藏的外部形态和内部结构，弄清楚油气水性质与分布状况，建立含油气地质体模型，对油气藏进行综合评价，为编制开发方案提供依据。因此，油气藏评价勘探阶段是指从圈闭获得工业油气流开始到探明油气田的全过程，此阶段结束后将提交探明储量。

为顺利完成油气藏评价的目标，落实油气储量，就必须深入研究以下基本问题：

（1）构造特征。准确查明各主要目的层的构造形态、断层在平面上分布和纵向上切割层位、局部高点和断块的分布。

（2）储层特征。查明各含油层段的储层分布和与变化特征、成岩作用、储层孔隙结构、润湿性特征、油气层的岩性物性及其分层分布特征、油层连通状况等。

（3）油、气、水特征。查明不同构造部位和不同层系的油气水的地面和地下物理、化学性质及其变化情况。

（4）储量特征。查明含油气边界，确定含油气面积、含油饱和度，搞清楚原油和天然气的性质及其在垂向和平面上的变化规律，计算探明和控制储量，查明油气田的工业价值。

（5）开发生产特征。查明地层温度、温度梯度、地层压力、压力梯度以及各套含油层段的压力系统变化，确定油藏类型和驱动类型等动态特征，为编制开发方案和油田投入开发做准备。

二、工作程序

油气藏评价勘探工作是以地震精查为先导，迅速查明油藏构造形态，并在此基础上提供评价井位，然后以地震、地质、测井等资料为依据开展油气藏描述与评价工作，准确计算油气储量。按照评价勘探工作的过程，可以分地震精查、评价井钻探、油气藏评价3个步骤。

（一）地震精查或三维地震

评价勘探项目建立以后，要根据具体情况迅速补充完善地震精查，如果地质情况复杂，则有必要部署三维地震勘探。其目的在于提交各类圈闭的构造要素和详细的分层构造图，开展储层横向预测，进行烃类检测，并在此基础上提供评价井井位。

详探阶段要安排地震精查，测网密度要达到0.5km×1km或0.5km×0.5km，满足最终成图比例1∶50000或1∶25000的精度要求。针对复杂油藏安排三维地震或0.5km×0.5km测网的地震精查，满足最终成图比例尺1∶25000或1∶10000的精度要求。在此阶段，着重进行构造解释，储层解释及烃类检测。

首先，查明圈闭（油气藏）的准确形态，落实断层、高点分布等构造细节，提交接近油气藏顶面的精细构造图。构造解释除应用已有钻井资料对构造进行校验外，还要根据新完钻井资料及时对构造图进行局部修订，并用各种处理解释手段提高构造图准确程度。同时，应加强对断层的力学性质（弹性、压性、张韧性、压韧性）及其在油气运移、遮挡方面所引起的作用研究。要对众多的断层进行归纳分类，分清主要断裂和局部断层。

其次，开展地震资料的目标处理和储层横向预测，研究储层的空间分布和物性变化。储层解释一般采用制作模型和已有资料标定的方法，作出主要含油层系的砂岩厚度或砂岩百分比预测图、储层孔隙度解释预测图，并根据新钻资料及时进行校正，经过反复多次的精细目标处理解释，提高预测准确度。特别要重视垂直地震剖面、地层倾角测井的应用，要对砂体发育状况、延伸方向等做出补充解释。

再次，进行烃类直接检测和含油气性的模式识别。烃类检测解释应将不同层位、不同类型、不同可靠程度的异常标定到构造图上，并对其做出初步的解释。要应用钻探资料进行验证和修改提高，进而圈出预测的含油气范围，若有化探资料，应将不同指标、不同强度的异常区标注到图上，并作出合理的解释。

最后，进行评价井设计。评价井是在已经证实有工业性油气的构造、断块或其他圈闭上，在地震精查的基础上，为查明油气藏类型，评价油气田规模、生产能力以及经济价值为目的的探井。评价井划分为3种类型，即快速钻进井、分层试油井和重点取心井。不同的井承担不同的任务，从而达到"快、好、省"的勘探目标。评价井设计是在构造综合解释、储层预测、油气水预测的基础上，进行评价井数目、位置、井深剖面、完钻深度、井眼轨迹、取样要求等方面的地质设计以及与之配套的钻井工程设计工作。

评价井设计所需资料包括：两条以上利用合成地震记录标定的地震剖面，其中一条必须过井剖面；1∶10000或者1∶25000的含油气层段精细的构造平面图、含油气范围预测图；储层岩性分布图、物性参数分布图及油层综合评价平面图；油气层对比图、栅状图、油气藏剖面图。评价井的井距一般为1～2.5km，在具体井位部署上，除在预测砂岩发育区、预测烃类检测的异常区和构造有利部位外，还要在高点之间的鞍部、低断块、断块的较低部位、预测砂岩的不发育区、预测烃类检测异常区范围以外的部位部署一定数目的评价井。

（二）评价井钻探

评价井钻探的主要目的在于：

（1）探边，确定油气水边界、油气水界面，探明含油气范围；

（2）查明油气层的分层厚度，岩性与物性特征，明确储层四性关系；

（3）采集油气藏内部流体特征资料；

（4）取得油气层的试油试采资料（如温度、压力、开发特性），划分开发层系，确定合理的开采方式。

为了求得可靠的储量参数，要有一批井进行单层试油，以确定工业油气流的有效厚度下限标准，有条件时应进行探井试采；在测井、试油、岩心分析中，应录取一批工程地质参数，如岩石力学参数、黏土矿物成分与含量参数、储层敏感性数据等。

（三）油气藏评价

油气藏评价的主要内容可以概括为油气藏地质评价、储量与经济评价、开发特征评价3个方面。

（1）油气藏地质评价：评价圈闭特征、储层特征、流体特征，建立油气藏构造模型、储层结构模型、储层参数模型、流体分布模型；

（2）储量与经济评价：包括储量评价、储能和产能评价，确定合理的采油速度；

（3）开发特征评价：评价温度特征、压力特征、驱动类型、生产特性，制定合理的开发措施和开发方案。

油气藏描述是油气藏评价主要的技术方法，它充分利用地震、测井、地质资料和各种分析化验资料和测试资料，对油气藏几何形态、储层内部结构与特征、油气水分布状况进行全面的综合分析与评价。其目的在于对油气藏地质特征和开发特性进行综合评价，建立含油气地质格架，揭示油气藏的内部结构和油气藏内的油气水分布状况，为计算储量提供参数。其目的是对油气藏的各类特征参数进行三维空间的表征。

三、勘探部署原则

评价勘探的目的在于探明油气藏的工业价值，提交探明储量，在评价勘探部署中必须紧紧围绕这个根本出发点，其原则如下：

（1）科学部署评价井，快速、有效、经济地评价油气藏；

（2）取全取准各项数据，为油气藏评价提供第一资料；

（3）始终采用油气藏描述方法，实现少井多拿储量。

第六节　滚动勘探开发

我国石油科技工作者经过多年的摸索和实践，总结出了针对复杂类型油气田勘探开发的一套行之有效的滚动勘探开发模式，为加速我国石油工业的发展、丰富世界油气勘探开发理论做出了巨大的贡献。

一、滚动勘探开发的概念及其基本特点

（一）滚动勘探开发的概念

滚动勘探开发是一种针对地质条件复杂的油气田而提出的一种简化评价勘探、加速新油田产能建设的快速勘探方法。它是在少数探井和早期储量估计，对油田有一个整体认识的基础上，将高产富集区块优先投入开发，实行开发的向前延伸；在重点区块突破的同

时，在开发中继续深化新层系和新区块的勘探工作，解决油气田评价的遗留问题，实现扩边连片。这种"勘探中有开发、开发中有勘探"的勘探开发程序，称为滚动勘探开发。国内外大量的油气勘探经验表明，复杂断块和其他复杂类型油气田一般不能采用简单的程序，而应该采取滚动勘探开发的方法，否则可能事倍功半。

（二）滚动勘探开发的基本特点

（1）勘探开发紧密结合、增储上产一体化是滚动勘探开发的基本做法：石油勘探解决的问题是石油资源有没有、有多少的问题，其最终目标是储量；而石油开发要解决的是可以生产多少石油、怎样才能提高石油的产量和采收率；二者具有一定的独立性。而滚动勘探开发的一个重要特点就是"勘探中有开发、开发中有勘探"，二者成为一个整体，"增储上产"一体化。

具体到滚动勘探开发实施过程中的评价井和开发井，其作用虽有明显的区别，但又都具有勘探开发的双重特性。滚动评价井一方面承担着搞清油藏地质特征、计算油气地质储量、为编制初步开发方案提供依据的任务；另一方面又是一次开发井网的一部分，肩负着油气生产的任务。早期滚动开发井承担着深化地质认识、核实油气资源、增储上产的任务，因此兼有探井的性质。

（2）立足整体经济效益、实现速度和风险的综合平衡是滚动勘探开发所追求的目标：将油气勘探工作严格划分盆地普查、区域详查、圈闭预探、油气田评价的油气勘探程序具有阶段明显、步骤清晰、由大到小、由粗到细的基本特点，对于保证勘探工作有条不紊地进行具有十分重要的意义。但是，这种将勘探与开发严格区分开的做法的缺点也是不容忽视的。在发现油田后，必须在含油范围内部署大量的评价井才能准确获得油气藏的各种参数，其主要后果是：勘探周期过长，油田长期不能投产，表现为勘探效率低下；勘探投资积压，不能发挥应有的作用，表现为经济效益低下；油田产量上不去，满足不了国民经济发展的要求，表现为社会效益低下。

滚动勘探开发与常规勘探程序的不同之处在于，它是本着"阶段不能逾越、程序不能打乱、节奏可以加快、效益必须提高"的原则，简化评价勘探，加速油田投产。一方面，它加快了开发建设的速度，另一方面它提高了开发井的风险性。尤其是早期部署的开发井，存在较大的风险。所部署的开发井有一部分（20%～30%）落空，是允许的，也是正常的。由于需要在开发过程中部署一定数量的评价井去逐步深化地质认识，解决勘探中的遗留问题，必然会造成勘探总周期的延长，但这一做法却大大降低了勘探的风险性，也大大提高了探井的成功率。

可见滚动勘探开发不是单从油田勘探、油田开发、地面建设的某一个方面来片面衡量经济效益，主观要求一步到位，而是将勘探成果、开发效益、油田建设效果视为一个整体，在提高社会效益的前提下，达到整体经济效益的最大化。

（3）开发方案的反复调整、地面建设的多期次性是滚动勘探开发的必然结果：常规整状油田开发层系和开发井网的设计一般在初期就可以确定，并且能够在一定时间内保持稳定。但对于滚动勘探开发的复式油田和复杂断块油田，只能在滚动运作中伴随对地质认识程度的加深来逐步完善，不可能一开始就有系统的井网及层系设计，而是一个井网由稀到密、层系划分由粗到细的逐步实施过程。

复杂油气田的油气性质变化很大，油气水分布不完全清楚，对这种复杂类型油田的地质规律的多次反复认识、开发方案的多次调整实施，必然导致地面建设的多期次性。新的含油区块不断发现，新层系的勘探不断取得进展，开发生产能力逐步提高，多期的地面建设是不可避免的。所以，油气处理、油气集输等地面工程不能一次配套、超前完成，不然就会造成资金积压与巨大浪费。

二、滚动勘探开发程序

对于一个复杂的构造、地层、岩性圈闭带或者复杂断裂带，在预探发现工业油气流之后，通常要采用滚动勘探开发程序。

一般地，滚动勘探开发程序可以划分为两个时期，即早期滚动勘探开发和晚期滚动勘探开发。前者是指在地震精查或三维地震解释成果的基础上，在预探或短期的评价勘探之后，由于油田地质条件非常复杂，在短时间内难以逐块逐层落实探明储量，为了少打评价井，缩短从获工业油流到油田开发的时间，提高经济效益，实行开发向前延伸。在落实基本探明储量的油气富集区块，开辟生产实验区，用生产井代替部分评价井，深化对油藏地质特征的认识，同时研究油田的驱动类型、开采方式，计算未开发探明储量和可采储量，编制一次开发方案。晚期滚动勘探开发则是对已经提交未开发探明储量的地区实行一次开发方案实施过程中，利用少量的评价井对开发过程中所认识到的新层系和新区块进行评价勘探，旨在继续扩边连片，为开发提供新的接替区。复杂的断块构造带，其滚动勘探开发应包括4个主要阶段，即滚动勘探阶段、滚动评价阶段、滚动开发阶段和滚动调整阶段。

（一）滚动勘探阶段

该阶段指在复杂断裂带发现工业油气流后，通过进一步的预探工作，确定有利的油气富集区块后，落实圈闭，加深地质认识，并力争获得高产工业油流。滚动勘探阶段的主要任务包括：部署二维地震细测或三维地震工作，确定主要断层分布和断块构造形态；根据相邻断区块资料，预测含油层系、目的层和钻探深度；预测断块的圈闭面积、可能的含油面积和地质储量；确定最有利的第一批评价井井位，实施钻探，然后按评价井实施要求和滚动勘探开发的需要取全取准全套资料。

（二）滚动评价阶段

评价井获工业油气流之后即进入滚动开发设想阶段，主要目标是基本落实储量并提供可开发的地区，其主要任务包括：

1.早期油藏评价

油藏的早期评价是在评价井见油以后，充分利用所掌握的资料深化对地下地质条件的认识，并对资料的符合程度加以验证，是滚动勘探开发少走弯路、避免失败的关键。这一评价内容包括5个方面：断层和构造形态的落实程度；主要目的层在纵向和横向上的分布和变化；油藏产能参数；预测含油面积和地质储量；油藏驱动类型。

2.评价井钻探

在滚动开发设想方案的基础上重点抓好第二批评价井的部署与钻探工作。此时钻评价井是对早期油藏评价和滚动开发设想方案的验证，以解决地质问题和落实储量为目的。要求严格取全取准各项资料，一般要求取心、中途电测和地层倾角测井等。对井位、地下靶点和井轨迹要严格复测复查，所取资料要满足计算Ⅲ级探明储量的要求。

3.跟踪对比和滚动作图

评价井完钻后要做好钻井跟踪对比工作，根据所获得的各种资料，检验钻井与地震剖面的符合程度，对构造和断层、油层变化以及储集层参数、含油面积、地质储量和驱动能量做重新认证，对构造图、断面图和剖面图的正确性进行验证。如果评价井与原来的认识有较大的出入，则需根据新的资料再次进行前期评价，重新编制各种图件，对原设想方案重新加以部署和调整。如果评价井与原来的认识基本一致，则对设想方案略加调整即可转为正式方案逐步加以实施。

（三）滚动开发阶段

在第二批评价井钻探达到预期目的并与原来的认识基本一致时，断块即转入滚动开发阶段。这时应以完成上报探明储量和尽快建成生产能力为目标。通过开发前期油藏描述（评价井完钻后）工作，要得出以下4个方面的认识：断块的四图一表（分层构造图、砂体连通图、油藏剖面图、断面图及小层数据表）；分析落实各项地质参数和油藏参数，计算出断块含油面积和地质储量；根据动态资料和数字模拟确定注采井网、注水方式和开采方式；编制正式的滚动开发方案。

在编制正式滚动开发方案的同时，应编制地面建设方案、采油工艺方案，进行经济效益测算，然后统一加以实施，以尽快建成生产能力。

（四）滚动调整阶段

在富集区块全面投入开发一段时间以后，要针对开发过程中暴露出来的矛盾，进行再认识，即进行第四次评价。其目的是提高储量的动用程度和水驱控制程度，提高开发效果和油田的采收率。其内容应包括精细的构造描述和储量复算、注采井网对储量的控制程度及适应性分析、储层水淹特征及剩余油分布规律分析、地面管网和工艺技术的调整等多方面。经过这一轮的评价，就可以编制综合调整方案。

在早期滚动勘探开发阶段取得成功以后，要利用评价井及开发井的资料，对在开发过程中所认识到的新领域、新层系和新区块进行评价，为已开发区块提供新的储量接替区。

三、滚动勘探开发的部署原则

（1）重视整体地质评价，做好滚动勘探开发规划；

（2）加强组织管理，及时进行滚动开发方案的调整部署；

（3）地面、地下统筹安排进行油气田建设；

（4）推广使用新技术，提高滚动勘探开发水平。

第七章　非常规油气勘探方法

第一节　煤层气勘探与评价

一、煤层气基本概念

（一）煤层气的定义及基本特征

煤层气是一种在煤的形成过程中生成并储集于煤层中的自生自储的非常规天然气，主要以吸附态赋存于煤层中，主要成分为甲烷。煤层是煤层气生成和储集的源岩，在煤的演化和变质过程中，煤层气形成并在煤层中储集和运移。

煤层具有一系列独特的物理、化学性质和特殊的岩石力学性质，因而使煤层气在贮气机理、孔渗性能、气井的产气机理和产量动态等方面与常规天然气有明显的区别，表现出鲜明的特征。煤层是由孔隙和裂隙组成的双重介质，其内部的孔隙是煤层气的主要储集场所，裂隙则是煤层气运移的通道。煤层气在煤层中有3种赋存状态，即游离态、吸附态和固溶态。一般条件下，3种赋存状态共同存在，从而导致煤具有多级解吸动力学的特征。在3种赋存状态中，80%～90%的甲烷以吸附态吸附在煤岩孔隙和裂隙的内表面上，与孔隙和裂隙内的游离态甲烷分子在一定温度压力下形成动态平衡，而煤储层的孔隙、裂隙结构则决定了煤层气的解吸动力学的阶段性。

（二）煤层气成因类型及形成机理

从泥炭到不同变质程度煤的形成过程中，都有气体的生成。根据气体生成机理的不同，可以将煤层气的成因类型分为生物成因和热成因两类。生物成因气主要形成于煤化作用的未成熟期，而热成因气主要形成于煤化作用的成熟期和过成熟期。

1.生物成因气

生物成因气主要由甲烷组成，它是由各种微生物的一系列复杂作用过程导致有机质发生降解作用而形成的。生物成因气又可以根据产生阶段的不同分为原生生物气和次生生物气。

2.热成因气

随着煤变质程度不断加深，煤层由低阶向高阶演化，当煤化进入长烟煤阶段，就开始了热生气阶段。随着煤化作用的不断加深，二氧化碳和水不断消耗，煤层生气量不断增加，一直到无烟煤Ⅱ号、Ⅲ号阶段为止。根据生成阶段的不同，热成因气又可具体划分为热降解气和热裂解气。

（三）煤层气藏及其形成条件

钱凯教授等结合我国煤层气资源及发展特点，正式提出了煤层气藏的概念：煤层气藏是指在压力（主要是水压）作用下"圈闭"一定数量气体的煤岩体。同时，依据其工业价值提出经济煤层气藏的概念，尽管煤层气藏与常规天然气藏在烃源条件、运移机制、储集、流体状态等方面存在明显差异，但煤层气富集成藏也必须具有良好的封闭保存条件，并非凡是中高煤阶的煤区就必有煤层气藏形成，更不一定是经济煤层气藏。

依据不同封闭保存机制，可将煤层气藏大致分为压力封堵煤层气藏、承压水封堵煤层气藏、构造煤层气藏等主要类型。

煤层气藏的形成条件包括储集和保存两个方面。储集条件主要受煤层厚度和煤变质程度的影响，而保存条件主要受盖层和地质构造作用的影响。另外，由于煤层的埋藏深度对气成分、储层压力、煤储层的渗透性有重要影响，因而也是控制煤层气藏的一个重要因素。

二、煤层气勘探方法与技术

目前用于煤层气勘探的方法有地质、地球物理、地球化学及地质录井等方法，而综合利用三维地震、地球物理测井及钻探资料预测煤层气富集区，必将成为今后煤层气地震勘探技术的发展趋势。

（一）地质方法

煤层气地质方法主要是指煤层气的基础地质研究。其主要发展方向及趋势是从动力学角度研究成藏过程及其影响因素。利用宏观和微观条件，分析"五史"（构造演化史、沉积埋藏史、煤化作用史、地下水活动史、生气史）配置关系和"三性"（煤储层储气性、渗透性、煤层气可驱动性）协调发展，阐明成藏机理和分布规律，预测有利勘探区，提出部署意见。

（二）地球物理方法

1.地震勘探技术

地震勘探是煤田地质勘探中应用较广泛的一种地球物理勘探方法，应用到了煤田地质勘探的各个阶段，从预查找煤到采区勘探，适合做地震勘探的煤炭勘查区都应做地震勘探。

（1）煤层气地震勘探理论：煤层气主要储集在煤层裂隙中。煤层中裂隙的存在使煤储层表现为方位各向异性和双相介质特征，这些特征为利用地震技术预测煤层气奠定了基础。因此，煤层气地震勘探的理论，即各向异性介质理论和双相介质理论。

各向异性介质理论，即地震波在方位各向异性介质中传播后，横波将分裂为偏振方向近乎正交的快横波和慢横波。纵波地震属性随方位角变化而变化。通过对快、慢横波的偏振方向与时差以及纵波属性的分析可以确定裂隙的走向与密度，进而预测煤层气富集区。

双相介质理论认为，地下介质由固体颗粒和流体介质两部分组成。由于固体颗粒与流体介质相互作用，地震波在双相介质中传播时将产生快纵波和慢纵波。快纵波的固相位移和流相位移同相，慢纵波的固相位移和流相位移反相。慢纵波使地震波的能量分配发生变化，地震波场特征表现为低频共振、高频衰减。

（2）煤层气地震勘探方法及技术：煤层气地震勘探是地震属性的提取、分析，利用地震属性区分构造、岩性并进行目的层预测的过程。其核心是查明构造煤的分布、煤层顶底板中裂隙裂缝的发育方向和密度。

其主要方法有以下几类：

①构造地震勘探与岩性地震勘探技术。构造地震勘探运用地震波的运动特征，用旅行时和波速，计算地层分界面上各点的埋藏深度，确定地层的构造形态。岩性地震勘探还可运用地震波的动力特征研究地层岩性。

②地震属性技术。地震属性分析技术是对地震属性信息提取、存储、检验、分析、确认、评估以及将地震属性转换为储层特征的一整套方法与技术。地震属性的类型很多，在实际应用中要根据待解决的地质问题选择相应的地震属性。

a.数字滤波法：煤层气储层作为一种典型的双相介质，波在其中传播时，储层中的固体颗粒与空隙中流体（气体）的相互作用产生了慢纵波，慢纵波的存在使得双相介质中波的能量分配发生了变化，使其能量朝低频方向移动，即地震波场的动力学特征发生了变化。

基于双相介质中的能量再分配及其"低频共振、高频衰减"的表现特征，数字滤波法可以从地震记录中提取所需频率范围内的能量分布特性，去掉不需要的频率成分，对煤层气富集区做出有效预测。杨双安等曾采用数字滤波法对山西唐安煤矿三维地震资料进行处理，得到了煤层能量平面分布图并成功预测多处煤层气富集区。

b.频谱分解技术：是基于频率谱分解的储层特色解释技术，它利用傅氏变换或小波变换，把三维地震数据分解成一系列单一频率的能量数据体、相位数据体。其主要依据含煤层气煤层的高频吸收特性和薄煤层反射的调谐原理预测煤层气富集区。

高频吸收特性是指当地震波经过含煤层气煤层时，高频成分能量衰减较地震波通过不含煤层气煤层时严重。薄层反射的调谐原理是指当薄层厚度增加至1/4波长的调谐厚度时，反射振幅达到最大值。不同频率地震波以调谐厚度不同。当地震数据从时间域变换到频率域时，在振幅谱中，振幅随频率增加逐渐变大，直至达到调谐频率，之后振幅随频率增加而降低。当顶、底界面相差1/2波长也就是3/2个调谐频率时，顶、底反射相消，振幅谱振幅达到最小值。

利用频谱分解技术对山西阳泉矿区的煤层气富集区进行了预测。研究表明，低频能量较高，区域煤层气含气量高。而且其预测成果与钻孔测试资料吻合较好。

③AVO技术。AVO技术始于20世纪60年代后期的地震勘探亮点油气检测技术。在地震勘探中，作为烃类、岩性和裂隙的重要检测手段，AVO技术在石油与天然气研究领域内被广泛应用并有成熟的理论基础。

AVO技术是以弹性波理论为基础，利用叠前CDP道集对地震反射振幅随炮检距（或入射角）的变化特征进行研究、分析振幅随炮检距的变化规律，得到反射系数与炮检距之间的关系，并反演与储层特性有关的物性参数，达到利用地震反射振幅信息检测油气的目的。

但每一种地震技术都有其局限性和适用性。因此，多种地震技术相互结合、相互验证，才能精细描述煤储层的物性特征，有效预测煤层气富集区。

④纵波方位AVO技术。纵波方位AVO反演用于预测裂隙和非均质性方面的岩性信息。但在实际研究中，纵波方位AVO技术仅适用于定向排列的角度较大的裂隙带的检测。对于不同角度、不同方向的多组裂隙，方位AVO技术应用效果欠佳。此外，在进行野外数据采集时，使用宽方位、高覆盖、炮检距均匀的三维地震采集技术，能够获得高信噪比、高分辨率的地震资料，降低裂隙检测风险。

⑤弹性波阻抗反演技术。BP Amoco 公司的Connolly 提出了弹性波阻抗概念（Elastic Impedance，简称EI），并将其表示为岩石纵波速度、横波速度、密度和入射角的函数。EI是纵波反射系数随炮检距变化的思想引入地震资料反演领域的产物，即把AVO技术与AI（声波阻抗）反演技术进行结合，能够解决地震波非垂直入射条件下的纵波反演问题。

弹性波阻抗是对声波阻抗的推广。弹性波阻抗反演使得波阻抗反演从叠后发展到叠前，角度道集叠加剖面可保留地震波的许多AVO特征，弥补了从传统叠加资料无法获得岩性参数这一缺点，结合EI和AI可以更好地解释地下介质的岩性，为预测构造煤提供了一种全新的方法。

然而，实际应用试验表明，受不同反演方法本身的应用前提等因素的限制，单一的地震纵波预测技术存在一定的多解性和不确定性，难以得到可靠的岩石物理结果，地震处理中真振幅也难以保持，因而不能真实反映煤岩裂缝隙的发育程度。S波地震采集的成本高，且信噪比、分辨率普遍偏低，与之配套的处理方法也不太成熟。因此，常规的P波、S波地震勘探技术不足以满足煤层气储层的预测。

（3）多波多分量地震技术：

①多波勘探的定义及优势：多波多分量勘探方法是当今世界正在兴起的具有广阔前景的勘探技术。它可以弥补纵波勘探的不足，为直接找油气提供思路。科学地说，多波地震勘探方法是一种综合利用纵波、横波（或转换波）等多种地震波对地层进行勘探，为寻找油气提供可靠依据的有效地球物理方法，主要有二维三分量、三维三分量等。多波多分量技术是解决目前复杂油气藏勘探的有效手段，是地震勘探发展的必然趋势。多波多分量勘探技术发展进入了一个新阶段。

多波勘探的应用优势主要体现在以下3个方面：a.提高成像精度。如当纵波受"气云"等影响形成反射盲区时，转换横波则不受"气云"干扰，可以得到较好的反射成像。b.各向异性与裂缝识别。利用横波对介质各向异性敏感，在含裂缝地层中容易分裂为快、慢横波的特点，研究地层各向异性及识别裂缝性油气藏。c.物性参数提取。多分量地震资料信息量丰富，它提供的时间、速度、振幅、波阻抗等信息同单一纵波勘探相比，成倍地增加，并能衍生出差值、比值、几何平均值、弹性系数等参数。利用这些参数能有效估算出地层岩性、孔隙度、裂隙、含气性等，对含气储层的研究具有直接的物理意义。

多波多分量技术是解决目前复杂油气藏勘探的有效手段，是地震勘探发展的必然趋势。目前，全三维多分量地震勘探方法已在国内外得到了运用。

②多波勘探理论及技术：多分量地震资料处理技术以弹性波理论为基础，即地层的弹性性质是有方向性的，垂向的各向异性对应于地层的层状构造，水平向的各向异性对应于地层的微观断裂构造，如裂隙等。依据资料处理流程不同，可以将其分为两类：基于标量波波场理论的波场分离多分量处理技术；基于矢量波波场理论的多波联合处理技术。

a.波场分离多变量处理技术。该技术是在成熟的纯纵波地震资料处理技术之上发展起来的，目前已经形成了比较成熟的处理流程和配套技术，无论是叠后处理技术还是叠前处理技术，都已在实际生产中得到了应用，并取得了较好的效果。其主要包括波场分离、横波静校正、转换横波速度分析及转换横波偏移成像等核心技术。

b.多波联合处理技术。该技术是基于弹性矢量波理论的地震资料数字处理技术，将地面接收到的多分量地震数据当作矢量场而非几个标量场（数据）进行处理，因此不需要进行波场分离。该技术回避了波场分离处理技术中的部分技术难点，并且在理论上更接近实际情况，能够更好地保持地震数据的原始信息，因此，相比基于波场分离的处理技术理论上有一定的优势。

然而，多波联合处理技术目前尚处于研究和实验阶段，与其相配套的相关技术仍不完善，对于多分量地震实际资料的处理还没有形成完整的处理流程。

2.测井技术

测井是通过测井曲线反映的地层岩性的物理特征来解决地质学问题的一种技术。测井技术具有方法种类多、分辨率高等优点，在常规油气勘探开发中发挥了重要作用。煤层气测井技术主要用于煤层气储层的识别和煤层气储层参数的定量解释，具有分辨率高、识别效果好、快速直观、费用低廉等特点，可弥补取心、试井及煤心分析等方面的不足。因此，测井技术成为煤层气勘探开发中的重要手段。测井系列是指按一定的测井目的所选择的一系列测井项目的配套组合。煤层所处的地质年代及围岩岩性不同，选择的测井方法也不同。其具体选择的原则可以从"识别、分析、开采"3个方面来进行，同时应该全面考虑构造、沉积等方面的特殊需要。

（1）煤层气储层识别技术

识别煤层有两个含义：一是将煤层与其他岩性地层区分开来；二是将煤层与其他岩性的界限准确划分出来，确定煤层的厚度。识别煤层常选用的测井项目包括自然伽马、补偿中子、补偿声波、补偿密度等。基于测井曲线的基本原理，通过对大量已知煤层气储层测井曲线地质响应的分析总结，国内外学者提出了多种煤层气储层识别方法，可以归纳为直接识别法和孔隙度分析法。

①直接识别法：煤层测井响应突出，与顶底板岩石存在巨大差异，具有"三高两低"的电性特征。具体表现为：中高值电阻率，而且数值变化大，高声波时差，高补偿中子，低自然伽马，低体积密度。

在没有渗透层的煤层中，当浅侧向测井曲线明显高于深侧向测井曲线时，说明此处可能含气。此时若声波时差增大而体积密度变小，则可判断该层含气。若对应的自然伽马和自然电位曲线变低，则可判断此层为煤层气储层。

②孔隙度分析法：煤层气储层中各向异性显著，中子和密度测井不受地层各向异性的影响。因此，中子–密度孔隙度重叠法是比较理想的煤层气测井预测方法。同时，中子–声波孔隙度重叠法与中子–密度孔隙度重叠法能够相互验证，排除煤层气储层预测时的多解性。

煤层的主要成分是碳，水和灰分含量很少。因此，中子、声波和密度孔隙度响应主要取决于煤层碳含量。多数情况下，煤层中子孔隙度、密度孔隙度和声波孔隙度相互接近。煤储层中煤层气的存在会引起中子孔隙度减小，密度孔隙度和声波孔隙度增大。因此，煤层气储层的中子孔隙度通常小于密度孔隙度和声波孔隙度。

（2）煤层气储层参数定量解释和评价技术：测井技术可以确定的煤层气储层参数包括：①煤层有效厚度；②煤岩工业参数；③煤阶；④煤层含气量；⑤煤层物性参数；⑥岩石力学参数等。

3.井-震联合反演

地震-测井联合反演是一种基于模型的波阻抗反演技术，其结果的低频、高频信息来源于测井资料，中频段信息取决于地震数据。不断对初始地质模型进行修改，可以使修改后模型的正演合成地震资料能够与原始地震数据最为相似，从而克服地震分辨率的限制，最佳逼近测井分辨率，同时保持地震较好的横向连续性，最终有效地提高地震资料分辨率和储层预测的效果。

4.非震勘探技术

作为地震勘探的补充手段，综合物探，尤其是电法勘探，在煤层气储层预测评价和制定开发方案中也能够发挥一定作用。非震勘探技术主要包括地面高精度磁测、电磁频谱法、可控源音频大地电磁法（CSAMT）、激发极化发（IP）法、瞬变电磁测深法（TEM）等，这些方法对判断、预测煤层气富集情况有重要的应用价值。下面主要介绍这几种方法：

（1）地面高精度磁测：烃类物质在温度、压力等的作用下长期沿微裂缝、微通道向地表逐渐渗漏，而在气藏上方近地表的沉积物形成了"烃蚀变带"。由于氧化还原电位的变化，破坏了含三价铁的矿物成分，或影响了某些微生物作用，改变了矿物组分。相对于背景场来说，产生了弱磁性异常区，即"磁亮点"。根据"磁亮点"原理，可以用磁性测量来圈定烃类物质渗漏分布，乃至可以使用地面高精度磁测圈定煤层气分布远景靶区。

（2）电磁频谱法：使用高精度电磁频谱探测方法，对勘探地区的煤层气作实地探测，取得煤系地层中的地球物理响应。由此建立煤层、围岩的岩性与物性的关系，进而利用大地电磁频谱探测技术了解煤层的埋深、厚度，使煤层气的勘探工作有了新的科学勘探技术方法。

（3）可控源音频大地电磁法（CSAMT）：地下水（或煤层水）对煤层气的保存主要体现在封闭、封堵和运移逸散作用。其中，水力封闭和封堵是形成气藏的有利条件，水力封闭作用发生在断裂不甚发育的单斜或向斜构造条件下。因此，可利用可控源音频大地电磁法进行地下水低阻带的圈定，分辨局部构造带，以尝试区分煤层气与煤层水的接触界面，从而从宏观角度确定或否定煤层气的富集区。

（4）激发极化发（IP）法：由于地壳压力、水动力及化学势等动力学条件作用，烃类物质不断地发生运移，在不断运移过程中多被黏土吸附。上覆地层中的细粒沉积岩，如粉砂、泥质、黏土等，其微小的孔隙空间阻碍了水的循环，形成与上部水体隔离的封闭环境，造成缺氧条件，长期维持还原环境，致使上覆地层中的硫酸盐、三价铁等被还原，生成大量的H_2S气体。而在H_2S运移过程中，上覆岩层铁（Fe）离子在细菌作用下生成FeS_2（黄铁矿）。由于长期的积累效应，致使煤层气富集区的上覆地层多表现为次生黄铁矿化，同时存在其他变异。而其中的次生黄铁矿化是构成激光极化法间接勘探煤层气的物质基础。

5.地质录井法

由于传统钻井取心法进行煤层气分析不能满足多方的需要，因此必须结合石油录井技术来卡准煤心位置，这也是评价煤层气潜力的重要手段。地质录井方法主要利用岩性特征、钻时、dcs指数、气测异常等录井参数来卡准煤层位置。这种方法有助于提高煤层气勘探技术水准，获得更好的效益。然而，由于没有标准与资料可循，煤层气录井的主要职责、技术还不成熟，目前各方正在积极探索中。

三、资源评价

煤层气资源评价，是以煤、煤层气地质理论认识为指导，在对大量勘探和开发成果、有关数据与地质认识综合分析、归纳的基础上，阐明煤层气的赋存与开发地质条件，对地下煤层气资源的总量、开发前景做出估算与评价。煤层气资源评价的内容主要有：煤层气地质条件；煤层气资源量计算；煤层气资源开发前景评估；煤层气开发有利区块选择。

（一）煤层气选区评价

迄今为止，国内外煤层气有利区带优选评价多是采用传统的方法体系，即以半定量性质的"综合评价标准"为核心，根据标准将评价单元对号入座，筛选出具有开发前景的评价单元。

1.煤层气勘探选区评价步骤

（1）单一煤层气区块评价，即对某一选定的煤层气区块的主要评价因素进行评价，确定是否为煤层气开发的有利目标；

（2）多块煤层气区块优选，即对于多个有利目标，综合考虑所有关键因素，根据这些因素的影响程度，采用如层次分析法、灰色聚类法和模糊评价法等进行综合评价，确定近期最有利开发的目标。

2.煤层气选区评价指标与方法

我国石油地质工作者提出包括基础参数、储集参数、物性参数3种类型和12个要素的煤储层评价标准；中国矿业大学通过对山西南部地区煤层气地质的研究提出了综合评价标准，包括含气性、煤储层、盖层、其他4类因素共25个要素。

在新的评价体系中，充分考虑了煤层气地质条件的模糊性和确定性双重特征，遵循地质研究（定性）→定量排序（定量）→地质分析（再定性）的辩证思路，平行采用两类基本方法进行区带优选，即关键要素递阶优选法和定量排序方法。

（二）煤层气储量计算

煤层气资源量：根据一定的地质和工程依据估算的赋存于煤层中的、具有现实经济意义和潜在经济意义的煤层气数量。

煤层气地质储量：在原始状态下，赋存于已发现的具有明确计算边界的煤层中的煤层气总量。

原始可采储量（简称可采储量）：地质储量的可采部分，是指在现行的经济条件和政府法规允许的条件下，采用现有的技术，预期从某一具有明确计算边界的已知煤层中可最终采出的煤层气数量。

1.煤层气资源/储量分类与分级

煤层气资源储量的分类以在特定政策、法律、时间以及环境条件下生产和销售能否获得经济效益为原则，在不同的勘查开发阶段通过经济评价，根据经济可行性分为经济的、次经济的和内蕴经济的三大类。从资源的勘查程度和地质认识程度将煤层气资源量分为待发现的煤层气资源量和已发现的煤层气资源量两级。已发现的煤层气资源量，又称煤层气地质储量，根据地质可靠程度分为预测的、控制的和探明的3级。可采储量可根据所在的地质储量确定相应的级别。

2.国内外资源储量评估方法

目前常用的储量评估方法有容积法、类比法和动态法。容积法和类比法被认为是静态法。从参数取值的角度来看，储量评估又可分为确定法和概率法。确定法在上述3种常用方法中被广为采用，而概率法在容积法中也经常被使用。

（1）容积法：容积法一般是计算储集空间中流体或气体量的基本方法。容积法是进行油气储量评估最常用的方法，它不依赖油井的生产动态趋势，是油气田勘探开发初期评估油气储量的最好方法。

容积法评估油气储量是借助于地质模型来完成的。首先，通过直接观察或通过对油气藏的厚度、孔隙度、含水饱和度，以及储层在平面上的展布的评估来确定模型所需要的参数。其次，将这些参数输入地质模型，从而确定油气藏的体积。最后，根据这些参数，结合油气藏压力、温度条件下的流体性质，就可以评估出油气藏中油气的体积。

（2）类比法：

①类比条件的相似性。需要评估的新油气田或油气藏与类比油气田或油气藏在下列因素上应该具有相似性：油气藏的流体组分；油气藏的驱动机理；纯产层厚度；岩石物性；

岩性和沉积环境；原始压力和温度；井控程度。虽然很少发现这些因素具有完全相似性，但评估者总能找出几个合适的参数进行类比，然后根据已有的经验，做出合理的对比。

②类比的指标与方法。通常的类比指标包括采收率、单位体积采出量及单井的平均采出量。类比法主要用于估算井控程度较低或储量计算资料很难获得区的储量，但类比区必须位于已知区的临近区域。评估者可参考更多的油田，利用平均值来确定各项类比指标的值，或者根据更详细资料的相似性，如渗透率或井控面积等，找出更合适的类比油田来确定类比指标。

（3）概率法：采用已知的地质、工程和经济数据产生一系列估算范畴及与它们相关的可能性，这种方法叫作概率法。概率法是基于对储量参数值范围的认识和评估，从而计算出相应的原始油气的地质储量或可采储量。这种方法的基本步骤是：首先根据现有的资料，计算出各个变量的概率分布函数。这些概率分布函数反映某个参数的整个范围，包括最小值、最大值、期望值或概率分布类型；然后通过蒙特卡洛模拟迭代出储量的累积概率分布曲线，并求出低值（P_{90}）、中值（P_{50}）、高值（P_{10}）和期望值（EV）。不同级别的储量与不同的概率相对应。

①证实储量：至少有90%的概率（P_{90}），即估算储量会被开采出来的概率是90%；实际的储量等于或超过估算值的概率是90%。

②证实储量+概算储量：至少有50%的概率（P_{50}），即：估算储量会被开采出来的概率是50%；实际的储量等于或超过估算值的概率是50%。

③证实储量+概算储量+可能储量：至少有10%的概率（P_{10}），即估算的储量会被开采出来的概率是10%；实际的储量将等于或超过估算值的概率是10%。

（4）动态法：动态法是证实已开发储量评估的最为常用的方法，主要包括递减曲线分析法、物质平衡法、数值模拟法等。

①递减曲线分析法。递减曲线分析就是利用实际生产历史资料的生产规律和开发趋势，对过去生产动态趋势进行外推来估算储量、剩余生产期限和产量预测。递减曲线的分析一般称为产量—时间关系曲线的外推，其中，产量以半对数比例绘制。递减曲线分析有以下几种基本假设：过去动态资料数量齐全，足以建立具有合理确定性的产量递减趋势；预测产油量与实际产油量具有相同的递减趋势；具有一个明确的经济极限。

②物质平衡法。物质平衡法计算煤层气储量适合于煤层气开发阶段，可以计算动态过程中的煤层气储量，从而弥补了体积法之不足。使用物质平衡法计算储量要求具备以下储层参数：煤储层的静态地质参数、煤层含气量、吸附等温数据、煤层中各种流体的PVT分析数据、各种流体在地面条件下的物性分析数据及储层动态参数（包括投入开发时的气、水产量数据和压力变化数据）。使用该方法计算储量时，要求储层动态参数齐全，生产时间越长，动态参数越多，计算结果的精度越高。

③数值模拟法。数值模拟法能把已知储层特性和早期的生产数据组合在一起，以获得产量预测和最终的储量计算。这一方法在煤层气开发区内可以广泛使用。但应当指出的是，为使所建模型能获得与历史产能匹配的成果，并用于预测未来产能和储量，通常需要实际的生产数据和储层参数，而这些参数在煤层气开发初期往往十分欠缺。在使用模型进行产能和储量预测时，对参数的选择应特别慎重。

第二节　页岩气勘探与评价

一、页岩气基本概念

（一）页岩气的定义及基本特征

页岩气是指以热成熟裂解作用或生物作用为主以及两者相互作用在富含有机质的页岩中生成并富集在其中的天然气。其主体位于暗色泥页岩或高碳泥页岩中，以吸附或游离状态为主要的存在方式。从某种意义来说，页岩气藏的形成是天然气在源岩中大规模滞留的结果，由于储集条件特殊，天然气在其中以多种相态存在。天然气的赋存相态多变但以吸附态或游离态为主吸附状态，含量在20%~85%，一般为50%左右，溶解态仅少量存在。

与常规储层气藏不同，页岩既是天然气生成的源岩，也是聚集和保存天然气的储层和盖层。因此，它具有自生自储、吸附成藏、隐蔽聚集等地质特点。生烃源岩中一部分烃运移至背斜构造中形成常规天然气，尚未逸散出的烃则以吸附或游离状态留存在暗色泥页岩或高碳泥页岩中形成页岩气。因此，有机质含量高的黑色页岩、高碳泥岩等常是最好的页岩气发育条件。

页岩气开发具有开采寿命长和生产周期长的优点，大部分产气页岩分布范围广、厚度大，且普遍含气，这使得页岩气井能够长期以稳定的速率产气。页岩气与通常所理解的传统泥页岩裂缝油气不同，现代概念的页岩气在概念、成因来源、赋存介质及聚集方式等方面均具有较强的特殊性，尤其是吸附机理和成藏特点的认识，丰富了天然气成藏的多样性，扩大了天然气勘探的领域和范围。

（二）页岩气成因类型及形成机理

一般可以根据天然气的成因类型将页岩气成因类型分为3种，即热成因类型、生物成因类型及混合成因类型，其中热成因类型是页岩气主要的成因类型。

1.热成因类型页岩气

热成因型页岩气藏主要受页岩热成熟度控制。热成因型页岩气又可分为3个亚类：

（1）高热成熟度型，如美国福特沃斯盆地的Bar-nett页岩气藏；

（2）低热成熟度型；

（3）混合岩性型，即大套页岩与砂岩和粉砂岩夹层共同储存气体。

2.生物成因类型页岩气

生物成因型页岩气藏主要受地层水盐度和裂缝控制。目前发现的生物成因气主要可以分为两种形式：

（1）早成型，从页岩沉积并且成岩作用初期就开始生气，页岩气与伴生地层水的绝对年龄较大。

（2）晚成型，气藏的平面形态为环状。页岩沉积形成与开始生气间隔时间很长，主要表现为后期构造抬升埋藏变浅后开始生气。

此外，还有上述两种类型的混合成因型。

（三）页岩气藏及其形成条件

通过对页岩气成藏特征的研究，可以看出页岩气与深盆气在成藏方面有相似之处，也有特殊性。页岩气藏不以常规圈闭的形式存在，在成藏上具有隐蔽性。页岩气一般具有大面积分布、连续成藏的特点，其富集高产主要受有机质丰度、有机质成熟度、脆性矿物含量、储集物性和保存条件5大因素控制。

1.有机质丰度

不同类型干酪根由于化学组成不同，其生烃潜力也存在差异；有机质含量不仅是衡量烃源岩生烃潜力的重要参数，而且直接影响吸附气的含量。

2.有机质成熟度

有机质处于成熟生气阶段是形成天然气的重要地质条件。

3.脆性矿物含量

高脆性矿物含量是形成自然裂缝和人工诱导缝的基础，从而有利于形成页岩气的产出通道。

4.储集物性

孔隙度越高、孔径越大，可存储的游离气越多；渗透率主要影响气体的运移与游离气的储存。因此，良好的孔渗条件是实现页岩气富集的重要条件。

5.保存条件

保存条件不仅是常规油气富集的主控因素，也是页岩气形成和富集的关键地质要素。其中，盖层条件和构造条件是两个主要的影响因素。

二、页岩气勘探方法与技术

页岩气的成藏受页岩储层孔隙度、裂缝发育程度、有机碳含量、地层压力等多种因素影响，根据页岩气的性质，目前用于页岩气勘探的方法有地质预测法、地球物理方法、地球化学及地质钻井法等，且呈现出以地球物理手段为主的多种方法综合研究。

（一）地质预测法

地质预测法主要包括露头地质勘探和室内岩心分析。

1.露头地质勘探

露头地质勘探即在一定区域范围内，通过地表出露沉积地质剖面的观察与测量，或者通过已有的常规油气钻井资料的观察与解释，重点了解、掌握地层发育与展布及暗色页岩（泥岩）发育的岩性、岩相和物性特征、厚度与分布等参数。由于国内各大盆地石油天然气勘探已经积累了大量资料，所以地表调查结合老井复查可以提供较准确的页岩（泥岩）参数。

2.室内岩心分析

岩心研究是页岩气研究中最有效的方法，岩心分析可以分析有机碳含量、干酪根类型、成熟度、孔隙度及渗透率等。岩心测试技术主要有3项：高精度含气量测试技术、页岩微观孔隙评价技术及脉冲式低渗透岩石渗透率测试技术。其中，高精度含气量测试技术包括快速解吸法和二次取心测试法。页岩微观孔隙评价技术是指利用氩离子光束抛光页岩岩石样品表面，通过扫描电镜、薄片岩相鉴定仪和衍射仪的分析，定量观察微孔隙结构，确定孔隙度，分析矿物成分。

（二）地球物理方法

页岩气储集在厚层的泥页岩中，地层的解释及识别相对容易，利用三维地震勘探数据可以较准确地对页层气储层进行构造描述。页岩气储层具有高自然伽马、低速度、高含氢量、低密度、高电阻率等地球物理特性，但其有效孔隙度较低，成藏主要受控于裂缝发育程度，因而页岩气的地球物理勘探主要是通过检测页岩裂缝的发育程度及方向来确定页岩储层的有利区带。

CGGVeritas针对页岩气等非常规油气资源，形成了一套比较系统的地球物理技术系列。依据国内外有关页岩气地球物理技术发展状况，页岩气地球物理技术大致包括六大系列，即页岩气储层岩石物理技术、页岩气测井评价技术、页岩气地震资料采集及特殊处理技术、页岩气地震识别与综合预测技术、页岩气非地震技术、微地震压裂监测技术。地球物理方法主要包括浅层地震勘探法、微震法、重磁电法勘探及地球物理测井等方法，采用多学科综合勘探是页岩气勘探发展的方向。

1.地震勘探法

分析研究页岩气储层的地质地球物理特征，开展页岩储层的地震正演模拟及储层参数研究，明确页岩储层的地震传播机理及传播特征，研究针对页岩气储层的地震观测系统设计方案，建立完善的页岩储层地震解释流程，是页岩气地震勘探技术成熟应用的基础。地震勘探法主要采用各种地震资料，来认识复杂构造、储层非均质性和裂缝发育带。

（1）浅层地震勘探法：具有工业开采价值的页岩气聚集一般埋深较浅，浅层地震技术是根据构造地震学和层序地层学，利用浅层地震资料描述分析地层沉积环境，确定构造背景、岩性及其分布。近年来，地震技术在近浅层探测中得到广泛应用。对地震方法而言，一般有折射波法、反射波法、地震联合成像等技术。

（2）微震法：微地震技术作为监测页岩气水力压裂效果的关键技术，已经得到了长足的发展。微地震监测主要包括井中微地震监测和地面微地震监测，可用来预测裂缝的各种特征参数。其主要用于在水力压裂作业过程中了解裂缝的走向和评价压裂的效果，对诱导裂缝的方位、几何形态进行监测。此外，应用微地震监测技术可以实时对压裂效果进行评价，及时调整压裂方案，使压裂效果达到最佳，最终达到增储上产的目的。

由于微地震事件产生的声波信号与噪声信号相比属于弱信号，同时属于盲源地震，因此，在微地震资料的处理解释过程中，需要注重以下4个环节的资料处理：一是速度建模和校正，可以利用地震解释、干涉成像等方法建立速度模型；二是噪声压制和弱信号识别和提取，在微地震记录中有效地去除相干噪声并提取与微地震事件相关的有效信号；三是震源定位和误差分析，根据弱信号提取的结果，采用网格搜索法、遗传算法和联合反演算法准确地反演微地震发生的空间位置；四是根据微地震事件或微地震事件云进行裂缝成像。

2.重磁电法勘探

电磁法探测页岩气存在的物性基础为页岩气高电阻率、高极化的特性。通常配合使用音频大地电磁法（AMT）+复电阻率法（CR）的勘探与预测方法。

AMT用于中深层的构造勘探或目标勘探，属于普查阶段，具有效率高、成本低、布点灵活、仪器轻便等优点。AMT法在数据采集、处理及解释等方面均已比较成熟，其精度虽不及地震法，但作为油气勘查手段，在划分盆地范围、了解主要地层分布、发现与油气构造有关的深部信息等方面，AMT法完全可以胜任。而CR作为直接指示油气藏的方法，其勘探成本低、周期短、见效快，可以应用在石油勘探和油气预测中。其主要用于识别储层中的裂缝带并判别裂缝中流体的性质，属于详查阶段。

此外，可控源音频大地电磁法（CSAMT）采用大功率的人工场源，具有信号稳定、信噪比高、穿透能力强等特点，可以解决深层的地质问题。根据得到的视电阻率测深曲线（地-电断面），可以研究盆地基底埋深起伏、盖层及成矿目的层的展布规律，确定隐伏构造，直接寻找页岩气矿体。

3.地球物理测井技术

地球物理测井是通过对岩石物性组合规律的研究，划分地层岩性，通过油页岩与围岩的差异，在全区对比划分页岩气。通过测井资料可定量分析储层的岩性，确定储层的基本评价参数，如孔隙度、渗透率、含气饱和度、储层厚度等。目前，国外较先进的测井技术有电阻率扫描成像、声波成像、阵列感应、核磁成像等。页岩气在测井曲线上表现为"三高一低"的特征，即高自然伽马、高电阻率、高声波时差、较低密度的曲线异常特征。

基于这些特征，利用测井技术便能有效识别页岩气储层。测井识别方法包括气测法、常规测井组合法、ΔlgR法、介电常数法和组合参数法。应用这些方法识别页岩气储层能取得较好效果。

（三）地球化学方法

总有机碳含量、成熟度是其重要的判别指标。识别这些地球化学指标，作为对可用地化分析样品的补充，利用测井资料计算这两个参数将有助于对页岩气藏的识别。总有机碳含量代表了页岩气源岩的生气潜力，成熟度则表现干酪根的演化程度，两者综合指示页岩储层中可能存在的天然气量。产气页岩中的总有机碳含量一般为1%～20%，而0.5%认为是有潜力的页岩气源岩的下限，较高的TOC值往往代表更高的产气能力。

页岩气藏的热演化成熟度（镜质组反射率）可以为0.6%～2.0%，临界值为0.4%～0.6%，页岩气的生成从有机质向烃类转化开始，并伴随整个演化过程，也就有可能在页岩中聚集形成气藏。此外，干酪根的热成熟度影响页岩中能够被吸附在有机物质表面的天然气数量。因此，热成熟度是评价可能的高产页岩气的关键地球化学参数。

（四）地质钻井法

钻井过程中，出现的天然气显示被认为是发育页岩气藏的信息，尤其是在空气钻井和欠平衡钻井条件下更为适用。在致密自然裂缝性储层，如裂缝发育的致密页岩气藏中，大量的天然气显示可以作为潜在产能的标志。

天然气的良好显示是指具有持续并稳定的高自然流动速率，且充满井筒。但是，如果一口井在空气钻井的过程中没有天然气显示并不代表这口井有很低的潜在产能，气体显示通常与钻遇天然裂缝有关。在阿巴拉契亚盆地，大多数的天然裂缝都是垂直或接近垂直的。如果不是裂缝紧密分布，垂直井钻遇垂直裂缝的可能性非常小。

（五）页岩气含气量录井和现场测试技术

在地质录井中分析岩心（屑）的变化，可直接判断储层的含油气特征；钻速的变化可反映泥页岩的矿物成分；气测录井（包括VMS）可检测游离气含量；地化录井可对吸附气进行检测；通过dc指数法、Sigma法、泥页岩密度法、地温梯度法等可检测地层压力，间接反映地层的含气性特征。

三、资源评价

页岩气资源评价主要包括资源量计算和有利区优选两部分，是基于目前已掌握资料并根据页岩气形成和聚集的地质原理，对具体评价单元中页岩气聚集数量和分布特点所进行的考量。

（一）页岩气选区评价

1.选区评价的核心问题及评价要素

目前，中国页岩气的勘探和开发总体上处于起步阶段，理论研究还不够深入、开采技术水平不高，对页岩气的资源评价也处于探索之中，建立页岩气的选区条件参数具有现实意义。由于页岩储层特殊的孔隙结构以及其中天然气特殊的赋存状态，导致常规油气储层的评价方法体系难以适用于特殊的页岩气储层。目前，对于页岩气储层的评价还没有统一的规范和方法。

页岩气选区评价主要解决两个核心问题：

（1）是否具有足够的天然气地质储量。

（2）是否具备足够的渗流能力与条件满足经济效益。通过对页岩气成藏条件的分析，影响页岩气资源的地质条件主要包括资源丰度、页岩单层厚度、页岩厚度/地层厚度、母质类型、有机碳含量、热演化程度、含气量、吸附气含量、裂缝发育程度、挡板条件和构造强度。

结合美国页岩气勘探开发的成功经验，得到评价页岩气的八大关键地质要素，这八大地质要素基本涵盖了页岩气从资源评价、储层识别到储层改造、有效开发所涉及的关键技术。其中通过地球物理技术可以解决的有优质页岩厚度、埋深、断裂发育情况，是解决页岩气评价关键地质要素的有效手段。

2.评价方法及指标

针对上述难点，抓住页岩气勘探的主控因素，地质学者探索出了适合中国地质特征的页岩气地球物理勘探评价方法：

（1）构造精细解释，避开对页岩气勘探影响较大的断层复杂区；

（2）页岩层埋深是其具有商业开采价值的前提，编制页岩层顶（底）界埋深图；

（3）优质页岩层是页岩气勘探开发最为有利的目的层，也是资源评价最重要的因素，通过反演以及多种地震信息融合，预测优质页岩厚度分布情况。

（二）页岩气储量评价

由于页岩气藏储层有较强的非均质性，并包括多种控制产能、气体富集机制的多样性，故页岩气资源评价既要考虑地质因素的不确定性，还要考虑技术、经济上的不确定性。不同勘探开发阶段适用的方法不同，关键参数不同，参数获取方式不同，资源估算结果也有较大差异。下面简单介绍几种常用的页岩气资源量评价方法。

1.成因法

根据对研究区的烃源岩的生排烃史的认识，借鉴前人计算的该烃源岩的生烃量结果直接参与成因法计算。虽然无法精确统计每一次生、排烃量，但通过多次实验可求得平衡聚集量，从而求得页岩烃源岩的剩余含气量。总结出烃源岩在不同构造、不同成熟度条件下的排烃系数，乘以总生烃量，便可求出排烃量及剩余的页岩气资源量。

2.资源丰度类比法

资源丰度类比法是在勘探开发程度较低地区常用的方法，也是一种简单快速的评价方法。其简要过程：首先，确定评价区页岩系统展布面积、有效页岩厚度；其次，根据评价区页岩吸附气含量、页岩地化特征、储层特征等关键因素，结合页岩沉积、构造演化等地质条件，已知含气页岩对比，按地质条件相似程度，估算评价区资源丰度或单储系数；最后，估算评价区页岩气资源量。

3.容积法

容积法估算的是页岩孔隙、裂缝空间内的游离气、有机物和黏土颗粒表面的吸附气体积的总和。

4.单井（动态）储量估算法

单井（动态）储量估算法由美国Advanced Resources Informational（ARI）提出，核心是以一口井控制的范围为最小估算单元，把评价区划分成若干个最小估算单元，通过对每个最小估算单元的储量计算，得到整个评价区的资源量数据。

5.福斯潘（FORSPAN）法

福斯潘模型法是美国地质调查局（USGS）为连续型油气藏资源评价而提出的一种评价方法。该方法以连续型油气藏的每一个含油气单元为对象进行资源评价，即假设每个单元都有油气生产能力，但各单元间含油气性（包括经济性）可以相差很大，以概率形式对每个单元的资源潜力做出预测。福斯潘法建立在已有开发数据基础上，估算结果为未开发原始资源量。因此，该方法适合于已开发单元的剩余资源潜力预测。

第三节　致密砂岩气勘探与评价

一、致密砂岩气基本概念

（一）致密砂岩气的定义及基本特征

致密砂岩气是一种储集于低渗透–特低渗透致密砂岩储层中的典型的非常规天然气资源，依靠常规技术难以开采，需通过大规模压裂或特殊采气工艺技术才能产出具有经济价值的天然气。致密砂岩气藏大多分布在盆地中心或盆地的构造深部，呈大面积连续分布，是连续型气藏的一种重要类型。

1.致密砂岩储层分类

国内外致密砂岩储层分类方案呈现出多样化且不系统的特点，鉴于储层成因机制及类型对成藏的影响，以下两种分类方案更具代表性。张哨楠按储层的致密成因，将其分为自生黏土矿物的大量沉淀形成的致密砂岩储层、胶结物的大量结晶改变原生孔隙所形成的致密砂岩储层、塑性碎屑物质受压实作用而形成的致密砂岩储层，以及碎屑沉积时被泥质充填粒间孔隙所形成的致密砂岩储层。姜振学等主张，按储层致密演化史与烃源岩生排烃高峰期的关系，将其分为生排烃高峰前的致密砂岩储层和生排烃高峰后的致密砂岩储层。致密砂岩储层的成因机制决定了储层孔隙–渗透性能，而研究储层致密化的形成时间更有利于分析储层对油气成藏的贡献作用。因为储层致密化的时间是在烃源岩生排烃高峰期前还是高峰期后，将决定气体以何种方式运移、以何种方式储集，甚至影响致密砂岩气藏的规模和可开采性。这对于预测致密砂岩气藏的分布、制订开发方案具有重要的指导意义。

2.致密气储层特征

致密砂岩显著的特征是渗透率很低、孔隙结构复杂，特别是在胶结作用较强或黏土等矿物较多的情况下，孔隙特征尤为复杂，仅用孔隙度和渗透率参数已经不能准确反映致密砂岩的物性特征，需要用更微观的参数来表征致密砂岩储层，于是微孔隙结构现在成为研究致密砂岩气的热点。另外，致密砂岩储层中的裂缝发育也是研究的一个重点，裂缝发育能够有效提高储层的渗透能力，但在渗透砂岩储层中如何明确裂缝的形成过程并把它表征出来一直是一个难点。

和常规砂岩储层一样，致密砂岩储层可以处于深层或浅层、高压或低压、高温或低温环境下，可以是毯状或透镜状的，也可以含有一个或多个储层，有的存在天然裂缝，也有的不存在天然裂缝。但是，致密砂岩储层的岩石致密，非均质性强，有效孔隙度低，渗透率很低，岩石微观结构复杂多样，毛细管压力和束缚水饱和度高，并且黏土矿物含量高，有时候还存在复杂的天然裂缝，这些因素都对致密砂岩储层有不同程度的影响。

（1）孔隙性：致密砂岩储层孔隙类型包括缩小粒间孔、粒间溶孔、溶蚀扩大粒间孔、粒内溶孔、铸模孔和晶间微孔；孔隙喉道以片状、弯片状和管束状喉道为主。在致密砂岩储层中，储集空间的组合类型多为粒间孔隙和溶蚀孔隙组合，或者为粒间孔隙、溶蚀孔隙与微裂缝组合。在常规砂岩储层中，有效孔隙度通常只比总孔隙度稍低；然而，致密砂岩储层中，强烈的成岩作用导致有效孔隙度比总孔隙度要小很多。致密砂岩的成岩作用改变了原生孔隙结构并减少平均孔喉直径，导致弯曲度和孤立孔隙或不连通孔隙数目增加，从而会导致岩石中微观孔隙结构和孔隙类型变得复杂。

致密砂岩储层中孔隙和喉道几何形状、大小、分布及其相互连通关系十分复杂。微观孔隙结构直接影响储层的储集和渗流能力，并最终决定致密砂岩气藏产能的大小。不同区块的致密砂岩储层虽然有大致相同的渗透率、孔隙度，但它们的微观结构特征却可能有很大的差异，这种差异会影响致密砂岩气藏的流体分布及有效开发。因此，研究低渗透致密砂岩储层的微观孔隙结构特征有重要意义。

（2）渗透性：渗透率是表示在一定压差下，岩石允许流体通过的能力，决定了流体流动的难易程度。有效孔隙度、黏度、流体饱和度和毛细管压力是控制油气藏有效渗透率的重要参数。除了这些与流体性质相关的参数，与岩石有关的参数也同等重要。一般来说，大多数致密砂岩储层的岩石为低孔、低渗，即使黏度较低，气体也不能轻易循环流动，使致密砂岩渗透率降低。在致密砂岩中还广泛分布着大量的小孔隙，与连接孔隙的喉道一起形成了复杂的系统，也使致密含气砂岩渗透率很低。

此外，在低渗致密砂岩储层中，实测气相渗透率比实验室测得的常规气体渗透率小10～10000倍。这种变化主要是由于气体滑脱效应、上覆地层应力以及局部含水饱和度对有效渗透率的影响造成的。

（二）致密砂岩气成因类型及形成机理

1.根缘气藏

根据成藏机理分析，根缘气具有如下特征：

（1）没有产生浮力的边底水，表现为游离相天然气对地层孔隙水的活塞式排驱过程。

（2）根缘气藏成藏具"储层致密、气源充足、源储相通、储盖一体"的特征，致密储层与源岩的大面积接触是成藏时必要的机理条件。

（3）成藏驱动力主要是生烃膨胀力。

（4）与常规圈闭气存在机理和分布上的连续过渡，总体上表现为"暂时驻留"的动态特征，但在稳定保存时可以表现为"静态"特点。

（5）原生的地层流体压力为高异常。

（6）埋藏深度对其成藏具有一定的影响。

（7）在物质组成上与常规气没有本质差别，根缘气藏分布于区域上的低位势区和高势能区，而常规圈闭气藏则相反。多信息加权叠加、富相关分析、动力平衡、能量守恒和聚散平衡可用于根缘气藏的分布预测。

（8）扩散作用对根缘气藏的保存具有较大影响，但并不是其根本特征。

2.非深盆类型的致密砂岩气藏

并非所有的致密砂岩气藏都是盆地中心气藏类型（BCGA）。许多学者认为致密或低渗透气藏仅仅出现在盆地中心或深盆环境中，但实际上，在盆地边缘、丘陵或平原环境中也会发育该类气藏。这是因为构造变形在这些环境中发育的致密砂岩中形成大量天然裂缝系统，从而形成致密气藏。裂缝发育的致密气藏也可能出现在拉伸、压缩或平移断层和褶皱附近，还可能出现在砂岩埋藏后的成岩作用晚期阶段。

3."先成型"和"后成型"致密砂岩气藏

姜振学等认为，前人主要按孔渗性的好坏把致密砂岩气藏分为好（致密）、中（很致密）、差（超致密）3类。如果储层致密化过程发生在源岩生排烃高峰期且天然气充注前，即储层先致密后有烃类生产注入（要求孔隙度小于12%，渗透率小于1mD），则称为储层先期致密深盆气藏型（简称"先成型"深盆气藏）；如果储层致密化过程发生在源岩生排烃高峰期天然气充注之后，即储层后致密，则称为储层后期致密气藏型（简称"后成型"致密气藏）。

二、致密砂岩气勘查方法与技术

致密砂岩气藏的勘探是基于地质理论、勘探方法和工程技术三者一体化的综合研究。致密砂岩气勘探应当以地质理论的研究和应用为基础；针对致密砂岩气地质特征，开展与之相配套的多学科综合勘探方法研究；改进钻井和试采工程技术。此外，应当大力发展前沿地球物理勘探方法，如核磁共振测井、多波多分量地震储层预测技术等。

（一）致密砂岩气（深盆气）勘探的特殊性

深盆气藏（田）虽然有巨大的资源量前景和储量分布，但由于受到天然气赋存条件的限制，储层绝大部分为致密状，形成了天然气低丰度广泛分布的特征，因此对这类气藏的勘探和开发具有特殊要求。与常规气藏相比，深盆气藏的勘探开发主要有4个方面的特殊性：

（1）气藏的存在具有隐蔽性。深盆气藏常出现于盆地的深凹陷处，即使在构造位置较高的斜坡部位，也常由于储层致密和产量低而不易被重视。采用常规气田的勘探模式，常会使这类气藏被漏掉，或仅作为低产小气藏处理。

（2）技术要求高。深盆气藏勘探不仅需要常规的各种盆地分析资料，还需要进行有针对性的研究分析和气水关系判别，也常需要较多的特殊资料解释和处理来配合甜点的研究，具有较高的技术要求，有一套独特的工作方法。

（3）开发成本较高。深盆气藏储量虽大，但较分散，平均含气丰度较小，单井产量较低且常须进行储层改造，常需有目的地选择目标层进行较昂贵的储层增产处理，加之开发时需要较密的井网、较大的井深以及较多的基础设施，故开发成本较高，但美国和加拿大对深盆气藏的勘探开发经验表明，深盆气藏仍然具有可观的经济开发价值。

（4）勘探开发风险较大。由于我国的深盆气藏勘探目前仍处于初期的摸索阶段，所以不论在盆地选择、技术要求方面，还是在资金投入上，均存在较大风险。

当然，通过科学严谨的决策分析，可以把这些风险降至最低水平。

（二）勘查方法与技术

1.地震技术

下面仅介绍针对性强、预测效果好的8种地震预测方法：振幅类的AVO烃类检测技术、弹性波阻抗反演技术，衰减类的瞬时子波吸收识别低频异常带、分频特征参数分析，波形类的波形分类法，速度类的射线追踪相干速度反演分析层速度异常、地震波速度梯度确定气藏边界、多波多分量地震勘探技术。

（1）AVO烃类检测技术：AVO对孔隙度和流体黏度的变化比较敏感，但对渗透率不敏感，在低孔隙时振幅变化反映的是孔隙中流体的变化。由于含气砂岩比含油砂岩具有更加明显的AVO异常，因此对于具有低孔低渗特征的致密砂岩气来说，AVO技术具有很好的适用性。

利用AVO技术预测深盆气分为以下3步：

①通过叠前保幅处理和合适的反演方法反演出各种AVO属性。

②模型正演模拟技术，采取流体和厚度替换方法来合成地震道集和模拟AVO响应特征，并对AVO属性分类。

③利用已知井信息标定和选取对该区流体变化敏感的AVO属性就可以对目的层进行含气性预测。常用的AVO属性有垂直入射剖面（P）、梯度剖面（G）、P波速度、流体因子、泊松比、拉梅常数、角度叠加（远、中、近）、S波速度和剪切模量（p）。在分析和解释过程中交会图技术是行之有效、可信和准确的，尤其是三维交会图解释；利用交会图技术对研究区敏感的AVO属性进行分析，可以圈出深盆气的异常范围。常用于交会的AVO

属性有P–G、AI–EI（AI是声阻抗，EI是弹性阻抗）、近道叠加和远道叠加等。

（2）弹性波阻抗反演技术：弹性波阻抗是AVO技术的延伸和波阻抗反演的推广，它是纵波和横波速度、密度以及入射角的函数。从常规采集的地震资料出发，利用非零偏移距道集中含有的纵波、横波信息的特征，通过对不同角道集部分叠加资料进行反演，获得反映流体成分的弹性参数（纵波速度、横波速度、密度等），同时也能根据纵波、横波速度和密度进一步得到其他岩石地球物理参数，有利于提供更可靠的岩性模型及精确地预测储集体所含的流体成分（油、气、水），实现对岩性或流体的定量预测。含气以后地层的泊松比降低（砂岩含气饱和度增加20%～30%，泊松比降低26%～53%，而纵波速度仅降低7%～12%），纵波速度降低，横波基本不变。依据这些特征，利用弹性波阻抗反演和计算的各种属性就可以预测深盆气的地震异常特征，并圈出气藏的分布范围。

（3）瞬时子波吸收识别低频异常带：依据深盆气具有的低频特征，利用瞬时子波吸收技术（WEA）可以找出高频衰减比较快的有利区域。其基本原理就是分析叠后剖面的频率展布特征，结合含气层厚度和分布范围，选取分析时窗的长度和频段，利用相位反演反褶积（PID）方法在复赛谱域提取子波的振幅谱，拟合谱上高频端的能量衰减曲率，再使用趋势分析方法分离出剩余衰减曲率，去除自然吸收背景，剩余的吸收异常就能更好地反映目标储层的吸收衰减作用，从而圈出高频吸收的有利含气区。瞬时子波吸收分析不受地层埋深的限制，但要求地震资料相对保幅且具有较高的信噪比。瞬时子波吸收分析的结果是相对值，通常高吸收异常指示含气储层，但针对某一地区，需井标定后才能更好地对地层含油气性进行预测，与构造信息相结合可使预测结果更加准确。

（4）分频特征参数分析：分频特征参数分析法就是分频提取含气层段的地震属性，对比分频地震特征在横向上的相对变化来识别气藏。主要的识别参数包括振幅、频率和波形衰减3类。当地层含气时频率类特征出现低值，衰减类表现为强衰减低值特征，振幅类表现为强振幅（亮点）或弱振幅（暗点）。对于储层、盖层比较稳定的储层，含气后低频特征比较明显。另外，衰减特征受砂泥岩互层变化的影响较小，在储层条件较差（如致密砂岩储层）或岩相变化较大的条件下，衰减特征比较敏感。但对于不同的地质条件，不同的分频特征参数敏感性不一样，需要结合地震、地质、测井和钻井等资料进行试验和标定，对各种参数进行优化组合来综合判别。

（5）波形分类法：地震道波形是地震数据的基本性质，它包含了所有的相关信息，如反射模式、相位、频率、振幅以及时频能量等信息，是地震信息的总体特征。地层含气后必将导致这些参数发生变化，如果能有效识别出因为含气后对应的波形变化特征，就能有效识别气藏。波形分类的形状识别使用神经网络技术，通过对目的层实际地震道（最好是井旁道）进行训练，模拟人脑思维方式识别不同目标的特征，利用神经网络方法进行分类，根据分类结果形成离散的"地震相"，依据"拟合度"准则，把具有某些相关联、相似性的特征归到一起。利用已知的测井、地质信息对分类结果进行标定，即可寻找出由于含气引起的异常变化的那类相。要想定性分析波形，信噪比是一个很重要的条件。当信噪比较高时，得到的波形异常就比较可靠。当信噪比较低时，波形受到的干扰较大，则波形异常的不确定程度变大。所以，对于深层利用波形特征进行深盆气预测存在提高地震资料信噪比的问题。

（6）射线追踪相干速度反演分析层速度异常：深盆气很重要的特征之一就是水、气边界处存在明显的低速异常界面，如果能准确求取层速度，也就能找到这个低速异常界面，有效确定气藏边界。射线追踪相干反演技术是目前比较好的层速度求取方法，该方法基于射线追踪理论和非双曲线CMP（共中点反射道集）旅行时假设，考虑垂直速度梯度，利用叠前道集或叠加速度来反演出准确的层速度。该方法不受地层产状的限制，尤其适用于发育在盆地深凹陷中心或构造斜坡带下倾部位等具有大倾角、垂向速度和横向速度变化都比较快的深盆气藏。对于埋藏浅（双程反射时间为1~2.5s）且地震资料品质高的深盆气，利用叠加速度反演的方法就可以得到比较准确的地层速度，在这种情况下叠加速度的分析精度较高。对于埋深较大或者地震资料的信噪比较低的深盆气，需要利用叠前地震道集来反演才能得到准确的层速度。利用该速度场就可以直接寻找低速异常界面。

（7）地震波速度梯度确定气藏边界：该方法建立在寻找速度场异常分布的一次导数（沿方向导数）的极值之上，这种极值以油气藏边界（周围空间）速度场形状的急剧变化为先决条件。速度梯度参数强调速度场形态的变化，并在空间内确定参数稳定分布的区域，确定分隔稳定分布区的具有速度场最大变化的异常带。当地震波通过气藏的气、水界面时会造成两种速度分布区（从高速分布区过渡到低速分布区），与分隔速度分布区的气、水过渡带比较，在含水区或含气区内速度变化相当缓慢，而从水到气的过渡带则速度变化比较剧烈，因此在气、水过渡带有变化更加激烈的速度梯度，根据速度梯度的异常值分布就能圈出深盆气的环状异常分布范围。

（8）多波多分量地震勘探技术：自21世纪以来，多波多分量地震勘探技术日渐兴起，并在隐蔽性较强的复杂油气储层预测中展现出极大优势。尤其是高质量的C波资料的获得，为纵波、横波联合反演技术的发展与应用夯实了基础。纵波、横波联合反演技术同时利用了纵波、C波的地震资料和全波测井数据、岩石物理参数等综合信息，充实了反演的数据空间，降低了反演的多解性；尤其是C波资料的参与，使反演的信息量成倍增加。相比之下，纵波反演技术仅仅利用了纵波的地震资料及部分测井数据，反演约束条件不足，反演精度相对较低，许多重要的岩性参数及优质储层敏感参数难以获得。因此，纵波、横波联合反演技术的优势十分明显。

①横波分裂识别裂缝。由于横波在通过各向异性介质（裂缝）时会发生分裂，质点振动沿裂缝走向时传播速度快，而质点振动垂直于裂缝走向时传播速度慢，因此在通过裂缝

系统后就会出现快横波和慢横波，也称为横波双折射现象。只要找出快横波的方向，就准确确定了裂缝发育的走向；而快横波、慢横波的层间时差，就指示裂缝发育的密度。

②含气性预测技术。利用纵波和横波联合反演预测储层含气性是多波多分量勘探的特殊优势。由于AVO叠前同时反演是利用纵波的AVO特性，通过Zeoppritz方程求解出横波信息，因而带有一定的近似和假设。而多分量勘探能够直接获得横波信息，因而反演结果更加真实、可靠。纵波、横波联合反演包括叠后联合反演和叠前联合反演两类方法。

2.测井技术

（1）直观识别方法：气层的直观识别是测井地质专家常用的传统定性气层识别方法，该方法快速、直观、简单易行，所以受到广泛应用。在直观识别方法中又以中子-声波、中子-密度曲线重叠法最为常用。中子测井主要反映的是地层的含氢量，而声波测井主要反映声波在地层中的传播速度。当地层孔隙中含有天然气时，由于天然气含氢量低于水和油，所以气层中子的孔隙度会降低。而由于声波在气层中的传播速度比在油和水中的低，所以气层的声波时差会增大，甚至会出现"周波跳跃"。在测井曲线图上含气层的中子和声波时差曲线会"背道而驰"，两条曲线就会出现重叠区域。地层含气饱和度越大，重叠区域的面积就越大。

直观识别法的优点是直观、简单，缺点是漏判率较高，尤其是当地层中有裂缝存在，气分布不均匀，岩石泥质含量较高时，该方法对气层指示不明显。交会图法实际上也是一种直观识别方法。它主要是利用气层与非气层在测井曲线上不同值的大小进行交会，找出气层的测井响应范围，进而达到识别气层的目的。

（2）常规定量识别方法：常规定量识别气层的方法有纵波时差差比法、视流体识别指标法和地层含气指标法等。

①纵波时差差比法：该方法也是利用了"挖掘效应"法的原理，将"挖掘效应"定量化为参数（DT），利用DT的大小进行气层识别。

②视流体识别指标法：该方法是利用气层在密度测井和声波时差测井曲线上的不同响应特征来识别气层的。

③地层含气指标法：该方法是利用声波、中子和密度测井进行气层识别的。

以上3种方法的共同缺点是误判或漏判率高，无法区分气层、水层。

（3）核磁共振测井方法：致密含气砂岩普遍特征是储层埋藏较深、岩性致密。这类储层毛细管压力高，常规测井曲线上表现为高含水饱和度，但由于岩石孔隙喉道甚小，束缚水所占比例大导致水并不活跃。由于致密砂岩储层具有物性差、孔隙结构复杂等特点，致使声波测井对含气的响应有限，气层声波时差值变化不明显；中子、密度测井受含气影响造成的异常特征受到削弱。总体而言，致密砂岩储层的气层测井响应特征不明显。

3.人工智能方法

致密砂岩气层识别的人工智能方法最常用的就是人工神经网络法，而最常用的人工神经网络模型为BP模型。BP模型是一种误差后传算法模型。人工神经网络法对气层的识别实际上也属于一种模式识别，但它与模糊模式识别的主要区别在于其标准模式的数量原则上可以无限多。以我国川西北地区典型的致密砂岩储层为例，单从某一测井响应看其气层显示是不明显的，总体测井响应为"四低一高"，即低–中自然伽马、低声波时差、低中子、低–中电阻率以及高密度。对该地区某气田11口井进行气层识别研究，结果发现，神经网络法可以很好地区分气层、水层和干层，而利用其他方法无法达到这一点，因为它们对气层的识别大多为一刀切的做法，即该层参数大于（小于）某个值为气层，否则为干层（或水层），判别方式过于单一。

（三）致密砂岩气资源评价方法

1.特尔菲法

在美国、加拿大、墨西哥和哥伦比亚等国家，特尔菲法被认为是最重要的一种评价方法。它是一种系统综合各石油地质专家经验和知识的简单有效的资源评价方法，主要原理是将不同地质专家对研究区深盆气藏的认识进行综合分析，并力图找出控制目标区深盆气成藏的最弱因素和深盆气藏发育的主要影响因素，以此易于对深盆气藏的资源前景做出合理分析。

2.地质条件类比法

依据对其他深盆气藏研究所提供的基本数据，如储量密度、聚集系数、面积与体积丰度系数等，通过与评价区深盆气藏发育地质条件的比较，估算确定深盆气资源量计算的有关参数，从而求得深盆气藏资源量。这一方法受评价人对深盆气藏和研究区地质资料了解程度的限制，因此需要与专家评价法（特尔菲法）结合使用。即使如此，评价结果也会具有较大的主观性。

3.聚散平衡计算法

根据资源评价中的"黑箱"原理，将深盆气藏视为"黑箱"并以深盆气藏研究为核心，使用不同的方法和技术可以分别计算求得源岩向深盆气藏致密储层中已供给的总气量和深盆气藏在保存过程中天然气的总逸散量，则可以求得深盆气藏中天然气的平衡聚集量。

4.地层流体异常压力恢复法

深盆气在成藏过程中的流体最高异常压力受储层的致密程度和气藏包裹壳的严密程度控制。假定在生供气过程中致密储层的物性条件不再发生较大变化并且致密储层空间足够大，那么根据气源岩的生供气和储层的分布特征可知致密储层的最高异常压力状况（深盆气成藏压力），进而可知聚集的天然气总量和现今温压条件下的天然气总量之差。

5.成藏条件分析预测法

如果细分，对深盆气资源量储量计算参数的求取可以有许多方法，如根据地表物探化探、构造、储层、源岩、流体、烃类检测以及钻井–测井–录井–试油等单项地质条件分析，均可分别或组合预测深盆气在平面或剖面上的发育范围并计算其资源量——储量。如在计算深盆气藏的平面分布范围时，通常可以使用建立在"源储相通"基础上的源岩法对其发育范围进行圈定。在圈定深盆气发育面积时，各盆地使用标准略有偏差，一般取 $R_0 > 0.8\%$ 以上面积为深盆气藏发育范围，当煤岩发育时，源岩成熟度可适当降低（如煤岩发育的圣湖安盆地取 $R_0 \geq 0.6\%$）。按照深盆气成藏原理，对其资源量——储量计算其他参数的选取，可进一步通过钻井资料落实。

6.深盆气藏甜点规模序列模型法

深盆气藏的分布构成了一个自然存在的勘探评价单元，它是在成藏和分布规律上具有共同油气地质特征的一组油气藏和（或）勘探目标。在深盆气藏内部，具有单个油气藏属性特征的甜点保证了它在同一评价单元中的分布符合某一统计特征。

第四节　油页岩勘探与评价

一、油页岩基本概念

（一）油页岩的定义及基本特征

1.油页岩定义

油页岩（又称油母页岩）是由藻类及一部分低等生物的残体经腐泥化作用和煤化作用而形成的一种高灰分的固体可燃有机矿物，它和煤的主要区别是灰分超过40%，与碳质页岩的主要区别是含油率大于3.5%。油页岩经低温干馏，可从中提取原油。因此，油页岩是一种石油资源，也是重要的油气源岩。

2.油页岩基本特征

油页岩有机质含量较高，主要为腐泥质、腐殖质或混合型，其发热量一般大于4187J/g。油页岩颜色有多种，主要有黑、深褐、灰黑、褐黑、黄褐、浅黄等颜色，条痕由褐至黑色不等，色越深，其含油率越高。经风化作用后，色调变浅，甚至变为灰白色。

油页岩层理发育，多呈页状或极薄的纸状层理。其质地细密，相对密度为1.4~2.3，比一般页岩轻，经过干燥后其相对密度会减小，一般为1.3~1.8。油页岩大多坚硬不易破碎，具弹性，其含油率为4%~20%，最高可达30%，含油率高的油页岩用小刀能刮成卷曲的薄片，并且可以用火柴点燃，冒烟并带有浓烈的沥青味。

（二）油页岩分布特点

我国是世界上油页岩资源储量最丰富的国家之一。我国油页岩的分布比较广泛，但分布不均匀，主要分布于内蒙古、山东、山西、吉林、黑龙江、陕西、辽宁、广东、新疆等9省、自治区。我国油页岩除分布范围较广外，其时代分布也较为普遍。油页岩资源量十分丰富，具有作为接替能源的巨大潜力和有利条件。

（三）油页岩成因类型

根据不同的沉积环境，可将油页岩划分为陆相油页岩、湖相油页岩和海相油页岩，其中陆相油页岩主要为烛煤，湖相油页岩可以进一步划分为湖成油页岩和托班藻煤，海相油页岩可以进一步划分为库克油页岩、塔斯马尼亚页岩和海成油页岩。以下将以陆相油页岩为特征，从有机成因和环境成因的角度进行成因类型的分类：从陆相油页岩有机成因类型的角度，一般分为腐泥型油页岩、腐殖腐泥型油页岩和腐泥腐殖型油页岩3种。从陆相油页岩的沉积环境成因角度，可以划分为坳陷湖成油页岩、断陷湖成油页岩和断陷湖泊—沼泽油页岩3种类型。从油页岩赋存形式角度，陆相油页岩可以划分为与煤伴生油页岩、煤层顶板油页岩和单—赋存油页岩3种类型。

综合上述分类意见，可以看出油页岩的有机成因与环境成因是密切相关、互相制约的。因此，只有将二者综合考虑，才能更好地说明油页岩的成因类型。中国陆相油页岩中，湖泊-沼泽油页岩沉积于断陷盆地，与煤伴生，多为腐殖-腐泥型油页岩和腐泥-腐殖型油页岩；而湖成油页岩既可沉积于断陷盆地，也可沉积于坳陷盆地，一般单独存在或为煤层顶板，多为腐泥型油页岩和腐殖腐泥型油页岩。

二、油页岩勘探方法与技术

（一）油页岩勘探阶段的划分

油页岩归属固体矿产范畴，其地质勘查工作划分为概查、普查、详查、勘探4个阶段。根据工作区的具体情况和勘查投资者的要求，勘查阶段可以调整。油页岩各勘查阶段的研究内容涉及5个方面：矿床地质特征、矿体地质特征、开采技术条件、矿石加工技术性能和技术经济评价。不同阶段的研究任务和内容亦不同，所采用的勘查手段也不同。油页岩勘查有效的勘查技术手段包括地质测量、遥感、物探测量、化探测量、探矿工程。

（二）油页岩勘探方法

根据油页岩的性质，适合其的勘探方法主要有地质预测法、地球物理方法和探矿工程。

1.地质预测法

地质预测法主要是通过矿床形成的地质背景确定找矿方向。油页岩的找矿方向主要有滨海盆地、陆相裂谷-凹陷型内陆湖、断凹陷的山间湖、板块与板块拼贴后的内陆湖泊。

油页岩成藏规律为：

（1）低水位体系域油页岩成藏：由于基准面下降相对幅度较低，盆地水体较浅，湖盆范围相对较小，原始有机质生产率低，聚集与保存条件差，有机质丰度低，所以低水位体系域油页岩一般不发育。

（2）水进体系域油页岩成藏：基底下沉，基准面快速上升时期，产生了足够的可容纳空间，在缓坡处低洼凹陷区形成古地貌油页岩成藏，含油率高，是品质良好的油页岩发育层位。

（3）高水位体系域油页岩成藏：基准面缓慢上升和相对静止的高水位期，可容纳空间仍旧很大，分布较为稳定，有机质含量高，发育的油页岩品位相对较差。

（4）水退体系域油页岩成藏：基准面逐渐下降，沉积物的供给速度明显增大，湖岸线逐步向湖盆中央退却，形成进积式准层序组，一般不发育油页岩层。

2.地球物理方法

（1）地震技术：地震技术在识别有效储层方面已经得到了实践的验证，主要是利用储层孔隙度变化引起地层相对波阻抗变化来识别，而波阻抗变化主要取决于流动的流体引起的弹性参数。通过对油页岩的测井响应的理论分析可知，油页岩具备高有机质组分的岩石特征，这使其具有显著的高声波时差和低地层密度测井响应特征。因此，相比储层而言，油页岩利用"高有机质"替代了"流体性质"引起的弹性参数变化，使油页岩的地震弹性参数具备低的纵波速度和低的密度地震响应特征，这为油页岩的地震识别提供了理论基础。

①油页岩地震正演模拟。微观的岩石物理建模可以剖析油页岩的地震弹性参数响应，但宏观的地震正演模拟可以反映地层的空间组合变化，为油页岩岩石物理模型在实践中的拓展应用建立联系。油页岩的地震正演模拟具有重要的现实意义，可以将地质模型和地震模型有机结合起来，使地震反射特征不仅具有地球物理意义，而且具有明确的地质意义，从而到达识别油页岩的目的。

②油页岩地震定量识别。利用丰富的三维地震资料，通过基于测井约束的地震反演方

法获得波阻（或速度）抗反演数据体，采用神经网络算法把井点TOC数据与井旁波阻抗–地震道多属性进行相关计算，得出TOC反演数据体，最后利用数理统计测试TOC和含油率间的关系计算获得含油率反演数据体，从而实现地油页岩的空间定量识别。

（2）测井技术：油页岩对不同测井曲线响应的敏感性研究表明，油页岩在测井曲线上表现为"三高一低"的特征，即高电阻率、高自然伽马、高声波时差和低密度。虽然油页岩整体上有"三高一低"的特点，但在同一区域，这4条曲线的敏感性大小不尽相同。

①油页岩的放射性——自然伽马测井和自然伽马能谱测井。有机质含量较高的岩石放射性较强，它们比普通的页岩和石灰岩具有较高的自然伽马值，自然伽马能谱中显示铀含量高于周围泥岩，自然伽马读数与有机质含量的相互关系表明较高的放射性地层都与有机质的存在有关。

由于油页岩中的有机质含量比泥岩中的有机质含量多，这导致油页岩的自然伽马测井值比泥岩和页岩的自然伽马测井值高，因此可以用异常高的自然伽马值识别出油页岩。

②油页岩的导电性——电阻率测井。油页岩中的有机质不具有导电性，所以油页岩的导电能力下降，从而油页岩的电阻率增大。但泥岩的导电性较好，在地层剖面上泥岩地层一般表现为低电阻率（含钙质地层除外），因为干酪根的导电性较差，所以在富含有机质的油页岩中电阻率则增大，在测井曲线上表现为油页岩的电阻率测井值高于泥岩和页岩的电阻率测井值。因此，可以利用高电阻率作为识别油页岩的标志。

③油页岩的密度–密度测井。密度测井的目的是测量地层的体积密度，包括岩石骨架密度和流体密度。油页岩中动植物腐殖质（固体有机质）的含量变化直接影响油页岩密度的变化，一般要略低于粉砂岩、泥质粉砂岩，在密度曲线上油页岩呈低密度响应。由于有机质的密度较小，接近1g/cm³，而黏土矿物的骨架密度约为2.7g/cm³，因此，当有机质取代岩石骨架时，就会使岩石的密度减小。

④油页岩的声波时差——声波时差测井。一般情况下，泥岩和页岩的声波时差随其埋藏深度的增加而减小。由于有机质的声波时差（70μs/m）大于岩石骨架的声波时差，当地层中含有机质或油气时，随着有机质含量的增加就会导致地层声波时差变大，所以有机质富集的岩石有较大的声波时差值，油页岩的声波时差要高于泥岩和页岩的声波时差。但声波时差受矿物成分、碳酸盐、泥质含量和岩石固体颗粒间压实程度的影响较大，所以不能单独用声波时差测井来评价油页岩，但可用声波时差测井来估算油页岩的含油率。

⑤多测井曲线组合识别法。多测井曲线组合识别主要是利用多套测井资料的组合来对油页岩加以识别。一般情况下，碳质泥岩和暗色泥岩的测井曲线表现为"五高一低"，即高声波时差、高中子、高自然伽马、高电阻率（高于围岩、泥岩）、高铀含量和低密度，并且有机质含量较高的岩层段，自然伽马和铀曲线值相对较高。虽然利用自然伽马曲线、电阻率曲线、密度曲线和声波时差曲线能在一定的前提条件下识别油页岩，但综合考虑地

层的影响因素，应结合这几条曲线的特点，综合起来判断油页岩层。

（3）综合利用地震和测井方法：在油页岩的测井和地震岩石物理建模的基础上，建立综合利用地震和测井方法来识别和评价油页岩的流程。主要包括两部分：一方面，由测井曲线出发，综合声波时差、密度、中子孔隙度和电阻率等信息，利用$\Delta \lg R$重叠方法来计算$\Delta \lg R$，并建立$\Delta \lg R$和有机碳含量以及含油率的拟合关系模型，进行含油率评价；另一方面，利用叠后地震数据做波阻抗反演，利用岩石物理模型来建立油页岩速度和有机质含量之间的变化关系，由速度或波阻抗直接反映油页岩有机质含量，进行含油率预测。

（4）电法勘探：电法勘探通常是利用矿体与围岩的差异，来找矿和研究地质构造的一组地球物理勘探方法。

①频谱激电法（SIP）。此方法在超低频段做多频视复电阻率测量，通过模型试验分离测到的电磁谱（EM）和激电谱（IP），得到去电谱响应并求取4个激电谱参数：视几何电阻率、视充电率、视时间常数、视频率相关系数，对异常做出准确判断。

②可控源音频大地电磁法（CSAMT）。此法采用了大功率人工场源，具有信号稳定、信噪比高、穿透能力强等特点。根据得到的视电阻率测深曲线，再研究盆地基地埋深起伏、确定隐伏构造可以直接寻找油页岩矿体。

三、油页岩资源评价

油页岩资源是指在地壳内由地质作用形成具有经济意义的固体自然富集物，根据产出形式、数量和质量可以预期最终开采是技术上可行、经济上合理的。其位置、数量、品位顺量、地质特征是根据特定的地质依据和地质知识计算和估算的资源总量。按照地质可靠程度，可分为油页岩查明资源和油页岩潜在资源。国土资源部在固体资源/储量报表中，将基础储量和资源量之和称为资源储量，因而油页岩资源与国土资源部资源/储量报表中的油页岩资源储量相对应。

（一）油页岩资源评价方法

1.体积法

全国油页岩勘查资料全部采用的是几何图形法（体积法），因此按《固体矿产地质勘查规范总则》（GB/T 13908–2020）要求，参照《矿产地质勘查规范 煤》（DZ/T 0215–2020），油页岩资源/储量估算方法仍采用几何图形法（体积法）。估算参数主要有含油率、面积、厚度、体重、油页岩技术可采系数、页岩油可回收系数等。

2.地质类比法

地质类比法也称为资源丰度类比法，其基本假设条件是：假设某一评价区和某一高勘探程度区（类比油页岩解剖区）有类似的油页岩成矿地质条件，那么它们将会有大致相同的油页岩/页岩油资源丰度（面积丰度、体积丰度）。地质类比法的应用范围很广，从世界范围的沉积岩体积或面积平均资源丰度到沉积盆地、区带或区块等，尤其是针对低勘探程度的含油页岩盆地或地区的评价，类比法是油页岩资源评价的主导方法。其最大的优点就在于地质评价认识准确、评价结果客观可靠、对影响资源分布的关键因素把握程度高，因此更有助于对勘探工作的指导。

（二）油页岩资源评价流程

油页岩资源评价的流程大体可分为资料收集及实地勘探、资料整理及成矿规律研究、绘制资源评价图及资源估算图、估算块段划分及估算参数确定、核算资源及资源/储量套改、资源分类估算及汇总、总结油页岩分布规律、综合评价优选、潜力分析及政策建议等部分。

（三）页岩油有利区优选

我国油页岩主要发育在北方地区和南方局部地区的中生界、新生界陆相泥页岩层系中，依据我国页岩油资源特点及勘探现状，目前可依据远景区、有利区和目标区三级标准进行合理预算。结合我国油页岩资源特点和形成条件，目前宜根据页岩油基本地质条件和地化特征等进行综合选区研究。

第五节 重油和油砂的勘探与评价

一、重油与油砂基本概念、成矿主控因素与成矿模式

（一）基本概念

油砂至少有两种含义：

（1）砂和其他造岩矿物中包含油的混合物。

（2）特指该种混合物中的原油。当表示这种含义时，油砂和沥青砂等同。油砂又称沥青砂，是一种含有天然沥青的砂岩或其他岩石。通常是由砂、沥青、矿物质、黏土和水组成的混合物。不同地区油砂矿的组成不同，一般沥青含量为3%～20%，砂和黏土占80%～85%，水占3%～6%。

由于我国陆相重油的相对密度较低，黏度相对高，所以通常以黏度值作为分类的第一指标，把密度作为划分的第二指标。通常在命名上我们将"重油"称为"稠油"，一般指地层条件下黏度大于50MPa·s的原油。

油层温度条件下，黏度在100~10000MPa·s的原油称为重油，黏度大于10000MPa·s的称为沥青。相对密度为0.934~1.0的称为重油，相对密度大于1.0的称为沥青。

（二）重油和油砂成矿主控因素

大量研究表明，油砂矿与重油、常规原油有共生或过渡的关系。如我国东部大部分断陷都具有良好的生油中心，沿生油中心内缘分布的圈闭多形成常规油田，具原生性质。而原油向外缘的运移过程中，发生明显生物降解、水洗和游离氧的氧化，迅速稠变向重油演化，在盆地边缘形成重油带和油砂矿。

全球油砂矿的特征及形成条件与重油油藏呈现出许多共性：

（1）中生代、新生代构造运动是重油藏、油砂矿形成的主要控制因素，特别是新生代的构造运动把先前聚集的油气带到近地表，导致各种程度的生物降解和氧化，如准噶尔盆地重质油藏油砂矿的形成。一般来说，新生代构造运动起决定性作用，因为它在很大程度上决定了盆地最终的几何形状并控制了重油和油砂矿藏的分布。

（2）油气自油源区开始进行大规模的运移和聚集常发生在抬升期间，油气从生油区向斜坡上倾方向运移，形成大面积的地层超覆油气藏。另一种是由于基底抬升而发育起来的以浅层披覆背斜圈闭为主的油藏、重油油藏与油砂矿主要沿盆地斜坡（被覆盖或部分遭受剥蚀）的外缘和发育在盆地持续抬升基底之上的浅表披覆构造分布，规模通常很大，如孤岛油田重质油藏的形成。

（3）重油油藏是原油通过生物降解作用和游离氧氧化而形成的，油砂矿一般形成于近地表的浅部（通常在2000m以内）或地表。

（4）约90%的油砂矿分布在白垩系和古近-新近系油气藏中。

由此可见，在任何沉积盆地中，重油油藏、油砂矿的形成、分布与规模主要取决于以下两方面：

①相当规模的常规油形成与聚集。盆地在其地质历史的演化过程中，具有相当规模的常规油气聚集是形成稠油、油砂资源的前提。依据物质平衡原理进行的统计，常规油必须损失自身10%~90%的数量，才能成为重油或沥青。其中，成熟常规油需损失50%~90%，而低熟常规油因原始相对密度、黏度值高，损失量要小，一般为10%~50%。

②后期构造运动。后期构造运动为石油进入连通系统提供了动力，即只有在油气生成、聚集之后发生的构造运动，才能为原始聚集的常规油进入连通系统创造条件。同时，构造运动的方式又必须在连通系统内创造较好的或一定封盖条件，使石油在连通系统内不

会迅速散失，能够有相当数量的石油聚集。后期构造运动的次数愈多、构造运动的强度愈大，原油遭受的稠变作用愈强。

（三）重油与油砂的成矿模式

不同的盆地类型、构造演化及构造位置，油砂成矿模式亦不相同。通过对国内外大量含油砂盆地成矿机理的综合分析，将油砂矿藏成矿模式总结为4种：斜坡降解型、断裂疏导型、古油藏破坏型和构造抬升型。其中，斜坡降解型形成油砂矿规模最大，资源量最为丰富，其次为古油藏破坏型，这两种成矿模式形成的油砂资源占全球油砂总资源量的80%以上。其他两种成矿模式形成油砂矿规模小，仅局部发育。

1.斜坡降解型

斜坡降解型成矿机理为：该种成矿模式一般发生在前陆盆地构造相对简单的大型斜坡带和前隆区浅部位，油砂矿的形成与前陆盆地的演化息息相关。随着前陆盆地前缘凹陷–前陆斜坡–前缘隆起构造格局的形成以及不断加强，前缘凹陷中早期沉积的烃源岩在上覆地层埋藏压力的作用下，开始成熟并生成大量油气，同时油气运移的动力（主要是浮力）不断加强，这为油气长距离、大规模向斜坡带和前隆区运移提供了条件和动力。油气在运移过程中轻组分不断逃逸，更主要的是斜坡带末端和前隆区浅部位处于地表且与大气连通，缺乏良好的封盖及保存条件，使运移到此的油气进入氧化环境的圈闭中，遭受水洗、氧化和生物降解等作用形成油砂。

2.构造抬升型

构造抬升型成矿机理为：该种成矿模式往往发生在前陆盆地褶皱带冲断带浅部位，先期已形成的常规油气聚集，在后期的构造活动中遭受逆冲抬升作用，抬升至近地表地区或出露地表，从而遭受强烈的地表氧化、水洗和生物降解等作用形成油砂。该种成矿模式形成的油砂矿规模受先期油气聚集规模和后期逆冲抬升范围控制，规模一般较小。

3.古油藏破坏型

古油藏破坏型成矿机理为：该种成矿模式一般存在于内克拉通盆地中，先期已形成的巨型或大型古油藏，在后期长期的构造演化过程中遭受区域性整体抬升（如基底抬升），古油藏被抬升至地表或近地表地区，遭受剥蚀氧化、生物降解作用形成油砂矿。该种成矿模式因抬升范围大、古油藏规模大，形成的油砂矿规模也较大。

4.断裂疏导型

断裂疏导型成矿机理为：该种成矿模式一般存在于裂谷盆地中，断裂作用先于烃源岩成熟或者与烃源岩成熟同时发生，油气主要沿着断裂带运移至地表浅层，从而遭受氧化、生物降解等作用形成油砂。该种成矿模式形成的油砂矿规模往往较小，仅局部发育。

二、重油与油砂勘探方法与技术

（一）地质方法

根据重油与油砂矿藏的成矿模式及成因机理，可对重油与油砂矿的位置进行推测。

此外，还可利用稠油松散岩心冷冻取心取样分析技术进行勘察。稠油油藏一般埋藏较浅，成岩作用差，岩心松散，用常规取心技术难以得到完整的岩心，无法进行实验室分析，故可借鉴加拿大松散岩心分析技术。

（二）地球物理方法

重油和油砂地球物理方法主要包括地震勘探技术、高精度重力勘探、高密度电阻率法、瞬变电磁法、测井技术等。

1.地震勘探技术

重油分布受构造控制，多分布在张性断裂发育的剥蚀带，因此对断层进行精细解释及确定断点和断层的延伸方向是识别断块圈闭的关键。

（1）构造地震勘探与岩性地震勘探技术：构造地震勘探运用地震波的运动特征，用旅行时和波速，计算地层分界面上各点的埋藏深度，确定地层的构造形态。岩性地震勘探还可运用地震波的动力特征研究地层岩性。

（2）AVO技术：AVO技术是以弹性波理论为基础，利用叠前CDP道集对地震反射振幅随炮检距（或入射角）的变化特征进行研究、分析振幅随炮检距的变化规律，得到反射系数与炮检距之间的关系，并反演与储层特性有关的物性参数，达到利用地震反射振幅信息检测油气的目的。

（3）高精度三维地震勘探：高精度三维地震资料信息较丰富，反射波能量较强，波组特征强弱分明，断层位置较清晰。与二维地震相比，高精度三维地震频带宽度、主频、油砂体边界及油层识别能力有明显的提高。

2.高精度重力勘探

重力勘探法主要基于地下岩层纵横向展布的密度差异，在地面观测重力场的变化，分析地下地层岩性的纵横向变化规律，达到解决地质问题的目的。地下岩层纵横向密度的变化一方面源于地层断裂的存在、横向的起伏等构造因素，另一方面源于地层岩性构成上的差异。高精度重力勘探可以提供重油与油砂在平面上的空间分布规律。

3.高密度电阻率法

高密度电阻率法是以岩、矿石的电阻率差异为基础，人为向地下加载直流电流，在地表利用相应仪器观测其电场分布，研究人工建立的地下稳定电场的分布规律，以解决矿产资源、环境和工程地质问题。电场的变化主要源于地下岩层纵横向电阻率的变化，因此通过研究观测电场转化所得的反演电阻率的断面分布，即可获得地下岩层岩性变化和构造展布的信息。

4.瞬变电磁法

瞬变电磁法，又称为时间域电磁法，是探测介质电阻率的一种方法，以不接地回线向地下发射脉冲式一次电磁场，用线圈观测由该脉冲电磁场感应的地下涡流产生的二次电磁场的空间和事件分布，从而解决有关地质问题的时间域电磁法。

由于油砂是石油进入储层之后发生运移、稠变而形成的，原来呈低阻状态的砂体电阻率增高，因此油砂矿可用瞬变电磁法进行勘查。在用瞬变电磁法勘探时，会有一些不足，如在完全陌生的地区和领域进行隐伏矿普查，寻找低阻区域中的薄层高阻体目标层，瞬变电磁工作要通过大量试验工作后才能确定工作参数，消耗较大。

5.测井技术

在钻井过程中，由于稠油的流动性差，因此稠油层很少或者不能被泥浆滤液浸入，在井筒周围不太可能形成冲洗带，也就是说，地层浸入带含少量水和大量残余油的"油水混合带"，其浸入的多少与稠油的流动性有关。在钻井过程中，一般井队采用的是清水或近乎清水的泥浆钻井，这样在稀油层和水层却形成强烈的冲洗带，所以在测井资料上，稠油层有与稀油层有着不同的测井响应特征。稠油的测井响应特征主要表现在以下几个方面：

（1）由于稠油的特殊物理性质，其电阻率一般高于稀油和水层。

（2）由于在稠油层浸入不明显，所以深–中感应幅度差很少，几乎重合；而在水层和稀油层，由于地层疏松，孔隙度大，浸入相当明显，侧向均有明显的幅度差。

（3）在稀油层和水层，自然电位SP一般有较大的幅度，而在稠油层SP幅度较小。

（4）在岩性相当的情况下，稠油层声波时差比稀油层和水层要小。

（5）在排除岩性影响因素外，稠油层微电极绝对值较高，差异较小；而稀油和水层则绝对值较低，差异较大。

综上所述，为了更好地研究和开发稠油层，根据稠油的物性，其测井系列相应有新的特殊要求，以适应稠油层的需要。

加测高精度、浅探测深度的电极测井。稠油流动性差，一般来说，只有少部分泥浆滤液浸入地层，其浸入的多少与地层的岩性和稠油的流动性有关。为了搞清楚稠油层的浸入性质，要求测井必须增加高精度、浅探测深度的电极测井，如微球聚焦测井等。在稠油层中，由于泥浆浸入浅，声波通过的路径除了岩石骨架和少部分泥浆滤液外，还有较多的残余油和原始地层束缚水，故用声波时差计算孔隙度要做油气校正。因此，应增加密度和中子测井，尤其是稠油用密度测井求孔隙度受影响较小，计算孔隙度更准确可靠。

三、资源评价方法

油砂矿藏中的原油从原地下储集体中运移至地表后，一般已脱气，呈固体或半固体状态。油砂矿藏既不同于固体矿藏，又不同于常规油气藏。因此，对油砂矿的评价、开采方式等具有特殊性，必须采用特殊开采方式和特殊储量经济评价办法。

油砂和重质原油的主要区别在于降解度不同，与常规原油相比也有相似的物理性质和相近的化学性质，在某些情况下有类似的成因历史，都遇到开采和炼制加工方面的问题。因此，对油砂储量的评估应借鉴固体矿床和常规油气藏的评价方法综合考虑。

（一）油砂资源储量分级分类

油砂资源储量是指在地层原始条件下，在特定时间内估计的地层中已发现（含采储量）和待发现的油砂矿中聚集的原油总量。根据国际上对油砂资源储量分类框架及我国油砂勘探开发现状将油砂储量分为三级，即探明储量、控制储量、预测储量。

（二）油砂资源量评估方法

1.油砂资源储量评估的静态法

目前，国内外通行的油砂资源储量评估方法主要为体积法，并可进一步细分为重量法（含油率法）和容积法（含油饱和度法）。当可测得油砂的含油率和岩石密度时，可采用重量法；当可求得孔隙度和含油饱和度时，可采用容积法。由于埋藏较浅或露头油砂矿的特殊性，含油率参数较易获取，油砂矿埋藏深度为0~75m时普遍采用重量法；而埋藏深度75~500m时主要采用容积法，为了研究区块的油砂油储量，也可采用其他方法分别计算，以便相互验证。对极少数小型油砂矿计算储量时，也可采用类比法及其他方法。

2.油砂资源储量评估的动态法

对于地下热采的油砂矿，早期储量计算和储量评估一般采用容积法，开发后期可采用动态法进行评估。

第六节　天然气水合物勘探与评价

一、天然气水合物基本概念

（一）天然气水合物的定义及基本特征

天然气水合物，由甲烷和水在不同的低温（0℃～10℃）、高压条件下构成，呈白色固态结晶物质，外观像冰或固体酒精，常温常压下可以燃烧，故俗称可燃冰。主要埋藏在陆地永久冻土带沉积层、大陆外缘的海洋底部以及深海海底平原沉积层，因储量巨大、埋藏浅、能量密度高、分布广、规模大而被认为是"21世纪最理想的替代能源"。

1.埋藏浅

与常规石油和天然气相比，天然气水合物矿藏埋藏较浅。在深海，水合物矿藏一般存于海底以下0～1500m的沉积层中，且多数赋存于自表层向下厚500～800m的沉积层中。

2.规模大

天然气水合物矿层一般厚数米至数百米，分布面积为数万到数十万平方千米，单个海域水合物中天然气的资源量可达数万至数百万亿立方米，规模之大是其他常规天然气气藏无法比拟的。

3.能量密度高且洁净

在标准状态下，水合物分解后气体体积与固态体积之比为164：1，也就是说，一个单位体积的水合物分解至少可释放164个单位体积的甲烷气体。这样的能量密度是常规天然气的2～5倍，是煤的10倍。天然气水合物分解释放后的天然气主要是甲烷，它比常规天然气含有更少的杂质，燃烧后几乎不产生环境污染物质，因而是未来理想的洁净能源。

（二）天然气水合物成因类型

R.D.Malone等对天然气水合物进行了多年的研究，指出天然气水合物存在4种类型：第一种是良好分散水合物，均匀分布在岩石的孔隙或裂隙中；第二种是结核状水合物，其直径为5cm，水合物气体为从深处迁移的热成因气体；第三种是层状水合物，分散于沉积物的各薄层中，主要分布在近海区域和永久冰冻土中；第四种是块状水合物，厚度为3～4m，水合物的含量为95%，沉积物含量为5%，主要形成于断裂带等有较大的储存空间的环境中。

根据形成环境的温度和压力条件，将天然气水合物的成因机制分为以低温条件为主控因素的低温成因型和以高压条件为主控因素的高压成因型。

低温成因型：形成天然气水合物时温度起主要控制作用，形成的条件是温度低而相对压力较小。如青藏高原冻土带浅部的天然气水合物和100~250m以下极地陆架海的天然气水合物。高压成因型：随埋深增大，压力增高而温度也因地温梯度相应增高，高压力对天然气水合物的形成起主导作用。如水深为300~4000m的海洋天然气水合物基本上是在高压条件下形成的。

根据天然气的来源，可将天然气水合物成因机制分为原生气源型和再生气源型。

（三）天然气水合物形成条件及形成模式

天然气水合物的形成与分布主要受烃类气体来源和一定的温压条件控制。天然气水合物的形成除低温高压条件外，还必须有充足的天然气来源和含水介质。形成天然气水合物的基本条件包括：

（1）低温，一般温度低于10℃；

（2）高压，一般压力大于10MPa；

（3）天然气来源和含水介质；

（4）有利的储集空间。

对海底天然气水合物形成地质模式，各家说法不一。现已提出3种模式，即低温模式、沉积模式和过滤模式。低温模式认为，极地大陆架上的天然气水合物是由于地下天然气和饱和气体在地下水中冷却起来和永久冻土共同形成的。沉积模式认为，含有天然气的浅部沉积层在大陆坡上崩塌下来，在适当的温度、压力条件下形成水合物。过滤模式认为，含有气体的流体流入天然气水合物稳定带的过程中，在适宜的温度、压力条件下固结起来形成水合物。过滤型天然气水合物又可分为两类：稳定型和活动型。稳定型水合物气体来自稳定带内，而活动型水合物气体则来自稳定带的下部游离气。

二、天然气水合物勘探方法与技术

（一）地质方法

作为一种极具远景的地质矿产资源，天然气水合物赋存的地质标志是其最基本的识别标志，在地质上可从海底地貌、海底沉积层特征及沉积学特征等方面来加以判别。据初步研究，天然气水合物的聚集有以下地质特征：

（1）天然气水合物经常出现在地温梯度异常的地区和海域。热成因、细菌成因或混合成因形成的天然气从地下含油气系统沿断层、泥火山和其他构造快速运移至天然气水合物稳定带形成天然气水合物矿藏。这种构造聚集成藏的天然气水合物层的特点是天然气水合物浓度和资源密度较高，因此其采收率较高，而相应的开发成本较低。

（2）天然气水合物一般储集在孔隙度较大的泥质砂岩和碳酸盐岩顶部风化壳中，在海底岩层中分布不均衡。所钻遇地层间隔含有天然气水合物层，粗粒岩层中天然气水合物含量较高，天然气水合物充满岩石孔隙，在海底火山附近天然气水合物含量最高。

（二）地球物理方法

地球物理勘探技术在海域天然气水合物的发现和调查中起到了至关重要的作用，从早期的在单道剖面上发现海底模拟反射层并经钻探证实天然气水合物的存在，到目前世界范围海域的水合物调查和发现，都与地球物理技术的应用密不可分。特别是进入21世纪以来，天然气水合物地球物理勘探技术在海域天然气水合物方面的应用更加广泛。由于天然气水合物一般产在水深300～400m的深海底沉积物中，而其区域性调查首先采用地球物理方法。目前，各国采用的地球物理勘探方法主要有地震勘探技术、测井技术、地热研究、钻井取心技术、海洋电磁法探测技术等。

1.地震勘探技术

地震勘探是目前进行天然气水合物勘探最常用也是最重要的普查方法。地震勘探方法的原理是利用不同地层中地震反射波速率的差异进行目的层探测。由于声波在天然气水合物中的传播速率比较高，是一般海底沉积物的两倍（大约为313km/s），故能够利用地震波反射资料检测到大面积分布的天然气水合物。

2.测井技术

由于水合物储层的特殊性，测井方法的应用存在明显的试验性。在大洋沉积环境，测井响应容易识别天然气水合物或含天然气水合物带。

3.地热研究

温度、压力是天然气水合物形成、稳定与分解的重要因素，因此地热学方法成为研究天然气水合物的重要手段。利用BSR资料估算地温梯度进而求出热流值与实测热流值对比分析是天然气水合物地热研究的主要方向。利用热流、海底温度等资料估算天然气水合物稳定带的底界也可以从宏观上确定大陆边缘天然气水合物可能存在的分布范围。

4.钻井取心技术

钻井取心是识别天然气水合物最直接的方法，目前已在世界许多地方如布莱克海岭、中美洲海沟、秘鲁大陆边缘、里海等地获得了天然气水合物的岩心。但由于天然气水合物具有特殊的物理化学性质，当钻孔岩心提升到常温常压的海面时，其中含有的天然气水合物会全部或大部分分解，为了能获取保持在原始压力条件下的岩心，科学家研制出了保压取心器。

5.海洋电磁法探测技术

海洋可控源电磁技术（CSEM）是海域天然气水合物检测的新技术，它最早是由深水探测具有高电阻率的碳氢化合物储藏技术发展而成的。在海底之下数百米的含天然气水合物沉积层与上覆下伏地层相比，电阻率略有差异（几个欧姆米），CSEM有能力将这种差异识别出来。该方法除了具有勘探效率高、成本低的优点外，还可以直接求取天然气水合物和游离气的饱和度。该方法目前已由实验室研究进入实际应用研究阶段，而且CSEM技术与地震数据联合反演预测天然气水合物饱和度可能是未来的一个发展方向，具有良好的应用前景。

6.高精度重力测量

由于海域天然气水合物引起的重力变化较小，常规的重力测量很难反映它所引起的重力变化，只有高精度的海底重力仪才能达到这一要求。

该方法的基本原理是：天然气水合物胶结疏松沉积物，增强了疏松沉积物的弹性模量（特别是沉积物的刚度），同时引起了海底形变和温度降低；海底形变与地层地震横波速度有关，同时能引起海平面重力波动并且具有长周期时间内的波动特征。利用该方法可获取海底柔量数据，再与随深度的对数变化的地震速度相拟合，根据拟合关系的差异推算地层随深度变化的纵波、横波速度，便可估算天然气水合物饱和度。

（三）地球化学勘探法

由于天然气水合物极易随温度压力的变化而分解，海底浅部沉积物中常常形成天然气地球化学异常。沉积物孔隙水氯度、氧同位素和硫酸盐浓度梯度是指示天然气水合物存在的指标。成功的实例表明，孔隙水氯度明显降低，氧同位素向深部升高，线性的、陡的硫酸盐梯度和浅的硫酸盐–甲烷界面（SMI）都是天然气水合物可能存在的标志。因此，地球化学成为识别海底天然气水合物赋存的有效方法。天然气水合物地球化学勘探法主要包括有机化学法、流体地球化学法、稳定同位素化学法、酸解烃法、海洋沉积物热释光法等。

三、资源评价

（一）天然气水合物经济评价

水合物资源量成为经济上可开采的储量与许多因素有关，主要有：

（1）地质因素：包括沉积物中的水合物含量、水合物资源量、资源密度（单位海底面积内所含的水合物天然气）、分布区水深、埋藏深度（水合物在海底沉积中的分布深度）。

（2）技术因素：目前还没有建立成熟的水合物开采技术，需进一步研究加以确认。例如，对于墨西哥湾水合物，热分解是最合适的开采方法。

（3）经济因素：包括已有的基础设施（在水合物开采中可以利用已有设施，如常规油气的输送管线）、开采成本（目前还很难估计，主要与水深和埋藏深度有关）。

（二）天然气水合物储量计算

许多学者对水合物的储量进行过估算，Makogon首次提出了自然界存在水合物的思想并通过实验证实，他同时第一次提出了估算地下水合物储量的办法，Milkov做了大量的研究工作，详尽描述了水合物资源的估算。目前对天然气水合物资源量的估算大体可以从4个不同角度入手：一是以水合物赋存状态为研究对象；二是以水合物的地球物理、地球化学等勘探资料为研究对象；三是以水合物的气源为研究对象；四是以水合物的形成机制为研究对象。其中，第一种方法是计算水合物资源量的基本方法，其余3种方法为辅助手段，目的是获取计算水合物的相关参数。

第八章 油气田开发

第一节 油气田勘探开发程序

一、地质勘探

地球上蕴藏着丰富的石油和天然气资源，要有效地开发利用这些资源，地质勘探是不可或缺的一环。地质勘探采用了多种手段，其中包括地震勘探、重力勘探和地球物理勘探等方法。

首先是地震勘探，这是一种利用地震波在地下传播的特性来探测地下结构的方法。通过布放地震仪器并引爆炸药来产生地震波，地震波在地下不同的岩石层中传播时会发生折射和反射，勘探人员可以通过观测这些地震波的传播情况来推断地下是否存在石油和天然气储层。这种方法可以提供地下构造的大致形态和岩层的分布情况，对于油气勘探具有重要意义。

重力勘探是另一种常用的地质勘探方法，其原理是通过测量地球上不同位置的重力加速度来推断地下岩层的密度变化。重力加速度与岩石的密度成正比，因此在地下存在石油和天然气储层时，岩层的密度会发生变化。通过在不同地点进行重力测量，并将测得的数据进行分析和处理，勘探人员可以推断出地下是否存在潜在的油气储层。

除了地震勘探和重力勘探，地球物理勘探也是一种重要的手段。地球物理勘探结合了地球物理学原理和技术手段，包括电磁法、磁力法、地热法等。这些方法利用了地下岩石和油气储层在电磁场、磁场和地热场中的响应特性来进行勘探。通过测量地下的电磁、磁力和地热场强度的变化，并进行数据解释和处理，勘探人员可以获取有关地下油气储层的信息。

二、靶层选择

在进行地质勘探后，会得出一些有关地质结构和岩层性质的重要信息。根据这些勘探结果，确定出一些最有潜力存在油气储层的区块，并进一步确定具体的层位，这对进行勘探工作至关重要。

首先，通过分析地质结构的数据，确定一些地层构造较为稳定且具备适当的储集条件的区块。这些地层可能具有较高的含油气潜力，有利于后续的勘探工作。将这些区块作为优先考虑的区域，因为它们更可能存在富含油气的储层。其次，考虑岩层性质对油气储集的影响。通过研究岩石的孔隙度、渗透率等参数，确定出一些岩层具备较好的储集能力。这些岩层通常具有较高的孔隙度和渗透率，能够有效地存储和输送油气。因此，在进行靶层选择时，优先考虑这些具备较好储集能力的岩层。

除了地质结构和岩层性质，还会考虑其他因素，如地质历史、地球化学特征等。这些因素可以提供额外的线索，更准确地确定最有可能存在油气储层的区块和具体层位。例如，通过研究地质历史，了解过去地壳运动、构造变化等对油气形成和储集的影响，从而更好地指导靶层选择工作。

三、钻井

钻探作业通常包括岩心采样和测井等操作。岩心采样是指从钻孔中取出岩石样品进行分析。这些样品可以帮助地质学家了解储层的特征，包括岩石类型、孔隙度、孔隙结构和油气饱和度等。通过岩心采样，可以更准确地判断储层的性质和含油气性能，从而为后续的开发工作提供可靠的依据。另外，测井也是钻探作业中的重要环节。测井是指利用地球物理仪器和测量方法来记录地下岩石和油气储层的物理性质和地质结构。通过测井数据，可以获得储层的电性、密度、声波传播速度等物理特征，这些特征能够帮助我们判断储层的可采性和含油气程度。钻探作业不仅仅是为了确认储层的性质和含油气性能，还为后续的勘探和开发提供了重要的信息支持。通过钻探作业，了解地下岩石的空间分布和连通性，这对于确定合理的钻井位置和开采顺序至关重要。此外，钻探作业还可以帮助我们评估储层的容量和可采储量，从而为资源的合理开发提供科学依据。

四、开发方案设计

制订油气田的开发方案是必不可少的，因为它涵盖了诸多关键要素，如井网布局、采油方式和注水方式等。这些决策将直接影响油气资源的最大开发和生产利用。

首先，井网布局是开发油气田的基础。通过合理规划井网布局，可以实现最大限度的资源开发和生产效率。例如，考虑到油气层的特征和地质结构，确定合适的井网密度和井网间距，以充分覆盖油气层，确保每个方向上都能充分开采。

其次，采油方式也是开发方案中的关键因素。不同的油气田可能采取不同的采油方式，如常规采油、水驱采油或增采技术等。选择合适的采油方式，可以最大限度地提高油气产量并延长油气田的生产寿命。例如，在一些油气砂岩中，常规采油可能不够有效，需要采用水驱采油或增采技术，如水平井、压裂等，以增加油气的采收率。

最后，注水方式在油气田开发中也起着重要的作用。将水或其他合适的注入物注入油气层，可以维持油气层的压力，提高采收率。注水方式可以根据地质特征和油气田的需求进行选择，如水平井注水、压裂注水等。注水方式的合理选择将帮助开发者最大限度地提高油气田的产量和开采效率。

第二节　油气藏的驱动类型

一、油藏的驱动类型

（一）刚性水压驱动

油藏驱油的动力，主要来源于有充足供水能力的边水或底水的水头压力。这种驱油动力叫刚性水压驱动。如果供水区水源充足，供水露头与油层之间高差大，油层连通好，渗透性高，则油藏开采时油井自喷时间长，地层压力、产油量、气油比都能保持稳定。

（二）弹性水压驱动

油藏驱油动力，主要依靠与油藏含油部分相连通的广大水体的弹性膨胀。这种驱动方式叫弹性水压驱动。它形成的条件，主要是地面没有供水露头或供水区与油层之间连通性差，而含水区的面积比含油区的面积要大得多。水体在原始地层压力下处于受压缩状态，当采油时，地层压力首先在井底附近降低，再逐渐传到油层内部，直到油水边界的水体，使水的压力降低，释放出弹性能量。水的体积膨胀，使油藏的容积缩小，从而补偿了部分油层压力，使水体的弹性膨胀成为主要驱油动力。

弹性水压驱动油藏的生产特点是：当产量保持一定时，油层弹性能量逐渐消耗，压力不断下降。但在弹性驱动阶段中，油井产量和气油比相对稳定。初期注水方案尚未实施，大部分属于弹性水压驱动，其区别在于各油田之间弹性水压能量的大小不同。

（三）气压驱动

油藏驱油动力，主要依靠气顶中压缩天然气的弹性膨胀力，叫气压驱动。气压驱动通常出现在构造比较完整、地层倾角大、有气顶、油层渗透率高、原油黏度小的油藏中。气压驱动类型的油藏，投产后油层压力和产油量逐渐下降，气油比上升。在气顶气膨胀到油井之后，气油比急剧上升。

（四）弹性驱动

油藏驱油动力主要来源于油藏本身岩石和流体的弹性膨胀力，这种驱动方式叫弹性驱动。当油层压力降低时，岩石和流体发生弹性膨胀作用，把相应体积的原油驱入井底，这类油藏多数被断层和岩性封闭。它的生产特点是：由于弹性驱动能量很小，油层压力和产量下降都很快。

（五）溶解气驱动

油藏的驱油动力主要来源于原油中溶解气的膨胀。当油层压力下降时，天然气从原油中逸出，形成气泡，依靠气泡的膨胀，将原油驱向井底，这种驱动方式叫溶解气驱动。

溶解气驱动类型油藏的生产特征是：油层压力和产量逐渐下降。在油田开发初期地层压力较高时，气油比上升速度缓慢。当压力下降到某一数值时，气油比迅速升高。严重时有些井只出气不出油。气油比上升到最高限度后会迅速下降，此时产油量降到最低，标志着油层溶解气的能量已经枯竭。

（六）重力驱动

油藏的驱油动力主要靠原油自身的重力，由油层流向井底，这种驱动方式叫重力驱动。重力驱动通常出现在油田开采的后期，因为此时其他天然驱动能量都已枯竭，重力成为主要驱油动力。重力驱动一般出现在地层倾角陡、油层厚度大的油藏中。重力驱动由于能量小，油井产量低，采油速度低。

二、气藏的驱动类型

气藏的驱动类型，是指气藏开采过程中主要依靠哪一种动力驱动气体产出。驱动气体产出的动力有：气体弹性能量、地层水和岩石的弹性能量、水的静水压头等。由于天然气储集在岩石的孔隙中，本身具有压力，地层又往往含水，所以驱动天然气产出的动力不止一种，但其中必有一种是主要的，通常把主要的驱动能量形式叫作气藏的驱动类型。

（一）气驱

驱动天然气产出的主要动力是气体的弹性能量（或叫压能）。当气藏开采时，井底压力低于地层压力，在压差作用下，天然气的体积膨胀，释放出弹性能量，驱动气体产出，这种依靠气体弹性能量驱动天然气产出的气藏叫作气驱气藏。

（二）弹性水驱

驱动天然气产出的主要动力是气体的弹性能量和地层水的弹性能量，弹性水驱作用发生在具有边水或底水的气藏。弹性水驱作用的强弱与地层水的体积大小和采气速度的高低有关。地层水的体积大，压力降低后水的体积膨胀也大，弹性水驱作用就强；地层水的体积小，压力降低后水的体积膨胀也小，弹性水驱作用就弱。采气时地层压力首先在井底附近降低，再逐渐传到地层内部，直到气水边界的水体，使水体的压力降低，释放出弹性能量。水体的体积膨胀，气藏的容积缩小，从而补偿了部分气藏压力，表现出弹性水驱作用。由此可见，采气速度对弹性水驱作用具有一定影响，如果采气速度快，气藏压力降低速度快，水体释放弹性能量的速度跟不上气藏压力降低的速度，则弹性水驱作用就弱；如果采气速度慢，气藏压力降低速度慢，水体释放弹性能量的速度接近气藏压力的降低速度，则弹性水驱作用就强。

第三节　注水开发油气田

一、油气田开发分层注水

（一）油气田开发

油气田开发是指利用石油地质学、岩石物理学、油气藏工程学以及钻井工程学等科学技术手段，使油、气从地下储藏层中产出，并送往加工厂进行处理和利用的过程。油气田开发的基本流程包括油气勘探、储量评估、油气采集、油气处理和销售等环节。自20世纪50年代以来，随着计算机、成像技术、物联网和大数据等现代信息技术的应用，油气田开发越来越趋向于高质量、高效率、高科技和精细化。油气田开发是一个复杂而庞大的系统工程，需要在科技、环保、经济等多个领域做出协调性和平衡性决策，其在国家能源安全和经济发展中起着关键作用。

（二）油气田开发分层注水

油气田开发分层注水技术是一种提高原油采收率的重要手段，其基本原理是通过在油层中注入水来降低油层黏度和增加压力，从而推动油向井口流动。其具体操作步骤如下：

第一步：根据油藏性质和地质条件，确定合适的注水井和开发层位。第二步：确定注水井的蓄水量、注水量、注水压力等参数，并进行计算和模拟分析，以保证其达到最佳注水效果。第三步：在井筒中利用隔水套管或钢管等安装注水管道，确保注水过程中不会对其他开采层位产生影响。第四步：按照一定的周期和节奏进行注水，以达到最佳的压力和流量。第五步：采取相应的监测措施，如注水井产液量监测、油藏物性测量、油水界面测量等，有效评估注水效果和优化注水参数。第六步：根据实际情况进行调整和改进，优化分层注水技术，以达到更好的开发效果。

二、油气田开发分层注水技术及要点

（一）桥式偏心分层注水工艺

桥式偏心分层注水设备由垂直分层管道和水平导向管道组成，其中，垂直分层管道贯穿整个油层，而水平导向管道则与井筒中的井眼间隙连通。在注水过程中，高压水从表层（或地层）经过正中央的分层管道输送至下部产层，利用管道顶端与井筒底部井眼之间的差异形成一个桥式闸门。当水流量较小时，形成一个桥式闸门流体暂存区，此时水流能受到剪切作用，并向运动轨迹的两侧转动，使水流分为内外两层，并实现底部分层注入。当水流量较大时，桥式闸门关闭，使得高压水只能沿着分层管道流向下部产层。其技术要点包括：其一，设备安装应注意深度和位置，根据实际情况选择安装方案；其二，分层管道应予以保护，防止后续注入过程中受到损坏，影响油气开采进度；其三，注水前需要进行地质勘测和储层评价，根据具体情况选择适当的注水方式，保证注水效果；其四，注水时应遵循一定的规律，分阶段注入水量，避免产生过多涌出水破坏储层结构；其五，不断监测水井出水量及提高生产分析，及时调整注水参数以提高采收率。

（二）钢管电缆直读测调技术

钢管电缆直读测调技术是一种在油气田开发中广泛应用的测井技术。该方法适用于裸眼孔，能够实现对上下井筒、井眼直径、井段结构和储层厚度等关键参数的准确测量。钢管电缆直读测调技术依靠着井壁产生的自然电场进行测量，探头由多芯钢缆和电极组成。在测量过程中，先将探头送至井内目标位置，再将钻杆发送，控制探头与地面接触，随着钻杆的移动，探头对井壁产生的微弱信号被采集到，电缆传递的电势值变化，最终可以得到一剖面曲线图。其技术要点如下：第一，探头应选用尺寸适当的电极，以确保与井壁充分接触且信号稳定；第二，在放置探头时应注意其位置的选择，避免影响探测结果；第三，确保测量设备的正常运行和安全操作，避免发生事故；第四，在测量过程中需严格遵守操作规范，防止因误操作而引起测量偏差；第五，对采集到的数据进行及时处理和分析，判断储层条件等，对后续的油藏开发具有重要意义。

（三）长效防蠕动管柱技术

长效防蠕动管柱技术主要是为了解决在高角度和大深度井斜水平段导致的钻柱蠕动问题而研发的一种工程技术。长效防蠕动管柱技术是通过选用特殊型号和参数的套管管芯，减小或消除钻柱内部的摩擦力和剪切力，以达到防止钻柱蠕动的目的。其中，套管可以分为单层固定式、双层可拆式和三层空心式等多种类型，每种类型的套管都有不同的防护功能。比如，单层固定式套管直接固定在钻柱上，通过静态抑制力来对抗循环振动、引起的动态剪切力；而双层可拆式套管则与钻柱之间预留特定的空隙，根据实际井情来调整套管尺寸，以满足不同的防护要求。其技术要点如下：一是钻井工程设计前应评估管柱蠕动的可能性，根据实际情况确定长效防蠕动管柱技术类型以及套管类型和参数；二是具体施工过程中需严格遵守操作规范，包括装配、卸载、清洗等环节均需认真操作，避免出现误差和故障；三是对于不同类型的套管，应根据其特性进行安全施工并定期进行检测维护；四是应对管柱蠕动问题做好持续监测，记录必要数据，便于实时掌握井筒情况，并提供相关信息给开发人员，为更加科学和有效的油气田开发提供支持。

（四）分层防砂注水一体化管柱技术

分层防砂注水一体化管柱技术是油气田开发中较新的注水技术之一。它是为了解决在注水过程中出现的黏土、杂质等颗粒物堵塞注水管道，影响采油效果而研发的一项工程技术。分层防砂注水一体化管柱技术主要是利用套管和输水管两个功能部件组成的一种一体化的管柱系统。其中，套管可以根据井段特性选择不同类型的套管尺寸及间距；输水管则采用具有防砂能力的高强度耐压聚合物管道或者其他类似材料制成。通过套管和输水管的组合，在注入水时实现对象的隔离，防止颗粒物进入注水管道并进行拦截，从而达到分层防砂的目的。其技术要点如下：一是钻井前需要对油气层的孔渗情况、套管尺寸和配备基本比例进行充分评估，并制订相应的管柱设计方案。二是在施工时，需严格遵守操作规范。先安装好套管，然后将输送管靠近套管并安装固定，之后注水过程中应根据实际情况进行调整和维护，确保注水效果。三是需要对性能指标进行检测，包括输送压力、防砂能力等，以保证系统正常使用。四是在日常使用过程中，要进行周期性的检查和维护，完善相关数据，以保障其长期稳定运行。

三、油气田开发分层注水发展趋势

（一）注水剂的改进

注水剂是指在油田开发注水作业中使用的水质调整剂和防垢剂等辅助剂。随着油田开发技术的不断发展，注水剂的改进和优化逐渐成为油气田开发分层注水的一个重要方向。首先，在注水剂的改进方面，一方面可以通过改变注水剂的成分和配方来提高注入水的质量，进而提高注水效果；另一方面则可以通过改善注水剂在注入过程中的性质，如增加注水剂的黏度来降低其对地层的侵蚀，从而减小对地层的损害。这些改进措施不仅能够提高注水效率和提高采收率，在减少地层破坏、延长注水周期和降低采油成本等方面也具有显著的作用。其次，在注水剂的优化方面，主要是通过研究注水剂和油层之间的相互作用关系，来选择更适合油层的注水剂类型和配比。一方面，可以选择具有良好相容性的注水剂，以减少注入水与油层中天然水和地下水之间的互相干扰和掺杂，提高注水效率和注水效果。另一方面，则可以根据油层的物理和化学特性，选择更适合油层的注水剂类型和配比，以避免造成不必要的地层损害和注水效果下降。

（二）分层注水实时监测与控制技术

随着油气勘探技术的不断发展和油气田开发规模的逐渐扩大，油气田开发分层注水技术在提高采收率和延长油井寿命等方面发挥着越来越重要的作用。分层注水技术以"压力驱动、水力助推"为原理，从下层渗透到上层，形成注水带，在覆盖层里完成注水增油的过程。然而，分层注水技术最大的问题之一是注水效果无法被及时监测和控制。未来，分层注水技术的发展趋势之一是实时监测与控制技术。实时监测与控制技术是指使用集成电路技术、互联网技术和控制技术等现代科技手段，对油井注水的压力、流量、温度和含水率等指标进行在线监测，并通过计算机联网实现对这些指标的实时数据分析和处理，通过自动控制系统，实时调节注入压力和流量等参数，从而实现最佳注水量的控制。实时监测与控制技术的引入，将大大提高分层注水技术的注水效果和经济效益。首先，实时监测压力、流量、温度和含水率等指标，可以及时发现油井注水效果不佳的原因，并迅速解决问题。其次，自动控制系统可以快速地根据分层注水的实际情况进行调节，提高分层注水的工作效率，降低注水成本，提高注水效果和增油效果。

（三）多元化复合增采技术

油气田开发分层注水是一种提高油气开采率的重要技术手段，随着技术的不断创新和发展，多元化复合增采技术已经成为该领域的新趋势。多元化复合增采技术是指利用多种技术手段和方法的组合，针对不同的油藏特征和开采难度，采用一系列的工艺措施形成复合和协同作用，从而达到增加原油采收率的目的。随着油藏开采难度的增加，传统的分层注水技术面临很多局限性，只通过单一的工艺手段无法满足开采需求。因此，多元化和复合化的技术手段将成为未来的发展趋势，包括地面分层注水、井下分层注水、人工汇水、油藏调剂、水调节和化学调剂等。其次，油田增产新技术将和传统技术融合发展。传统的分层注水技术主要是在封堵固井、水平井和调剂等方面大量应用，现代油田开发技术的蓬勃发展将会和传统技术融合，包括水力压裂、改造钻井、工程造池、微生物油藏调整、CO_2远程加压、低渗透油藏高效采油、高精度油藏模拟和地质预测等多项新技术的综合应用。

（四）数模一体化技术

随着信息技术、互联网和人工智能等新兴技术的发展，油气田开发分层注水技术也将与之融合，进一步推动其发展和应用。融合数模一体化技术是一种重要的趋势。数模一体化技术是指利用计算机仿真技术，结合实际生产数据和场地数据，建立油气储层的三维数字模型，并通过多种方法对模型进行综合评估和分析。通过数模一体化技术，研究人员可以在计算机上模拟出不同注水方案下的局部效果，比较各种方案的优劣，并做出最佳方案决策。在分层注水技术中，数模一体化技术可以为开发提供诸如采集、传输、处理及存储油田数据等的全面解决方案。首先，数模一体化技术可以帮助建立油气储层的三维数字模型，对油藏信息进行精细化描述，实现准确的油田勘探和开发。其次，该技术可以针对不同类型、不同地质条件下的油田，模拟出不同注水方案下的效果，为开发提供最佳决策。最后，数模一体化技术还可以对生产数据进行采集和传输，在实时监测油气田生产情况的同时，也可以控制和优化注水工艺流程。除此之外，数模一体化技术还可以与物联网、云计算等新技术全面融合，通过建立"互联网+油田"平台，实现分层注水与其他生产环节之间的无缝衔接和信息共享。

第四节　油水井综合分析技术

油水井综合分析技术是指对油水井的各种数据进行综合分析和解释，以评估储层油水分布、含油水层参数、井筒流体状态和井身条件等方面的信息。以下是常用的油水井综合分析技术：

（1）测井解释涉及利用多种测井工具所产生的数据，如测井曲线和测井参数。这些数据通过解释和分析井内储层的特征，能够评估储层的性质和含油水的性能。通过测井解释，能够确定储层的岩性、孔隙度、渗透率等关键参数，从而对油田的开发潜力和产能进行准确的评估。

（2）岩心是一种通过钻井获取的岩石样本，对岩心进行物性描述和分析是石油勘探和开发领域中非常重要的工作。岩心分析可以提供关于储集层岩石类型、孔隙度、渗透率、含油水饱和度等参数的宝贵信息，这些信息在油气勘探开发过程中具有重要的指导作用。

岩心描述是指对岩心外观特征的详细描写。通过对岩心样本的观察和记录，可以获得岩石的颜色、纹理、结构等信息。岩心的颜色可以反映岩石的成分和风化程度，其纹理和结构则可以揭示岩石的成因和岩石的物理性质。岩心描述为进一步的岩心分析奠定了基础。

岩心分析则是对岩心进行物理、化学和地质学方面的研究。物性描述是岩心分析的重要环节之一，它主要通过测量和计算岩石的孔隙度、渗透率、含油水饱和度等参数来评估储集层的储油能力。孔隙度指的是岩石内部的孔隙空间占总体积的比例，是储集层储油的基本条件之一。渗透率是指岩石中流体（如石油、天然气、水等）通过的能力，是评价储集层储油能力的关键参数之一。含油水饱和度是指储集层中石油和水的占比，这个参数对于确定储层的有效厚度以及油气资源的量和质具有重要意义。

（3）储层模型建立是石油勘探和开采领域中的重要环节。通过分析测井、岩心、地震等数据，建立三维储层模型，准确地描述储层的空间分布和特征。这个储层模型不仅可以帮我们了解储层中油气的分布情况，还可以用于模拟和预测油水井的产能。

（4）渗透率计算是石油工程领域中的一个重要步骤，通过分析测井和物性数据，利用一系列不同的方法来准确计算储层的渗透率，从而评估储层的渗流能力。

首先，经验公式是一种常用的计算渗透率的方法。在使用这种方法时，基于历史数据和经验知识，通过建立经验公式来估计渗透率。这种方法的好处在于简单快速，适用于大部分储层类型。然而，由于其基于经验，可能存在一定的不准确性和局限性。

其次，统计模型是另一种广泛使用的渗透率计算方法。通过对大量储层数据进行统计分析，建立统计模型，从而推断和预测储层的渗透率。这种方法能够更好地考虑储层内部的异质性和非均质性，提高了预测的准确度和精度。

最后，流体流动理论也是计算渗透率的一种重要方法。通过应用流体力学和渗透力学的理论，建立渗透率与流体流动行为的数学模型，从而计算储层的渗透率。这种方法考虑了流体与岩石之间的相互作用，能够更加准确地描述储层的渗流能力。

（5）含油水饱和度计算：根据测井数据和模型，采用不同的方法（如电阻率、中子测井等），计算储层的含油水饱和度，评估储层的可采程度。

（6）产能评估和预测：基于渗透率、压力、地层参数等信息，利用数学模型和模拟技术，评估储层的产能和预测井的生产潜力。

（7）油水井动态监测：利用生产数据和压力数据，进行生产动态分析，评估油水井的产能状态、堵塞程度、井身状况等，优化生产策略。

第九章　油气田开发设计

第一节　油气田开发设计简介

油气藏是指在单一的圈闭中具有同一压力系统的油气聚集体。通常情况下，一个油气藏存在于一个独立的圈闭中。当圈闭中只有石油聚集时，称为油藏；当圈闭中只有天然气聚集时，称为气藏。如果圈闭中聚集的油气数量可以供工业开采，称为工业性油气藏；如果聚集的油气数量不足以供工业开采，称为非工业性油气藏。在相同构造、地层、岩性等单一或复合因素的控制下，同一面积范围内的所有油气藏总称为油气田，若只有气藏则称气田，若只有油藏则称油田。在开发设计中，对象可以是油气藏，也可以是油气田。

对于工业性油气藏，在投入开发前必须进行开发设计。油气田开发设计：在油气藏的含油气面积内，按照一定的开发井网、开发程序，开采方法将石油和天然气采出地面全过程的工程总体方案。其主要内容：划分开发层系，确定油层的开发组合和开发顺序；选择合理的开采方式；确定生产井和注入井的井网；确定合理的井身结构、井底完成方法，编制射孔方案；测算油井和水井的配产、配注及全油田年产油量和注水量、预测油田开发动态，提出稳产年限的做法和要求；编制油田地面建设方案。

一、油气田开发方式的分类

（一）利用天然能量开发

利用天然能量开发是一种传统的开发方式。它的优点是投资少、成本低、投产快，只要按照设计的生产井网钻井后，不需要增加另外的采油设备，只靠油层自身的能量就可将油气采出地面。因此，它仍是一种常用的开发方式。其缺点是天然能量作用的范围和时间有限，不能适应油气田较高的采油速度及长期稳产的要求，最终采收率通常较低。

天然能量开发主要有以下四种方式：

（1）弹性能量开采。油层弹性能量的储存和释放过程与我们在日常生活中所见到的弹簧的压缩和恢复相似。油层埋藏在地下几百米至几千米的深处。在未开发前，油层承受着巨大的压力，因此在油层中积聚了一定的弹性能量。当钻井打开油层进行采油时，油层均衡受压状态遭到破坏，油层孔隙中液体和岩石颗粒因压力下降而膨胀，使一部分原油被挤出来，流向井底喷至地面。随着原油的不断采出，油层中压力降低的范围不断扩大，压力降低的幅度也不断增加，这样油层中的弹性能就不断减少。一般的砂岩油藏，靠弹性能量仅能采出地下储量的1%～5%。

（2）溶解气能量开采。溶解气能量开采，油层被打开并开始采油后，油层压力降低，当其压力低于饱和压力时，在高压下溶解在原油中的天然气就分离出来，呈现自由的气泡状态。在气泡向井底流动的过程中，由于压力越来越低，体积不断膨胀，就把原油沿着油层推向井底。

在利用溶解气能量进行开采过程中，由于气体比原油容易流动，往往是气先溢出来，溶解在原油中的天然气量大幅度减少，使得原油变得越来越稠，流动性越来越差。在油层中溶解的天然气能量消耗完以后，油层中还会留下大量的原油。因此，只依靠溶解气能量开采，一般只能采出原始储量的百分之十几。

（3）气顶能量开采。有些油气田在油层的顶部有气顶存在。当油气田投入开发后，含油区的压力不断下降，当这一压力达气顶时，将引起气顶发生膨胀，气顶中的气体就会侵入原来储存原油的孔隙中，从而将原油驱向生产井井底。

（4）水压驱油气能量开采。水压驱油能量分为边水驱动和底水驱动两种形式。不管是边水还是底水的能量，地下油层必须与地面水源沟通，开采时能得到外来水源的补充。如果油气田面积小，水压驱动条件好，开采时水的补给量能够与采出的油量平衡，则在油气田的开采过程中，产油量和地层压力都可以在较长时间内保持稳定，可以获得较好的油气田开采效果和较高的最终采收率。但实际中绝大多数天然水压驱动的油气田，外界水源的补给都跟不上能量的消耗，因此开采效果都很不理想。

从上面4种情况可以看出，依靠油层本身具备的天然能量可以采出一定的油量。在满足对石油产量要求的前提下，根据储油层和油气田的具体情况，可以考虑利用某种天然能量开采。

（二）保持压力开采

把原油从地下采出来，靠的是油层内的压力。油层压力就是驱油的动力，在驱油过程中要克服各种阻力，首先要克服油层中细小孔道的阻力，其次要克服井筒内液柱的重力和管壁摩擦等阻力。只有油层压力克服了所有这些阻力，原油才能从地下喷至地面，使油田生产正常运行。从前面的介绍我们知道，依靠天然能量开采一般不能保持油层压力，从而达不到油田长期高产、稳产和实现较高采收率的要求。在长期的油田开采实践中，人们找到了一种保持油层压力的方法，就是用人工的方法向油层内注水、注气或注入其他溶剂，给油层输入外来能量以保持油层压力。

下面介绍人工保持油层压力的具体方法。

1.人工注水

人工注水就是在油田开发过程中，用人工的方法把水注入油层或底水中，以保持或者提高油层压力。所谓注水方式，就是注水井在油藏中所处的部位和注水井与生产井之间的排列关系。目前，国内外油田应用的注水方式，归纳起来，主要有边缘注水、内部切割注水、面积注水和不规则点状注水4种。

一个油田注水方式的选择总的来说要根据国内外油田的开发经验与本油田的具体特点来定。针对不同的油田地质条件选择不同的注水方式，特别是不同油层性质和构造条件，是确定注水方式的主要地质因素。下面分别介绍各种注水方式的定义及其适用条件。

（1）边缘注水。在边缘注水方式中，注水井排位于构造上油水边缘附近的等高线上，基本与含油边缘平行。这样在注水开发时，可使油水前缘有一个好的界面，让水向油区均匀推进，实现较高的采收率。

边缘注水方式适用于面积不大（油藏宽度不大于5km）、构造比较完整、油层稳定、边部和内部连通性好、油层的流动系数较高的油田。这种注水方式的优点是：油水界面比较完整，注入水逐步由外部向油藏内部推进，因此，比较容易控制注入水线，无水采收率和低含水采收率较高，其最终采收率也很高。边缘注水方式的缺点是：由于遮挡作用，能够受效的生产井排数少（一般不超过3排）。当油田较大时，内部生产井排受不到注入水的影响。此外，边缘注水，部分注入水可能会发生外溢现象，从而降低注水效果。

（2）内部切割注水。对于大面积、储量丰富、油层性质稳定的油田，一般采用内部切割行列注水方式。在切割注水方式下，注水井排将油藏分割成若干个相对独立的较小单元，每一单元称为一个切割区，可以看作一个独立的开发单元，可进行独立的开发和调整。

内部切割注水方式的采用条件：油层要大面积分布，注水井排上可以形成比较完整的切割水线；保证一个切割区内布置的生产井与注水井有较好的连通性；油层具有一定的流动系数，以保证在一定的切割区和一定的井排距内，注水效果能比较好地传递到生产井排。

采用内部切割注水方式的优点：可根据油田具体的地质特征，选择最佳的切割井排形式、方向和切割距；可以根据开发期间认识到的油田详细地质构造资料，进一步调整为面积注水方式；切割区内生产井排受效比边缘注水方式好。

但是，这种注水方式也有一定的局限性：第一，不能很好地适应油层的非均质性，对于在平面上油层性质变化较大的油田，往往有相当部分的注水井处于低渗地带，使注水效率不高；第二，同一切割区内，内排与外排生产井受注水影响不同，因而开采不平衡，内排-生产能力不易发挥，而外排井生产能力大，见水快；第三，注水井排两侧的地质条件不一样时，会出现区与区之间的不平衡。

（3）面积注水。将油层按照一定的几何图形划分成若干个单元，在每个单元的顶点和中心部位分别布置一些生产井和注水井，从而可构成在整个含油区域内的面积注水方式。根据油井和注水井相互位置及构成的井网形状不同，面积注水可分为四点法面积注水、五点法面积注水、七点法面积注水、九点法面积注水、反九点法面积注水、正对式排状注水、交错式排状注水等。值得指出的是，不同国家，甚至同一国家的不同油田之间，关于面积井网的命名方法可能是不同的。一种以注水井为中心包括周围的生产井构成的注水网格来命名，在这个网格中一共有几口井，就称为正几点井网，简称几点井网；另一种则以生产井为中心包括周围的注水井而构成的单元来命名。此处，我们采用第二种命名方法。如将正井网中的生产井与注水井的位置调换而得的井网，称为反井网。

采用面积注水方式的条件：①油层分布不规则，多呈透镜状分布；②油层的渗透性差，流动系数低；③油田面积大，构造不够完整，断层分布复杂；④可用于油田后期的强化采油，以提高采收率；⑤虽然油田具备切割注水或其他注水方式的条件，但为了达到更高的采油速度，也可采用面积注水方式。

（4）不规则点状注水。当油田面积小，油层分布不规则，难以布置规则的面积注水井网时，可采用不规则的点状注水方式。例如，小断块油田，根据它的油层分布情况，选择合适的井作为注水井，使周围的几口生产井都收到注水效果，达到提高油井产量的目的。

2.人工注气

在油田开发过程中，把气体用人工的方法注入油层中，以保持和提高油层压力。人工注气分为顶部注气和面积注气两种。顶部注气就是把注气井布置在油藏的气顶上，向气顶注气，以保持油层压力；面积注气是把注气井与采油井按某种几何形状，根据需要部署在油田的一定位置上，进行注气采油。

二、油气田开发优化

油气田开发是一门认识油气藏，运用现代综合性科学技术开发油气藏的学科，它不仅是方法学，而且是带有战略性的指导油气田开发决策的学科。油气田开发所研究的主要是科学、合理地开发油气田的问题，要做到这一点，首先要对开发对象——油层及其中流体的特性有深刻的认识，其次要制定出适合本油气田的开发设计方案，同时要在开发过程中经常对油层的动态进行预测和分析，以不断加深对油气田的认识，做好油气田开发方案的调整，做到自始至终科学合理地开发油气田。

油气田开发规划优化部署属于决策科学范畴，是一项复杂的系统工程。油气田开发的功能指标为"三个最"，即最少的花费、最大的采收率和最大限度地满足国家要求，这便是最早的油气田开发的系统观点和最优化的观点。油气田开发的核心以及所追求的目标是如何以较少的工作量、较低的投资，获得较高的产量以及较长的稳产期和最好的经济效益，这都是一系列的油气田开发优化问题。再者，油气田本身是一个庞大而复杂的系统，一个油藏、一个油层也可以作为一个系统，还有注采系统、管网系统等。为了研究油气田的优化问题，学者引进了一系列优化方法（大系统理论、系统工程、最优控制理论、现代决策分析、模糊数学、灰色系统理论等），并应用整体的、全面的、系统的观点来研究油气田，以更好地合理开发油气田，这样便构成了油气田开发的系统工程方法。此方法在解决油气田优化问题特别是整体优化问题时，既考虑油气田地质、渗流特性、开发技术等实际因素，又结合人们对油气田的各种指标的要求，考虑油气田近期和远期目标等，真正做到全面优化。

油气田开发中优化技术的应用主要有如下几个方面：生产规划与管理；最优配产、配注；确定井位；多油层或多油气田组合最优开采；投资优化分配；最佳采油速度的确定等。近年来，油气田开发的各种问题受到广泛的重视，油气田开发的理论和现代化的方法也在迅速发展，不断出现新的技术。国内外关于油气田开发优化的研究已取得了很多成果，同时也推动了优化理论与方法的发展。

三、油田开发过程

油田开发是在油田勘探结果和必要的生产试验数据的基础上，根据石油市场的需求，对具有开发潜力的油田，从油田的实际情况和生产规律出发，制订合理的开发方案，以便提高油田的最终采收率，使油田按照方案规划的生产能力和经济效益进行生产，直至油田开发结束的全过程。

对同一油田在不同开发阶段经济效益变化规律的研究发现，油田开发过程可以划分为三个阶段：原油产量上升阶段、原油稳产阶段以及原油产量递减阶段，这三个阶段反映了原油产量随着油田开发年限变化的客观规律。据此可以绘制油田开发的生命周期曲线，以便清楚地展示一个油田开发过程中三个阶段的变化。在原油产量上升阶段，油田开发生命周期曲线的斜率大于零；在原油稳产阶段，曲线斜率接近于零；在原油产量递减阶段；曲线斜率小于零。

原油产量上升阶段，通常是在油田开发初期。这个阶段发现的储量多、质量好，投入开发的新区块多，生产能力旺盛，油井产量高，自然递减速度慢，油田措施工作量少。一般情况下，新井产量与措施产量之和大于油田自然递减产量，使得油田当年产量高于上年产量。

原油稳产阶段，通常是在油田开发中期。这个阶段油田区域内的勘探程度较高，新增储量减少，且质量变差。每年投入开发的新区块逐渐减少，油田开发老区已处于中高含水期，地层压力逐渐减小，油田调整优化采油井所采取的措施工作量明显增加，但增产效果不如上升阶段。每年新井产量与措施产量之和基本等于自然递减产量，使油田当年产量与上年产量基本接近。

原油产量递减阶段，通常是在油田后期开发阶段。这一阶段，油田区域内的勘探工作基本结束，油层结构、原油物性和渗流条件都严重恶化，加密调整井日渐饱和，主力油层趋向衰竭，开发对象由条件较好的油层转向薄层、低渗透油层，采油工艺越来越复杂，开采难度越来越大。老井措施增油量与新井产量之和小于自然递减产量，使油田当年产量低于上年产量。

原油产量自然递减的客观事实表明，油田产量自然递减存在于原油开采的全过程。在递减阶段，石油企业为弥补自然递减，每年都会投入大量的资金用于增产措施作业，以达到延缓递减、维持油田稳产、增产的目的。

四、油气田开发的特点

油气藏深埋地下，是不可再生资源，其开发过程极其复杂，具有与一般工程不同的特点。

（1）对油气藏的认识不是短时间一次完成的，需经历长期的由粗到细、由浅入深、由表及里的认识过程。油气藏埋藏地下，浅可近地表，深可达万米，面积大者可达数十、数百平方千米，看不见，摸不着。尤其是流体矿藏，不可能挖掘出来加以观察和描述，只有用地球物理等间接方法加以探测，或在其上钻若干口井（油藏窗口）设法窥视其内部状况。井钻得越多，直接获得信息越多，所描述的油气藏则越接近于实际。这就是说，初期对于油气藏的认识比较粗糙，而随着它的开发在不断深化。

油气田开发是一个对油气藏认识不断深入和不断改善油气田生产使之更符合实际、优化开采的过程。这与许多工程通过一两次调查、研究设计就完成全过程是极不相同的。

（2）油气田是流体的矿藏，凡是有联系的油藏矿体，必须视作统一的整体来开发，不能像固体矿藏那样，可以简单地分隔，独立地开发，而不影响相邻固体矿藏的蕴藏条件及邻近地段的含矿比。因此，勘探与开发油气田时，不能只局限于较详细地研究任何矿藏局部地段，而必须对有可能成为统一流体水动力系统的整个矿藏有足够全面的认识，包括位于含气、含油边缘以外的那些区域，对于可以形成分隔流体作为屏障的断层、隔层、盖底层、夹层的封闭条件都应该进行专门研究。所以，油气藏开发除了要与其他矿藏开发一样研究矿体的几何性、蕴藏条件、含矿比、储量比外，还要特别注意研究流体动力学性质

（或称渗滤性质），并注意这些性质随时间、空间及其他因素影响的变化。也就是说，不仅要研究油气田的静止（或原始）状态，而且要时刻注意其动态变化，其中包括不同时间各空间处矿产含量比（或称剩余油气的分布）的变化，使认识和设计立足于最新的基点上。

（3）必须充分重视和发挥每口井的双重作用——生产与信息的效能，这是开发工作者应该时刻研究及考虑的着眼点。世界上除了极少数油藏采用矿山坑道开采外，绝大多数的油气田都是从地面钻井来开采的。井具有双重作用，它既是采集油气的窗口、影响地层的处所，又是窥视油气藏内部获得各种信息的窗口。如何使用最少的井数既能把油气田地下情况搞清楚，又能将油气多快好省地采出来，这是衡量油气田生产技术水平高低的一个重要标志。

充分利用和发挥每个油藏已钻井的作用，常容易被一些生产者忽略，他们只重视井的生产功能而忽视它的信息功能。不少矿场只重视油井，抓产量，而不注意取全、取准资料，更不重视水井，将含水域的水井、水淹井弃之不顾，这是错误的。因为水井至少可以用来观察和测压，以便了解油藏含水域和水淹区水流的动态与变化，通过它可获得对油藏更多的认识，从而更有效地指导生产。另外，从系统论和控制论的观点来看，油藏本身是个"黑箱"或"灰箱"，通过输入、输出各种信息，就可了解其内在结构、状态及规律性，从而影响它，使之服从开发的需要。

（4）油气田开发工程是知识密集、技术密集、资金密集的工业。油气田地域辽阔，地面地下条件复杂多样；各种井网、管网、集输系统星罗棋布；加之存在多种因素的影响和干扰，使得油气田开发工程必然是个知识密集、技术密集、资金密集的工业，是个综合运用多学科的巨大系统工程，它涉及地质、物探、钻井、采油、油藏、储运、经济、管理，甚至包括水电、土建部门。在油气田所在处常常会建成新的城市，以满足开发上的后勤支援和需求。尤其是海洋油气田开发，还需要考虑海洋气象、风流、海工建筑以及海空的支援，为协调其间的关系还必须从系统工程的角度加以考虑。在这些部门及相互之间有数以亿计的信息要进行存储、处理、反馈、控制、衔接、协调等。因此，在油气田开发中充分地将现代电子计算技术、现代系统论、信息论、控制论、优化理论运用于油气田开发设计、生产、组织、经营中，这是一个重大的课题。

一个油气田开发常常要钻大量的油水井，铺设大量的集输、注入管路。仅一口3km深的油井钻井费用可达数百万元，海上一座平台则要上亿元的投资。此外，为钻井而修建公路、铺设管网要动员大量人员支援与参加，经常会波及城镇和乡村。因此，开发上的任何轻率决定，都可能造成经济上的巨大损失和浪费。

为此，要求油气藏工作者既要有丰富的经验与知识，又要有高度的责任感，不断地获得新知识，总结经验，善于学习，能科学、严肃、认真地对待每项开发技术工作，搞好油气田的开发经营。

五、油田开发方式的优化选择

对于一个具体的油田，我们选择开发方式的原则是：既要合理地利用天然能量，又要有效地保持油藏能量，以确保油田具有较高的采油速度和较长的稳产时间。为此，我们必须进行区域性的调查研究，了解整个水压系统地质、水文地质特征和油藏本身的地质物理特征。必须了解油田有无边底水，有无液源供给区，中间是否有断层遮挡和岩性变异现象，油藏有无气顶及气顶大小等。当通过预测及研究确定油田天然能量不足时，则应考虑向油层注入驱替工作剂，如水、气等。

注入驱替工作剂的选择与储层结构及流体性质有密切关系。当储层渗透率很低时，注水效果通常较差，油井见效慢。若储层性质均匀，渗透性好，原油黏度低，水敏性黏土矿物少，注水开发效果就好。当断层或裂隙较多时，注入水或气可能会沿断裂处窜入生产井或其他非生产层。因此，必须确定断层的走向和裂隙的发育规律，因势利导，以扩大注入剂的驱替面积。

开发过程的控制即开发速度的快慢，也会对驱动方式的建立产生重大影响。开发速度过快，外排生产井的屏蔽遮挡作用，往往对内部井见效产生影响。开发速度过慢，满足不了产量的要求。

实行人工注水、注气还要考虑注入剂的来源及处理问题。注水必然涉及水质是否与储层匹配及环保等问题。注冷水、淡水可能会对地下温度、原油物性及黏土矿物产生影响，因而需要考虑是否要加添加剂，是否要进行加热预处理等。

显然，向油层注入驱替剂会增加油田前期的投资、设备和工作量。因此，需要对采取该措施所能获得的采收率和经济效益进行预测。

第二节　油气田开发技术进展

我国的油气田开发技术经历了一个逐渐发展的过程，这其中包含了历代石油工作者的心血。随着世界上各种新技术的发展，油气田开发技术也在不断进步。纵观我国油气田开发历程，在开发技术大体上可以分为以下五个阶段。

一、第一阶段

掌握油气田开发方法和技术阶段。20世纪50年代，在苏联专家的帮助指导下，我国石油科技工作者刻苦钻研，先后对玉门老君庙油田、新疆克拉玛依部分油田的开发方案进行了设计研究与编制，并逐步开展注水开发的现场试验，研究相应的采油技术。在这个阶段，初步掌握了油田开发地质、油藏工程设计、注水工艺、人工举升、水力压裂及井下维修作业等基本的油田开发与采油工艺技术。

二、第二阶段

水驱开发技术成熟阶段。随着大庆油田、大港油田、胜利油田、辽河油田等陆相湖盆沉积油藏相继投入开发，在没有任何成熟经验可以借鉴的前提下，通过对陆相湖盆沉积油藏的研究，相继创立了早期注水、分层注水、分层采油、分层测试、分层改造、分层研究、分层管理等一整套分层开采工艺技术，同时创立了断块复式油藏滚动勘探开发程序和相应的配套工艺技术系列。

三、第三阶段

不同类型油藏开发技术形成阶段。针对我国陆上油藏类型多样的特征，在该阶段形成了以任丘油田为代表的碳酸盐岩古潜山油藏开发技术，采用了边、底部注水，稀井高产开发方式；以孤岛油田为代表的常规稠油油藏采用了高压强化注水、大泵提高采液量等开发方式及先期防砂、堵水调剖、掺水降黏的工艺技术；以大庆喇嘛甸油田和中原油田为代表的气顶油藏采用了先采纯油区后采油气缓冲区及气区，在油气边界气区注水建立隔离带的开发程序和开发方案；对低渗、特低渗透性油田采用了早期注水、压裂投产和保护油层等系列化开发方式及工艺技术，丰富和发展了我国以注水开发为主体的油田开发方式及采油工艺技术。

四、第四阶段

高含水油田提高采收率和稠油油藏开发阶段。20世纪80年代，陆上水驱老油田陆续进入高含水阶段，陷入含水率上升和原油产量递减速度加快的困境，各油田采取了以下措施：一是通过对油藏精细描述、油藏数值模拟和先进采油技术的科技攻关，对高含水油田进行了全面开发调整；二是在稠油油藏方面，攻克了深井稠油油藏蒸汽吞吐的工艺技术，包括油藏工程开发设计方法和以隔热技术为中心的高压、高温注蒸汽的采油技术；三是开展了3次采油技术攻关，为工业化应用奠定了基础。这期间掌握了聚合物驱油室内评价、现场试验方案设计以及油田现场实施的"地面—地下"工艺流程技术。

五、第五阶段

油气田开发技术高速发展阶段。我国东部注水开发油田进入特高含水阶段，全面开展"稳油控水"技术攻关，提高水驱采收率，延长稳产期。该阶段主要形成了以细分沉积相为主的油藏精细描述，水淹层测井和油藏开发精细数值模拟技术，发展了3次的采油技术，通过"七五""八五"攻关，形成了系统的聚合物驱油技术，成为水驱油田特高含水阶段提高采收率，增产原油的主要接替技术。同时，发展了化学驱、注气混相驱、非混相驱及微生物采油技术。针对特低渗透油藏，发展了地应力研究与裂缝预测技术、注水开发油藏整体压裂井网优化设计、水平井开采技术和保护油层技术；针对挥发性轻质油藏，发展了注水保持压力及注气混相驱开采方式的研究及现场试验，取得了一定的效果。同时，开展了海相底水油藏水平井开采技术和循环注气开采凝析油气田技术，均取得了较好的经济效益。

在该阶段，各种高新技术陆续在油气田开发中进行了大量应用，信息科学技术、生物科学技术、新材料科学技术等对油气田开发技术的提高起到了巨大的促进作用，今后随着世界科技的进步，油气田开发技术也会快速发展。

第三节　油气藏评价的主要内容

油气藏评价是通过地震细测、地质综合分析、钻探评价井、录井、测井、试油、试采测试、取心、分析化验、生产试验区获取油藏各方面的信息，在此基础上进行多学科综合研究之后，形成对油藏的全面认识。其中，储层性质、流体性质和渗流特征评价是其主要内容。

一、油气藏概况介绍

油气藏概况介绍的目的是使研究者对油气藏的勘探开发过程有一个基本了解。在该部分内容中要交代油气藏的地理位置，勘探开发历史，油藏所属地区的气候、交通、人文及经济状况。

例如，某油田位于地处黄河入海口北侧的滩涂地带，在区域构造上位于坳陷东北部、潜山披覆构造带的南端。该油田在完成地震勘探工作后，完成300m×300m共18条地震测线178.2km的采集及处理，并完成了600m×600m测网野外采集和室内处理，发现该地区为一个形态完整的潜山型披覆构造。通过现场钻打A、B两口探井，在井深1096.8~1983.2m处发现明化镇组、馆陶组、沙河街组三套含油气层系，油气层总厚度达105.4m，分别获得高产工业油气流，标志着××油田的发现。

该地区气温冬季干旱少雨，夏季降雨量较多。由于地处黄河滩涂，交通不便，居住人口较少。

二、构造特征分析

构造特征评价主要包括构造形态、圈闭分析和断层系统三个方面的研究内容，研究成果主要是形成反映构造特征的顶、底面构造图和必要的剖面图。在构造形态研究中需要确定油藏圈闭类型、长短轴及其比值，构造走向，构造顶面平缓度等；在圈闭分析中主要确定圈闭的溢出点、闭合面积、闭合高（幅）度等参数；在断层研究中主要确定断层走向、倾向及倾角、延伸范围、断距及断开层位、断层类型及其密封特性等。

例如，××区域为一向东北方向抬升的单斜构造，构造比较平缓，地层倾角约3°，区块内多发育陡立的断层，主要以北西方向为主，个别南北向，级别大的断层多伴随着多条次级断层，断层平面上之间间距60~100m，落差不大，一般为10~20m，多延伸不长，一般在2~10km之间。

三、油层特征评价

油层特征评价主要是采用测井资料对油层的平面分布延展规律和纵向油层分布进行分析，主要成果为小层平面图、综合柱状图和必要的剖面图。由于岩石沉积过程和成岩过程复杂，造成含油层系分布也十分复杂，尤其是河流相沉积的油藏更是如此。目前，一般是按照储层的沉积旋回和韵律及油层之间的连通性将油层划分为小层、砂岩组、油层组和含油层系，然后逐一描述它们的形态、厚度、分布和连通关系等。油层之间由隔层分开，隔层与油层相伴而生，通过测井资料和其他资料可以确定隔层厚度、延伸范围、隔层岩性、隔层类型、隔层物性和隔层分布频率以及隔层在油藏中所起的作用等。

四、储层特征评价

油气藏形成于储集岩石层中，储集层性质直接影响岩石储集油气的能力和流体在其中的渗流能力。通过储层评价主要确定岩石性质、物性特征和非均质状况。具体来说，包括：岩石矿物组成、粒度组成及分选程度、胶结物、胶结类型及胶结程度、磨圆度及成熟度、黏土矿物含量、孔隙类型、孔隙结构、孔隙度及渗透率分布、渗透率变异系数等。在以上参数研究基础上，还需要对储集层分类。

五、流体特征分析

在该部分中，主要依据测试资料对油气藏中流体的分布规律和流体性质进行研究。此外，还要包括分析油水界面位置，圈定含油面积，阐述油气水性质。例如，流体常规物性主要包括地面脱气原油密度、脱气原油黏度、凝固点、初馏点及馏分、含蜡量、含硫量、含水量、原油组成、胶质沥青及灰分含量等；天然气相对密度、天然气组成等；地层水密度、氯根含量、矿物组成及矿化度、pH、地层水型等。流体高压物性主要包括油气水相态特征、饱和压力、黏温曲线、原油析蜡温度、原油溶解气油比、溶解系数、地层原油体积系数、地层和地面条件下的流体密度、地层条件下的流体压缩系数、气液相色谱分析、油气组成、凝析油含量和重烃含量、地层流体黏度等。

六、油藏渗流特征分析

储层岩石的微观特征多样性决定了储层具有不同的渗流特征，这些特征对水驱过程影响显著。根据室内岩心分析资料，需要对岩石润湿性特征、相渗曲线、毛细管压力曲线、驱油效率分析和"六敏"（水敏、速敏、酸敏、碱敏、盐敏、应力敏感性）等特征进行分析。

在岩石润湿性分析中，需要综合润湿角测定、吸油吸水测验、相渗曲线特征进行油藏岩石润湿性判定。油藏岩石润湿性差异，会影响油水在地层中的分布规律，进而影响油水相对渗透率曲线的特征。

在相对渗透率的评价与应用中，应该掌握岩心相对渗透率的求取方法，以及相对渗透率曲线的应用。利用压汞测量的毛细管压力曲线，分析毛细管排驱压力、饱和中值压力、最小湿相饱和度等参数，同时根据毛细管压力曲线的形状判断岩石微观孔喉分布状况。

七、油藏温度和压力系统

油气藏的温度系统也是油藏评价的主要内容，温度常常是决定某种驱替剂是否有效的关键因素。矿场上需要确定的主要温度参数为：油气藏原始地层温度、地温梯度。油气藏原始地层温度一般是在探井测井和测压时由附带的温度计测量得到的。应该指出的是，油气藏的温度主要受到地壳温度的控制，一般不受储层岩石和其所含流体的影响，因此，任何地区的地层温度都随深度增加而线性升高。实际资料表明，由于地壳温度受到构造断裂运动和岩浆活动的影响，不同地区的地温梯度有所不同，例如，我国东部地区油气田的地温梯度一般为3.5℃~4.5℃/100m。

油气藏压力是油气藏天然能量的重要标志。在压力系统评价中，重点需要确定油气藏的原始地层压力、地层压力系数、压力梯度、地层破裂压力等参数，并进行油气藏压力系统分析。根据钻井测试资料可以获取地层的温度和压力资料，进而进行参数分析，可以得到相应的温度、压力与地层深度的关系。

八、试油试采数据分析

油井产能大小是通过单井产能测试资料分析确定的，矿场上通常将稳定试井资料或非稳定试井资料整理成产能曲线或IPR曲线，然后确定生产井采油指数。对试油试采数据的分析，有助于开发设计中制定合理的注采工作制度。

九、油藏储量计算与评价

油气藏储量计算是油气藏评价的重要内容之一。根据钻井、测试、岩心分析、室内试验等资料，确定计算储量的相关参数，采用容积法对储量进行计算。在计算过程中，对各种参数的选取要进行详细的研究，选取合理参数加以计算。在储量计算完成以后，还要计算单储系数和储量丰度，并根据一定的评价原则进行储量评价。

十、油藏开发效果评价

油田整个开采过程都离不开开发效果的评价，开发效果评价可以明确今后挖潜的主要方向，确定可以调整的措施。科学全面地评价油田开发效果，总结前期油田开采的经验，对今后更加合理有效地开发油藏至关重要。

（一）注水开发效果研究

注水开发作为油田开采一种十分重要的方式，发挥着驱替原油和补充地层能量的双重作用，是应用最广泛的一种方法。美国Guthrie和Greenberger利用多元回归分析法得到预测注水油田水驱可采储量的经验公式。美国石油学会通过对北美和中东地区的72个水驱砂岩油田的采收率研究，提出预测注水油田的水驱可采储量的经验公式。苏联也考虑了注水开发的合理性，对注水开发指标做了深入研究，并与美国油田开发的主要指标进行了对比，确定了适应本国油田注水开发的指标变化范围。与此同时，针对影响开发效果的因素，根据多因素线性相关分析理论，得出了不少经验性结论。

我国对注水开发油田进行研究，取得了不少指导性结论，提出了许多经验公式来预测注水油田的水驱可采储量。我国学者童宪章将水驱规律曲线介绍到我国并得到了广泛应用；陈元千、万吉业提出多种不同的水驱规律曲线。人们发现使用驱替特征曲线来预测注水油田的水驱可采储量，仅考虑了采出（油、水）之间的关系，这样全面评价油田水驱开发效果就会受到一定限制。同时，油田进入中、高含水期以后，随着注水量的不断增加，注水成本将不断增加，注水指标作为衡量开发效果的一个方面，其重要性越来越被人们认识，为此又提出了许多新的预测方法。但是，这些方法对开发效果的总体评价缺乏系统性和全面性。

（二）油藏开发效果综合评价

我国油田开发效果研究经过几十年的发展，形成了多种评价方法，大多数通过确定一个或多个评价指标并与给定的评价标准进行对比，或者采取几个评价指标联合并运用数学方法进行综合评判等手段来评价开发效果。当前较为明显的发展趋势是运用各种数学方法，如模糊数学、运筹学、多元统计分析、系统分析等，对各种指标或参数进行综合评价，以期得到合理、正确的评价结果。

（1）状态对比法。所谓状态对比法，是指将理论（标准）曲线与实际的生产曲线进行对比，根据两者之间的偏离情况来进行评价。常用的对比曲线有含水率与采出程度关系曲线、存水率与含水率关系曲线、含水上升率与含水率关系曲线、存水率与采出程度关系曲线等。不同的研究者常常会选择一个或多个指标进行评价分析。其理论曲线的确定主要采用理论计算法、矿场单层注水开采试验分析法、密闭取心检查井资料统计法和国外油田开发资料统计对比法等方法。由于状态对比法简单、明了，得到广泛的应用。

应用状态对比法评价开发效果的研究很多，代表性的研究有：王国先等提出的即时含水采出比或累积含水采出比（用任一时刻的综合含水比或累积综合含水比除以与之相对应的采出含水比）进行效果评价；王文环提出的应用理想系数、实际采出程度和含水关系曲线与理论采出程度和含水关系曲线对比来评价油田开发效果；冯其红等以童氏水驱校正曲线为基础，在运用经验方法标定油藏采收率的基础上，计算油藏的含水率与采出程度、存水率与采出程度的关系曲线，并将其作为理论曲线来评价水驱开发效果；康晓东等引入水驱特征函数导数曲线评价油田开发效果，并通过实例应用说明了水驱特征函数导数曲线可准确、高效地用于水驱效果评价。

该方法在生产数据的可靠性和理论公式的准确性等方面存在不足，用于实际水驱开发效果评价会存在一些偏差，但由于其简单、实用，能够充分利用丰富的动态资料，且结果简洁、明了，在较长一段时间内会继续在油田现场广泛使用。

（2）系统动态分析法。薛中天等提出了一种新的效果评价方法——系统动态分析法。该方法以大系统理论和方法为依据，把油田看作一个复杂的系统，研究各生产井中产油量与产液量、产水量与产液量、含水率与产液量之间的相关关系，研究各生产井之间产油量、产水量的相关关系，研究注采井之间注入量与产水量、产油量的相关关系，进而得到油藏中油水运动关系、储层中能量消耗与储层非均质性的关系、储层能量补充和能量消耗的关系，从而为油田的开发决策提供有力的科学依据。该方法是一种较为理想的效果评价方法，立足于提高整个油田大系统的产量及最终采收率，其考虑因素较多，能更合理地模拟油田开发实际。由于其数学模型建立较困难等原因，在油田现场应用较少。

（3）模糊综合评判法。模糊综合评判法是一种运用模糊数学原理分析和评价具有"模糊性"事物的系统分析方法。它是一种以模糊推理为主的定性与定量相结合、精确与非精确相统一的分析评价方法。由于该方法在处理各种难以用精确数学方法描述的复杂系统问题方面表现出优越性，近年来，已在油田领域中得到了广泛的应用。

唐海等在分析评价经验公式法、水驱特征曲线法和递减曲线法确定油藏水驱开发潜力优缺点的基础上，从影响油藏水驱开发潜力的7类地质因素中选取在矿场易获取的能够反映油藏地质特征的24个地质参数，构成油藏水驱开发潜力评价指标体系，提出了采用模糊综合评判法确定油藏水驱开发潜力。张新征等在其研究的基础上探讨了对该方法的改进，该方法实际上是把模糊数学理论应用到油藏工程中，用以评价油藏水驱开发潜力，在实际应用中具有一定的参考价值。孙娜考虑低渗透油藏水驱特征的复杂性，建立了模糊综合评判多级、多因素评价方法，完善了低渗透油藏水驱开发效果评价方法的数学依据。

模糊综合评价结果以向量的形式出现，提供的评价信息比其他方法丰富。从层次角度分析复杂对象，适用性强，既可用于对主观因素的综合评价，又可用于对客观因素的综合评价，人为确定因素的权重具有较大的灵活性，但人的主观性较大，可能会偏离客观实际。

（4）灰色系统理论法。灰色系统理论是指既含已知信息又含未知信息的分析方法或系统。用灰色系统来分析油田开发效果，就是把影响开发效果的因素、评价结果看作一个包含已知因素和未知因素的灰色过程，通过分析和提取参数，统计、确定灰色信息系统中每个参数的评价标准和指标，然后用这些参数、指标及特征值去白化灰色系统，进而实现综合评价和分析油田开发潜力的目标。

宋子齐、高兴军等通过分析注水开发油藏的地质特征、开发特点及评价指标，采用灰色系统理论综合评价方法，建立了油藏水驱开发效果评价及水驱开发潜力综合地质因素的评价参数、标准、权系数和自动处理方法；通过矩阵分析、标准化、标准指标绝对差的极值加权组合放大技术的运用及综合归一，对水驱油田开发潜力地质因素进行了综合评价。该方法实际上是把灰色系统理论应用到油藏工程中，用以评价油藏水驱开发效果及开发潜力。罗二辉等运用灰色模糊理论，选取9个指标进行开发效果综合评价。采用灰色关联分析法克服了当前普遍采用的简单进行综合评价的局限性，既可容易看出各指标因素的影响大小，指导进一步挖潜，又有利于横向对比，该方法具有一定的实用价值。

灰色系统理论以"部分信息已知、部分信息未知"的"小样本"及"贫信息"不确定性系统为研究对象的优点，广泛应用于油藏开发效果和开发潜力评价中。但顾乐民认为，与基于逼近理论的传统模型数据处理能力相比，该方法的数据处理能力、预测能力一般，其适用范围虽广，但稳定性差、精确度低、计算繁复，且非等距时间数据列难以计算，缺乏拟合优劣的衡量标准，仅当数据本身符合指数变化规律时，才有一定优越性。

（5）数值模拟评价法。数值模拟评价法是评价油田开发效果最方便、最节约运行成本的一种方法。它既可以通过模拟不同地质状态来评价开发效果，也可以根据油田开发实际中的问题设计模拟状态，然后评价开发效果。Jones模拟评价了北科威特油田不同井网和井距的开发效果；Lemouzy等选择不同范围的井距、井网、裂缝类型等参数对油藏开发效果进行了模拟评价；Dunn等应用无量纲曲线模拟器来评价水驱采收率等。

由于种种原因，国内数值模拟方法用于开发效果评价并未受到重视。随着数值模拟技术在各个油田的应用不断普及，未来开发效果评价也会成为数值模拟应用的一个主要方向。

综上可知，油田开发效果评价方法已经由过去的单指标定性评价转变为目前的应用多个单指标综合评价和多指标综合型定性评价。当前，数学方法在开发效果评价中得到了广泛运用，目的是对多个指标进行综合分析，以求得到合理、正确的评价结果。由于各油藏开发效果评价指标关系复杂（一些指标之间具有相关性，而另一些指标又相互独立）和评价指标的局限性（有些指标仅适用于油田开发的某一阶段，而有些指标则适用于油田的整个开发过程），以及油田开发的不确定性因素较多，因此实现真正意义上的评价定量化很困难。在对油田开发效果评价的研究中，目前国内外一般都是采用定性和定量相结合的模糊数学的综合评判法进行定性评价，运用此方法进行综合评价更加实用、可靠，将会进一步发展。基于此，本书应用模糊综合评判的方法对高含水期杏西油田的开发效果进行综合评价，明确油藏以后的挖潜方向，确定调整措施，以更加合理有效地进行开采。

第四节　油气田工程设计的主要内容

油气田工程设计是针对油气田的特征，研究设计出适宜的开发技术和方法。其具体内容包括开发方式选择、开发层系划分、注采井网设计、开发指标计算等。

一、驱动方式选择

在油气田的开发过程中，驱动流体运移的能量可能有多种，单纯用一种能量驱动流体运移的情况较少，往往是用多种能量共同作用，但这些驱油能量中一般会有一种主要的驱油能量。

但驱油能量可能随油气田开发的进行而发生改变。例如，有一个边水油藏，边水比较活跃，在开发初期，当油藏产生压降时，油藏的弹性能发生作用；当油藏压力趋于稳定时，弹性能的作用又被水压能的作用掩盖；如果边水不活跃，而油藏局部地区要强化采液，使局部油层压力降到低于饱和压力，此时，该处将转换为溶解气驱。

很明显，驱动方式不同，会导致油藏的开发指标和最终开发效果有较大的差异。高效开发油气田是共同追求的目标，因此，选择合理的驱动方式和将驱动方式进行合理转化尤其重要。

驱动方式的选择和确定是油气田工程设计必须进行论证的项目之一。选择驱动方式，必须合理利用天然能量，同时有效地保持油藏能量，达到合理的开采速度和稳产时间的设计要求。利用天然能量开发的油藏，预测开采末期的总压降必须在油藏允许的范围内。需要人工补充能量的油藏，要依据油藏地质和开采状况确定补充能量的时机。一般油层压力不得低于饱和压力，并要依据油藏开采的最终采收率、经济效果论证确定注入工作剂。

此外，驱动方式的选择还要考虑地层性质和流体性质。例如，对于储层非均质性较弱，渗透率较高，原油黏度适中，水敏矿物少的油气田，采用水压驱动的方式是合适的。对于垂向渗透率较高，地层陡峭，地层倾角在10°~20°，顶部渗透率较高的气顶油气藏，可以考虑顶部注气的气压驱动方式。

开发速度、地面状况、经济因素等方面的影响也需要考虑。例如，如果要求的油气田采油速度较大，则需要采用人工注水的水压驱动方式。如果油气田地处水源缺乏地，而且污水处理难度较大，可以考虑注气开发油藏。

油气田投入开发并生产了一段时间后，就可以依据生产特征来判断是哪一种驱动能量在起主要作用。因此，要求在油气田开发过程中密切注意生产动态，分析和判断油气田开采所采用的驱动方式，采取必要的措施，使驱动方式保持良好状态，或朝着有利于提高采收率的驱动方式转化。例如，经过生产井动态监测发现油藏已经进入溶解气驱动阶段，这时可以考虑及时补充地层压力，转入水压驱动阶段，提高油藏的最终开发效果。

二、开发层系划分

开发层系划分是多层油气藏合理开发的一项根本性措施。合理地划分和组合开发层系一般应考虑以下几项原则：

（1）把特性相近的油层组合在同一开发层系内，以保证各油层对注水方式和井网具有共同的适应性，减少开采过程中的层间矛盾。油层性质相近主要体现在：沉积条件相近，层内、层间非均质程度接近，流体物性接近，压力和驱动系统比较接近，构造和分布比较接近。

（2）一个独立的开发层系应具有一定的储量，以保证油气田满足一定的采油速度，并具有较长的稳产时间和达到较好的经济指标。

（3）各开发层系间必须具有良好的隔层，以便在注水开发条件下层系间能严格地分开，确保层系间不发生串通和干扰。

（4）同一开发层系内，油层的构造形态、油水边界、压力系统和原油物性应比较接近。

（5）在分层开采工艺所能解决的范围内，开发层系不宜划分得过细，以利于减少建设工作量，提高经济效果。划分开发层系时，要考虑目前的工艺技术水平，充分发挥工艺措施的作用，尽量不要将开发层系划分得过细，这样可以少钻井，既便于管理，又能达到较经济的开发效果。

（6）多油层油气田当储层岩性和特性差别较大，油气的物理化学性质不同，油层的压力系统和驱动方式不同，油层的层数太多、含油层段过大时，不应该将多个油层组合在一起开发。

在对具体油气藏进行开发层系划分组合时，应根据划分原则进行多方面的论证，对每个原则进行翔实、准确的说明，得到划分开发层系的依据。

三、注水开发策略研究

目前，我国绝大多数油气田均采用注水开发方式，在注水方式设计中需要依次解决以下问题：油气田注水的可行性研究，注水时间的确定，注采井网的方式确定，合理注采比的确定。

一个油气田在开发过程中是否采用注水方式取决于多个方面。在进行注水开发时主要考虑以下因素：①天然能量是否充足；②边水能否满足开发方案设计的采油速度；③储层水敏性质和原油的性质；④是否具有充足的水源；⑤注水开发的经济效益。

油气藏的天然能量主要包括油气藏的弹性能量、溶解气的膨胀能量、气顶的膨胀能量、边底水的驱动能量和重力作用。在天然能量充足的条件下，采用天然能量开采油气藏是一种可行的途径。因此，在判断是否需要注水开发时，主要是论证油藏天然能量是否充足。油气田天然能量的大小可以通过一系列指标来反映，主要指标有弹性采收率、弹性产率和每采出1%地质储量的压降数值。

根据目前国内已经开发油气田的经验，不具备形成大型水压驱动油藏的条件，油藏的天然能量一般呈现不充足或者微弱的特征，因此对于我国油气田，若具备注水条件，均采用注水补充地层能量的开发方式。

油气田开始注水的时机一般分为早期注水、晚期注水、中期注水。

早期注水就是在油气田投产的同时进行注水，或是在油层压力下降到饱和压力之前进行注水，使油层压力始终保持在饱和压力以上，或保持在原始油层压力附近。采用早期注水可以保持较高产能和较大的开发调整余地，有利于保持较高的采油速度和实现较长的稳产期。

晚期注水是指在开发过程中，天然能量枯竭以后进行注水。晚期注水可以充分利用油藏天然能量，但由于注水时间较晚，地层原油大量脱气后，黏度上升，会降低后期注水开发效果。

中期注水介于早期注水和晚期注水两种方式之间，即投产初期依靠天然能量开采，在油层压力下降到饱和压力以后，在生产气油比迅速上升前开始注水。这种注水时机从理论上来说，既可以充分利用天然能量，又可以保证地层及流体性质不会发生明显变坏，是一种适宜的注水时机。但是，该种注水方式在矿场上操作起来具有一定的难度。

每个油气田的具体状况不同，需要注水的时机可能也不相同，具体的注水时机与油藏的自身特征、对开发的要求、采用的开发方式等因素都有关。确定注水最佳时机的最好办法是先设计几个可能的开始注水时间，采用数值模拟方法计算期望达到的原油采收率、产量和经济效益，在进行优化分析后确定适宜的注水时间。纵览我国陆地油藏开发特征，若没有特殊情况，一般原则是立足于早期注水，保证地层具有较高的能量和产能，以利于长期的高产与稳产。

油气田注水方式是指注水井在油藏中所处的部位和注水井与生产井之间的排列关系。国内外常用的注水方式有边缘注水、切割注水、面积注水、点状注水。

边缘注水就是把注水井按一定的形式布置在油水过渡带附近进行注水。边缘注水方式的适用条件：油气田面积不大，油藏构造比较完整；油层分布比较稳定，含油边界位置清楚；外部和内部连通性好，油层的流动系数较高，特别是注水井在边缘地区要有好的吸水能力，保证压力能够有效地传播，水线能够均匀地推进。根据油水边界的连通性和吸水能量的强弱，可以采用边外注水、边上注水和边内注水三种形式。

切割注水方式的适用条件，油层大面积稳定分布且具有一定的延伸长度（油藏宽度4~5km），注水井排可以形成完整的切割线；在切割区内，注水井排与生产井排间有较好的连通性；油层渗透率较高，具有较高的流动系数，以便保证注水效果能较好地传递到生产井排，达到所要求的采油速度。一般大型整装油田往往采用切割注水开发方式。

采用切割注水方式可以根据油气田的地质特征来选择切割井排的最佳切割方向和切割区的宽度；可以优先开采高产地带，使产量很快达到设计要求；根据对油藏地质特征新的认识，便于修改和调整原来的注水方式。

面积注水方式适用的油层条件：油层分布不规则，延伸性差；油层渗透性差，流动系数低；油田面积大，但构造不完整，断层分布复杂；面积注水方式亦适用于油田后期强化开采。当油层具备切割注水或其他注水方式条件，但要求达到更高的采油速度时，也可以考虑采用面积注水方式。

根据油井和注水井相互位置的不同，面积注水可分为四点法面积注水、五点法面积注水、七点法面积注水、九点法面积注水和直线排状系统等。不同的注水系统（注水井和生产井的布置）都是以三角形或正方形为基础的开发井网。

从我国对大量油气田注水开发取得的经验来看，对于油层分布稳定、延展性好、形状规则的大型油气田来说，切割注水是一种比较好的选择，而且可以实现对大型油气田的分块开发，满足开发的要求。对于油层分布不稳定、延展性差、形状不规则的油气田，各种面积注水井网是理想的选择。对于面积不大、油层构造陡峭、具有不充足边水的油藏，采用边缘注水是比较合适的。

开发设计中还需要确定井网密度，即单位面积上的总井数或者单井控制的面积。由于我国油气藏非均质性严重，水驱开发过程中油水分布复杂，井网密度与油藏的采收率有很大关系。目前常用的计算井网密度的方法是谢尔卡乔夫方法，该方法导出了原油最终采收率与井网密度的关系式后，再考虑经济因素，可以计算油藏的合理井网密度。

合理采油速度目前一般采用数值模拟进行优选。此外，也可以采用实际开发资料估算法。用试油、试采、试井、岩心分析和生产资料统计等方法计算油藏的采油指数，在确定合理生产压差和已知油层厚度的前提下，根据统计的油井产液厚度百分数和注水井吸水厚度百分数确定有效厚度动用率，然后即可确定合理的采油速度。

四、开发指标计算分析

综合利用油藏描述成果、试油试采资料、高压物性等资料，采用油藏工程方法、渗流力学方法、数值模拟等方法，对油气田在一定的开发控制条件下的生产指标进行计算，即油气田开发指标计算。

油气田开发指标计算对于掌握油气藏开发动态、开发方式论证、方案优选具有非常重要的作用，是进行油气田开发决策的基本工具。目前，常用的动态计算方法是油气藏数值模拟技术，常用的商业软件有Eclipse和CMG等。如果是简单的计算水驱开发动态，也可以采用常规的油藏工程方法。

完成开发动态计算后，要对产量、含水率、采出程度、地层压力、流体分布、层间差异等指标进行分析和对比，选出最优的油气田开发方案。

五、油田开发方案优选

开发方案优选是油田开发设计的重要组成部分，涉及技术、经济和社会效益等各方面的因素，是一个多指标的综合评价优选决策问题。油田开发方案优选是在对某一油田进行开发之前，根据不同需求，制订多种开发方案，经过评价和对比，从中选择一个效果最佳的开发方案，予以实施。优选方法很多，主要有4种。

（一）模糊数学优选方法

油田开发方案优选中涉及多种指标，很多指标难以精确量化描述，因而模糊数学的各种理论方法在石油工业中得到广泛应用。

（二）TOPSIS法

TOPSIS法是一种距离综合评价法，借助多目标决策问题中理想解和负理想解的思想，以与理想解和负理想解的距离为基准，评价各方案的优劣，是一种多指标、多目标的决策分析方法，应用此方法优选油气田开发方案的研究很多。具有代表性的研究：陈武与梅平综合考虑油气田开发效果、社会效益和经济效益等指标，应用多目标决策理想点法的原理，建立了优选油气田开发方案的数学模型，按照每种开发方案与理想点之间的闵可夫斯基距离进行排序，对某油气田的6种开发方案进行优选。赵明宸等应用理想解排序法对油气田开发方案进行了评价，对某油气田的9种开发方案进行了排序，以此进行开发方案的优选，将排序的结果与应用模糊决策法和主成分分析法进行比较，结果说明了理想解排序法计算结果的有效性。用传统的TOPSIS（Technique for Order Preference by Similarity to an Ideal Solution，逼近理想解的排序法）优选油气田开发方案，可能存在距离负理想解近的问题，王永兰等引入垂面距离代替欧氏距离对TOPSIS方法判断方案贴近理想解的程度进行改进，综合考虑油气田开发效果指标、经济效益指标建立方案优选评价模型，通过将改进的TOPSIS方法优选结果与模糊决策方法优选结果进行比较，说明了此方法在油气田开发方案优选中的有效性。此外，马志伟等将改进的灰色关联TOPSIS用于采矿方法的优选，取得了很好的效果。

（三）模糊数学和TOPSIS法的集成方法

也有研究将模糊数学方法和TOPSIS方法集成起来应用到开发方案的优选中，如柴云等结合多属性决策中模糊层次分析法和灰色正负理想点逼近法优势集成，提出Fuzzy-AHP和TOPSIS法，该方法综合考虑决策者的主观权重和投资项目各影响因素间固有的客观权重、投资风险和收益等诸多因素，对方案进行最终优劣排序，并通过实例说明了该方法的有效性。张晓华将AHP（Analytic Hierarchy Process）和TOPSIS方法结合起来，建立了油气田的优选模型，应用于油气田区块优选。同时，Mortezal将AHP和模糊TOPSIS方法结合起来用于开发方案的优选中。

（四）数学规划方法

油气田开发进入中、后期，开发形势日益严峻，开发规划方案面临的主要问题是降低成本，确保原油稳产，使自身效益最大化。油气田开发规划的重要和难点之一就是产量优化问题，该问题是一个多约束条件的、以追求经济效益最大化为目标的规划问题，它强调如何合理地进行资源配置，实现经济效益的最大化。

第十章 油藏开发评价技术与方法

第一节 油藏开发效果评价指标和方法

一、天然能量与地层能量保持水平评价

（一）天然能量评价

油藏天然能量是客观存在的，其包括油藏在成藏过程中形成的流体和岩石的弹性能量、溶解于原油中的天然气膨胀能量、气顶气的膨胀能量、边底水的压能和弹性能量以及重力能量等。不同的天然能量驱油，开发效果不同。实践证明，天然水驱开发效果最好，采收率高；溶解气驱开发效果差，采收率低。因此，油藏天然能量的早期评价至关重要，直接关系到天然能量的合理利用和油藏开发方式的选择。为此，石油工作者对天然能量的评价方法和计算方法做了大量的研究工作，制定了有关天然能量评价标准。

目前评价油藏天然能量大小的常用指标有两个：一是无因次弹性产量比；二是采出1%地质储量平均地层压力下降值。采用这两项指标可以对天然能量大小进行定性和定量的评价。

无因次弹性产量比反映了天然能量与弹性能量之间的相对大小关系，可定性评价天然能量大小，表达式为：

$$N_{pr} = \frac{N_p B_o}{N B_{oi} C_t \Delta p} \tag{10-1}$$

式中：N_{pr}——无因次弹性产量比；

N_p——与总压降对应的累积产油量，$10^4 \mathrm{m}^3$；

N——原始原油地质储量，$10^4 \mathrm{m}^3$；

B_{oi}——原始原油体积系数；

B_o——与总压降对应的原油体积系数；

C_t——综合压缩系数，MPa^{-1}；

Δp——总压降，MPa。

该比值大于1，说明实际产量高于封闭弹性能量，有其他天然能量补给；该比值为1，说明开发初期油藏中只有弹性能，无边底水或气顶气。该比值越大，说明天然能量补给越充分，天然能量越大。

需要注意的是，应用此方法时，油藏应已采出2%以上的地质储量，且地层压力发生了明显的降落，否则影响计算结果。

（二）地层能量保持水平评价

国内外大量研究和油田开发实践表明，油藏地层压力保持在较高水平上开采是实现油田高速高效开发的根本保证，地层压力水平高低对产液量和注水量都起着十分重要的作用。如果地层压力保持水平过低，则保证不了足够的生产压差来满足提液的要求，而且当地层压力低于饱和压力时，储层中大量溶解气从原油中析出，形成油、气、水三相流，渗流阻力增大，造成地层能量消耗严重。相反，如果地层压力水平过高，又会导致注水困难。

（1）按照行业标准，根据地层压力保持程度和提高排液量的需要，地层能量保持水平分为3类：

①一类：地层压力为饱和压力的85%以上，能够满足油井不断提高排液量的需要，该压力下不会造成油层脱气；

②二类：虽未造成油层脱气，但不能满足油井提高排液量的需要；

③三类：既造成了油层脱气，也不能满足油井提高排液量的需要。

（2）地层能量利用程度也对应分为3类：

①一类为油井平均生产压差逐年增大；

②二类为油井平均生产压差基本稳定（±10%以内）；

③三类为油井平均生产压差逐年减小。

二、水驱控制程度

为了既能较准确地反映水驱储量控制程度，又能方便地进行计算，研究工作者对水驱储量控制程度计算进行了大量的研究。除了单井控制储量计算方法外，目前较常用的方法是概率法。

由于沉积环境复杂，对任何一个开发单元而言，均包含一定数量面积、位置、储量随机分布的油砂体。要分析整个开发单元的水驱储量控制动用情况，应从单个砂体入手。在油藏的开发过程中，对于某一较小油砂体，可认为被井钻遇的可能性是随机的。如果要达到水驱控制，则单个油砂体应被两口以上的井钻遇。根据概率理论，其钻遇概率为：

$$P_{wi} = 1 - (1 - \frac{S_i}{A})^{f \cdot A} - (f \times A) \cdot \frac{S_i}{A} \cdot (1 - \frac{S_i}{A})^{f \cdot A - 1} \qquad （10-2）$$

式中：P_{wi}——第 i 个油砂体的水驱控制概率，小数；

S_i——第 i 个油砂体的面积，km²；

A——油藏含油面积，km²；

f——井网密度，口/km²。

对于整个油藏，经储量加权则有：

$$P_{wi} = \sum_{p}^{n} (P_{wi} \cdot \frac{N_i}{N}) \qquad （10-3）$$

式中：P_{wi}——单元水驱控制概率，小数；

N_i——各油砂体地质储量，10⁴ t；

N——开发单元地质储量，10⁴ t。

通过上述方法，可以得到井网密度与水驱控制储量的关系。但在实际工作中，对于研究对象没有达到油砂体级的油藏来说，这种方法有很大的局限性。根据实际资料，假设面积大于水井控制面积的油砂体被水驱控制，面积小于水井控制面积的油砂体不被水驱控制，则可得到水驱控制程度的公式：

$$Z_w = e^{\frac{-b}{f(1+\lambda)}} \qquad （10-4）$$

式中：Z_w——水驱控制程度，小数；

b——拟合系数；

λ——油水井数比。

三、水驱储量动用程度

按水驱储量动用程度的定义，其指注水井总的吸水厚度与总射开厚度的比值，或生产井总产液厚度与总射开厚度的比值。在实际生产中，常统计年度所有测试水井的吸水剖面和测试油井的产液剖面，根据上述定义，进行水驱储量动用程度计算。此方法统计计算工作量特别大，并且注水井的吸水剖面或生产井的产液剖面是动态变化的，测试时间不同，其结果不同，因此，用此方法计算水驱储量动用程度将产生很大的误差。从实际水驱开发效果的角度分析，一般认为水驱储量的动用程度应定义为水驱动用储量与地质储量的比值。

为了更加准确地反映水驱储量控制程度，又能方便地进行计算，研究工作者对水驱储量动用程度计算方法进行了大量的研究。除了实际工作中所用的统计方法外，目前较常用的是水驱曲线法。

由于水驱曲线是根据水驱油渗流理论得出的宏观表达式，可以应用水驱曲线方法求得水驱动用地质储量，进而可求得水驱储量动用程度。

（一）甲型水驱曲线

甲型水驱曲线是目前应用最广泛的计算水驱储量动用程度的关系曲线，其表达式为：

$$\lg W_p = A_1 + B_1 N_p \tag{10-5}$$

$$A_1 = \log D + \frac{E}{2.303} \tag{10-6}$$

$$B_1 = \frac{3bS_{oi}}{4.606 N_w} \tag{10-7}$$

$$D = \frac{2N_w \mu_o B_o \rho_w}{3ab\mu_w B_w \rho_o (1 - S_{wi})} \tag{10-8}$$

$$E = \frac{b}{2}(3S_{oi} + S_{or} - 1) \tag{10-9}$$

式中：W_p——累积产水量，$10^4 m^3$；

N_p——累积产油量，$10^4 m^3$；

S_{oi}——原始油饱和度，小数；

S_{or}——残余油饱和度，小数；

B_w——水的体积系数，无量纲；

ρ_w——地面水密度，t/m^3；

ρ_o——地面原油密度，t/m^3；

A_1、B_2——拟合系数。

其他符号意义同前。

（二）乙型水驱曲线

乙型水驱曲线数学表达式为：

$$\lg L_p = A_2 + B_2 N_p \qquad\qquad （10-10）$$

$$N_w = bS_{oi} / 2.303B_2 \qquad\qquad （10-11）$$

式中：L_p——累积产液量，$10^4 m^3$；

A_2、B_2——拟合系数。

其他符号意义同前。

（三）丙型水驱曲线

丙型水驱曲线学表达式为：

$$\frac{L_p}{N_p} = A_3 + B_3 L_p \qquad\qquad （10-12）$$

$$B_3 = 1 / N_{om} \qquad\qquad （10-13）$$

$$N_w = \frac{N_{om}}{1 - S_{or}} \qquad\qquad （10-14）$$

式中：N_{om}——可动油储量，$10^4 m^3$；

A_3、B_3——拟合系数。

其他符号意义同前。

四、水驱效果综合评价参数研究

注好水是注水油藏开发管理的一项重要任务，注入水利用状况是注水油藏开发效果评价的一项重要指标。如果大量注入水被无效采出，将大大增加注水费用，使开发效果变差。因此，注入水利用状况将直接影响注水油藏开发效果。为了提高注入水利用率，正确、客观地评价注入水利用状况，石油工程师做了大量研究工作，应用多种参数对注入水利用状况进行评价。目前较常用的参数有存水率、水驱指数及耗水率等。

（一）存水率

存水率直接反映了注入水利用状况，是衡量注水开发油田水驱开发效果的一项重要指标，存水率越高，注入水利用率越高，水驱开发效果越好。存水率大小同注水开发油田的综合含水率一样，与开发阶段有关。在油田注水开发过程中，随着油田的不断开采，综合含水率不断上升，注入水排出量也不断增大，含水率越高，排出量越大，地下存水率越小。一般情况下，在油田开发初期，注入水排出量少，存水率高，在开发后期，注入水被大量无效采出，存水率变低。在油田实际应用中，将油田实际存水率与理论存水率进行对比分析，可直接判断注入水利用状况和开发效果。目前计算理论存水率的常用方法有4种，即定义法、经验公式法、含水率曲线法和水驱特征曲线法。

1.定义法

存水率为"注入"水存留在地层中的比率，可分为累积存水率和阶段存水率。累积存水率是指累积注水量和累积采水量之差与累积注水量之比，通常将累积存水率称为存水率，它相当于苏联提出的"注入"效率系数；阶段存水率是指阶段注水量与阶段采水量之差和阶段注水量之比，反映阶段注入水利用效果。

累积存水率定义为：

$$C_p = \frac{Q_i - Q_w}{Q_i} = 1 - \frac{Q_w}{Q_i} = 1 - \frac{Q_w}{Z(Q_w + B_o Q_o / \rho_o)} = 1 - \frac{1}{Z(1 + B_o / \rho_o \cdot \frac{1 - f_w}{f_w})} \quad （10-15）$$

式中：C_p——存水率，小数；

Q_i——累积注水量，10^4m^3；

Q_w——累积产水量，10^4m^3；

Z——累积注采比，无量纲；

B_o——原油体积系数，无量纲；

ρ_0——原油密度，kg/L。

其他符号意义同前。

2.经验公式法

存水率的定义：

$$C_p = \frac{Q_i - Q_w}{Q_i} = 1 - \frac{Q_w}{Q_i} \quad （10-16）$$

无因次注入曲线和无因次采出曲线关系为：

$$W_i / N_p = e^{a_1 + b_1 R}$$
$$W_p / N_p = e^{a_2 + b_2 R} \quad （10-17）$$

式（10-16）和式（10-17）联立求解得：

$$\ln(1 - C_p) = A_s + B_s R \quad （10-18）$$

令$B_s = D_s / R_m$，则式（10-18）变形为：

$$C_p = 1 - e^{A_s + D_s \frac{R}{R_m}} \quad （10-19）$$

根据不同油田在不同采出程度下的存水率资料，回归出不同类型油田与其油水黏度比的相关式：

$$D_s = 6.689 / (\ln \mu_R + 0.168)$$
$$A_s = 5.854 / (0.476 - \ln \mu_R)$$

（10–20）

式中：μ_R——油水黏度比，无量纲；

D_s、A_s——与油水黏度比有关的经验常数，无量纲。

其他符号意义同前。

在实际应用中，根据油田实际油水黏度比，由式（10–20）计算出 D_s、A_s 值，代入式（10–19），可求得理论存水率与采出程度的关系曲线，将实际存水率与采出程度的关系曲线与理论曲线对比，可判断注入水利用率和开发效果。

3.含水率曲线法

童氏含水率—采出程度关系曲线为：

$$\lg \frac{f_w}{1-f_w} = 7.5(R - R_m) + 1.69$$

（10–21）

当采出程度在含水率为 f_w 时变化 dR，则对应的阶段采油量为 NdR，而对应的阶段产水量为：

$$\mathrm{d} w_p = \frac{N f_w}{1-f_w} dR$$

（10–22）

从投产到采出程度为 R 时的累积产水量为：

$$W_p = \int_0^{w_p} \mathrm{d} w_p = \int_0^R \frac{N f_w}{1-f_w} \mathrm{d} R$$

（10–23）

将式（10–21）代入式（10–23）并积分得：

$$W_p = \int_0^R N \cdot 10^{7.5(R-R_m)+1.69} \mathrm{d} R = N \cdot \frac{10^{7.5(R-R_m)+1.69}}{17.27}$$

（10–24）

从投产到采出程度为 R 时的累积产液量地下体积为：

$$V_L = W_p + N_p B_o / \rho_o = N \cdot \left[\frac{10^{7.5(R-R_m)+1.69}}{17.25} + \frac{B_o}{\rho_o} R \right]$$

（10–25）

存水率表达式为：

$$C_p = \frac{W_i - W_p}{W_i} = 1 - \frac{W_p}{ZV_L} = 1 - \frac{1}{Z}(1 - \frac{B_o / \rho_o R}{\frac{10^{7.5(R-R_m)+1.69}}{17.27} + \frac{B_o}{\rho_o} R})$$

（10–26）

式中：各符号意义同前。

4.水驱特征曲线法

水驱特征曲线是注水油藏开发效果评价应用最广泛的特征曲线，应用水驱特征曲线可以推导出累积存水率与含水率的关系曲线。以丙型水驱特征曲线为例，来推导累积存水率与含水率的关系曲线。

$$C_p = \frac{W_i - W_p}{W_i} = 1 - \frac{1}{Z}(1 - N_p / L_p) \qquad (10-27)$$

丙型水驱特征曲线表达式为：

$$L_p / N_p = a_3 + b_3 L_p \qquad (10-28)$$

式（10-27）和式（10-28）联立求解得：

$$C_p = 1 - \frac{(a_3 + b_3 N_p - 1)}{Z a_3} \qquad (10-29)$$

又由丙型水驱特征曲线微分变形得：

$$N_p = 1 - \frac{1 - \sqrt{a_3(1 - f_w)}}{b_3} \qquad (10-30)$$

将式（10-30）代入式（10-29）得：

$$C_p = 1 - \frac{a_3 - \sqrt{a_3(1 - f_w)}}{Z a_3} \qquad (10-31)$$

式（10-31）即由丙型水驱特征曲线推导出的存水率与含水率的关系曲线。同理，可由甲型、乙型和丁型水驱特征曲线推导出存水率与含水率的关系曲线。

（二）水驱指数

水驱指数反映了由水驱替所采油量占总采油量的比重，其定义为存入地下水量与采出地下原油体积之比，即水驱指数＝（累积注水量＋累积水侵量－累积产水量）/累积采出地下原油体积，其理论计算公式为：

$$S_p = \frac{Q_i - Q_w}{B_o Q_o / \rho_o} = \frac{Z(Q_w + B_o Q_o / \rho_o) - Q_w}{B_o Q_o / \rho_o} = (Z-1)(\frac{\rho_o}{B_o}\frac{f_w}{1-f_w}) + Z \qquad (10-32)$$

式中：S_p——水驱指数，无量纲。

其他符号意义同前。

在中低含水期，注采比对水驱指数与含水率关系曲线影响不大，而在高含水期，注采比对水驱指数与含水率关系曲线影响非常明显。对于不同的注采比，水驱指数随着含水率变化具有不同的规律。当注采比Z大于1时，水驱指数随含水率增加而增大；当注采比Z等于1时，水驱指数等于1，与含水率无关；当注采比Z小于1时，水驱指数随含水率增加而减小。在实际应用中，将实际水驱指数与含水率的关系曲线与理论曲线对比分析，当实际水驱指数随含水率的增加而减小时，说明实际油田天然能量不充足，注水量不够，应加强注水，提高注水量；相反，当实际水驱指数随含水率的增加而增加时，说明注入水和天然能量浸入水充足，不用增加注水量。

五、注水量评价

在理想情况下，注入1PV的水能驱替出全部地下原油时注水开发效果最好。但实际上，由于地层非均质性和流体非均质性，水驱油时呈非活塞式驱替，使得注入水驱油效率降低。尤其在中高含水期，随着含水的上升，为了保持原油产量，注入水呈级数倍的增加，造成采油成本增高，开发效果变差。目前对于注水量的评价通常有3种方法，即经验公式法、统计法和增长曲线法。

（一）经验公式法

注水油田开发进入中高含水期后，注入水孔隙体积倍数和采出程度在半对数坐标系上呈直线型。注入水孔隙体积倍数增长率随采出程度的增加而呈指数形式增加，这也符合油藏开发过程中耗水率随采出程度增加而成级数增加的客观规律。

$$R = a\lg V_i + b \qquad (10\text{--}33)$$

式中：$V_i = \dfrac{W_i}{B_o N_o / \rho_o}$；

a、b——拟合系数。

其他符号意义同前。

根据油田目前采出程度与注水量的关系，利用式10-33可以外推至标定采收率的最终注水量。如果达到相同最终采出程度下的最终注水量越高，说明采油成本越高，注入水利用率越低，开发效果越差。

（二）统计法

根据矿场统计，在不同的注入孔隙体积倍数下，流度与采出程度有一定的关系。

$$R = A_v + B_v \times \ln(k / \mu_o) \qquad (10\text{--}34)$$

式中：A_v、B_v——统计常数。

其他符号意义同前。

（三）增长曲线法

根据翁文波院士的Logistic生命增长理论，可建立油藏综合含水与累积耗水量、综合含水与累积水油比的数学模型，进而可求得油藏在不同含水期时，一定产油量指标与所需合理注水量的定量关系式，利用该关系式可对人工注水量的合理性做出评价与预测。

$$X = \frac{D}{1 + Ae^{Bt}}$$ （10-35）

式中：X——增长体系；

t——体系发展时间或过程；

D——生命过程的经验常数；

A、B——拟合系数。

六、产量变化研究

油气田产量是油气田开发管理的重要指标，油气田开发管理工作者最关心的是油气田产量的变化。根据油气田产量变化，可将油气田开发分为4种模式：投产即进入递减；投产后经过一段稳产后进入递减；投产后产量随时间增长，当达到最大值后进入递减；投产后产量随时间增加，经过一段稳产期后进入递减。目前预测产量变化的常用方法有4种，即Arps递减法、预测模型法、预测模型与水驱曲线联解法以及系统模型法。当油田进入高含水期后，油田产量一般都呈递减趋势。石油研究工作者采用多个指标对产量变化趋势进行评价，并对其计算方法进行系统研究。

（一）产量变化指标

根据产量的构成，可将产量变化描述为自然递减、综合递减和总递减。

1.自然递减

在没有新井投产及各种增产措施情况下的产量变化称为自然递减，扣除新井及各种增产措施产量之后的阶段产油量与上一阶段产油量之差除以上一阶段的产油量称为自然递减率。根据行业标准，自然递减率有两种表达方法：日产水平折算年自然递减率和年对年自然递减率

日产水平折算年自然递减率与年对年自然递减率的定义类似，只是阶段产油量是用日产水平与阶段时间乘积折算而得的，其表达式为：

$$D_{an} = -\frac{q_{01} - (q_{02} - q_{03} - q_{04})}{q_{01}} \times 100\%$$ （10-36）

式中：D_{an}——年对年自然递减率，%；

q_{01}——上年核实年产油量，10^4t；

q_{02}——当年核实年产油量，10^4t；

q_{03}——当年新井年产油量，10^4t；

q_{04}——当年措施井年产油量，10^4t。

2.综合递减

综合递减是指没有新井投产时的老井产量递减。综合递减反映了油田某阶段地下油水运动、分布状况及生产动态特征。由于综合递减扣除了当年新井的产油量，仅考虑老井产油量，因此其反映了在原有井网条件下地下油水分布状况。如果年产油量变化不大或保持上升趋势，而综合递减率较大，说明井网不够完善，储量控制低，原油产量是靠新井产量接替的，有部署新井挖潜的潜力，而老井的开发效果没有得到改善；相反，如果产油量变化不大，而综合递减率较小，说明产量主要依靠老井措施完成的，老井实施措施效果较好。

产量综合递减率的大小不仅受人为因素的影响，还与开发阶段有密切关系。在油田开发初期，地下存有大面积的可动油，通过注采结构优化技术就较容易维持原油产量，实现较低产量综合递减率的目标；在油田开发中期，虽然高渗主力层已全面见水，但由于水淹程度低，可动油饱和度较高，主力层仍可继续发挥主力油层的作用，通过注采结构调整，也可实现综合递减率较低的目标；而当油田进入高含水期，由于长期注水，主力层水淹严重，地下油水分布复杂，剩余油零散分布，大规格的剩余油已经很少，主要存在于注采井网控制不住、断层或透镜体边部和局部微高点处，通过注采结构调整挖潜难度很大，原油产量递减将加快，综合递减可能处于很大的范围。

与自然递减率表达方式类似，按行业标准，综合递减通常也有两种表达式，即年对年综合递减和日产水平折算综合递减。

（1）年对年综合递减率。年对年综合递减率是指扣除当年新井产量的年产油量除以上一年的总产量，其表达式为：

$$D_{ac} = -\frac{q_{01}-(q_{02}-q_{03})}{q_{01}} \times 100\%$$ （10-37）

式中：D_{ac}——年对年综合递减率，%。

其他符号意义同前。

（2）日产水平折算年综合递减率。与年对年综合递减率的定义类似，只是阶段产油量是用日产水平与阶段时间乘积折算而得的，其表达式为：

$$D_{ac} = -\frac{q_{01}-(q_{02}-q_{03})}{q_{01}} \times 100\%$$ （10-38）

式中：q_{01}——标定日产水平折算的当年产油量，10^4t。

其他符号同前。

3.总递减

总递减反映了油田产量总体变化趋势，其包括新井产量、措施产量在内的所有产量，是一个油田生产的所有潜力。因此，总递减大小直接反映了油田整体产能。如果总递减率很大，说明油田后备资源不足，开发形势严重。相反，如果总递减率很小，说明油田有一定的后备资源量，储采比相对合理。

与其他两项递减描述方式类似，总递减也分为年对年总递减和日产水平折算总递减。

（1）年对年总递减率。年对年总递减率是指当年总产油量除以上一年的总产油量，其表达式为：

$$D_{at} = -\frac{q_{01}-q_{02}}{q_{01}} \times 100\% \qquad (10-39)$$

式中：D_{at}——年总递减率，%。

其他符号意义同前。

（2）日产水平折算年总递减率。与年对年总递减率的定义类似，只是阶段产油量是用日产水平与阶段时间乘积折算而得的，其表达式为：

$$D_{at} = -\frac{q_{01}-q_{02}}{q_{01}} \times 100\% \qquad (10-40)$$

式中：q_{01}——标定日产水平折算的当年产油量，$\times 10^4$t。

其他符号意义同前。

（二）Arps递减法

通过大量的实际矿场生产资料的统计，对于油田生产业已进入稳定递减的产量递减问题，阿尔普斯（J.J Arps）提出了解析表达式，并根据递减指数的不同，将递减大体上分为三种类型，即指数递减、双曲递减和调和递减。目前Arps递减法被国内外广泛采用，用于油田产量变化研究、开发指标预测以及可采储量预测。

在油气田产量进入递减阶段之后，其递减率表达式为：

$$D = -\frac{1}{Q_o}\frac{dQ_o}{dt} = KQ_o{}^n \qquad (10-41)$$

式中：D——产量递减率，小数；

Q_o——油产量，t/d；

K——比例常数；

n——递减指数，$0 \leq n \leq 1$。

七、储采状况指标研究

储采状况间接地反映一个油田的开发"寿命"，在很大程度上综合反映了油田勘探开发形势。储采状况不仅深刻地影响石油工作者在勘探开发方面的行为，也迫使石油工作者在勘探开发方面不断提出相应的对策和决策，从而提高油田开发水平。因此，石油工作者提出多项指标来客观地评价储采状况，比较常用的指标有储采平衡系数、储采比、剩余可采储量采油速度等。

（一）储采比

储采比是产量保证程度的一项指标，表示当年剩余可采储量以该年的产量生产，还能维持生产多少年。在实际应用中，以当年年初（或上年年底）剩余的可采储量除以当年年产量，其数学表达式为：

$$R_{Rp} = \frac{N_R - N_p + Q_o}{Q_o} \tag{10-42}$$

式中：R_{Rp}——储采比，年；

N_R——可采储量，$10^4 t$。

其他符号意义同前。

目前对于合理储采比下限值还没有一个统一的认识，一般认为油田保持稳产的最后一年所对应的储采比为油田保持稳产时所需的最小储采比，油田要保持相对的稳产，储采比必须大于或等于此值，否则油田产量将出现递减。国外石油公司油田稳产储采比下限值一般在20左右，我国油田稳产储采比下限值一般在13左右。目前合理储采比下限值的计算多用Arps双曲递减和指数递减来确定。

（二）剩余可采储量采油速度

剩余可采储量采油速度是指年产油量占剩余可采储量的百分数，是表示油田开发快慢的指标，反映了油田的综合开发效果。根据剩余可采储量采油速度和储采比的定义，剩余可采储量采油速度与储采比呈倒数关系。当知道合理储采比的下限值时，可以求出剩余可采储量采油速度的上限值。根据国外石油公司油田稳产储采比下限值一般在10左右，油田进入递减阶段后，剩余可采储量采油速度应达到10%，才能够减缓油田的递减速度；进入递减阶段后，我国油田储采比一般在13左右，那么剩余可采储量采油速度应达到8%

左右。

八、油气藏评价的主要内容

油气藏评价是通过地震细测、地质综合分析、钻探评价井、录井、测井、试油、试采测试、取心、分析化验、生产试验区获取油藏各方面的信息，在此基础上进行多学科综合研究之后，形成对油藏的全面认识。其中，储层性质、流体性质和渗流特征评价是其主要内容。

（一）油气藏概况介绍

油气藏概况介绍的目的是使研究者对油气藏的勘探开发过程有一个基本了解。在该部分内容中要交代油气藏的地理位置，勘探开发历史，油藏所属地区的气候、交通、人文及经济状况。

（二）构造特征分析

构造特征评价主要包括构造形态、圈闭分析和断层系统3个方面的研究内容，研究成果主要是形成反映构造特征的顶、底面构造图和必要的剖面图。在构造形态研究中需要确定油藏圈闭类型、长短轴及其比值、构造走向、构造顶面平缓度等；在圈闭分析中主要确定圈闭的溢出点、闭合面积、闭合高（幅）度等参数；在断层研究中主要确定断层走向、倾向及倾角、延伸范围、断距及断开层位、断层类型及其密封特性等。

（三）油层特征评价

油层特征评价主要是采用测井资料对油层的平面分布延展规律和纵向油层分布进行分析，主要成果为小层平面图、综合柱状图和必要的剖面图。由于岩石沉积过程和成岩过程复杂，造成含油层系分布也十分复杂，尤其是河流相沉积的油藏更是如此。目前一般是按照储层的沉积旋回和韵律及油层之间的连通性将油层划分为小层、砂岩组、油层组和含油层系，然后逐一描述它们的形态、厚度、分布和连通关系等。油层之间由隔层分开，隔层与油层相伴而生，通过测井资料和其他资料可以确定隔层厚度、延伸范围、隔层岩性、隔层类型、隔层物性和隔层分布频率以及隔层在油藏中所起的作用等。

（四）储层特征评价

油气藏形成于储集岩石层中，储集层性质直接影响岩石储集油气的能力和流体在其中的渗流能力。通过储层评价主要确定岩石性质、物性特征和非均质状况。其具体内容包括：岩石矿物组成、粒度组成及分选程度、胶结物、胶结类型及胶结程度、磨圆度及成熟度、黏土矿物含量、孔隙类型、孔隙结构、孔隙度及渗透率分布、渗透率变异系数等。在以上参数研究的基础上，还需要对储集层进行分类。

（五）流体特征分析

在该部分内容中，主要依据测试资料对油气藏中流体的分布规律和流体性质进行研究，此外，还要分析油水界面位置、圈定含油面积、阐述油气水性质。如流体常规物性主要包括地面脱气原油密度、脱气原油黏度、凝固点、初馏点及馏分、含蜡量、含硫量、含水量、原油组成、胶质沥青及灰分含量等；天然气相对密度、天然气组成等；地层水密度、氯根含量、矿物组成及矿化度、pH、地层水型等。流体高压物性主要包括：油气水相态特征，饱和压力、黏温曲线、原油析蜡温度、原油溶解气油比、溶解系数、地层原油体积系数、地层和地面条件下的流体密度、地层条件下的流体压缩系数、气液相色谱分析、油气组成、凝析油含量和重烃含量、地层流体黏度等。

（六）油藏渗流特征分析

储层岩石的微观特征多样性决定了储层具有不同的渗流特征，这些特征对水驱过程影响显著。根据室内岩心分析资料，需要对岩石润湿性特征、相渗曲线、毛细管压力曲线、驱油效率分析和"六敏"（水敏、速敏、酸敏、碱敏、盐敏、应力敏感性）等特征进行分析。

在岩石润湿性分析中，需要综合润湿角测定、吸油吸水测验、相渗曲线特征进行油藏岩石润湿性判定。由于油藏岩石润湿性差异，影响了油水在地层中的分布规律，进而影响了油水相对渗透率曲线的特征。

（七）油藏温度和压力系统

油气藏的温度系统也是油藏评价的主要内容，温度常常是决定某种驱替剂是否有效的关键因素。矿场上需要确定的主要温度参数有油气藏原始地层温度、地温梯度。油气藏原始地层温度一般是在探井测井和测压时由附带的温度计测量得到的。应该指出的是，油气藏的温度主要受到地壳温度的控制，一般不受储层岩石和其所含流体的影响，任何地区的地层温度与深度增加之间都是线性关系。实际资料表明，由于地壳温度受到构造断裂运动和岩浆活动的影响，不同地区的地温梯度有所不同，如我国东部地区油气田的地温梯度一般为3.5℃～4.5℃/100m。

油气藏压力是油气藏天然能量的重要标志。在压力系统评价中，重点需要确定油气藏的原始地层压力、地层压力系数、压力梯度、地层破裂压力等参数，并进行油气藏压力系统分析。根据钻井测试资料，可以获取地层的温度和压力资料，进而进行参数分析，可以得到相应的温度、压力与地层深度的关系。

（八）试油试采数据分析

油井产能大小是通过单井产能测试资料分析确定的，矿场上通常将稳定试井资料或非稳定试井资料整理成产能曲线或IPR曲线，然后确定生产井采油指数。对试油试采数据的分析，有助于开发设计中制定合理的注采工作制度。

（九）油藏储量计算与评价

油气藏储量计算是油气藏评价的重要内容之一。根据钻井、测试、岩心分析、室内试验等资料，确定计算储量的相关参数，采用容积法对储量进行计算。在计算的过程中，对各种参数的选取要进行详细的研究，选取合理参数加以计算。在储量计算完成以后，还要计算单储系数和储量丰度，并根据一定的评价原则进行储量评价。

第二节　油藏采收率评价技术与方法

采收率是受多种因素影响的综合性指标，注水开发油田的采取率主要取决于油藏地质特征、井网密度、地质储量动用程度、注水波及系数和水驱油效率及工艺技术等因素。

一、经验公式法

经验公式法是利用油藏地质参数和开发参数评价水驱油藏采收率的简易方法，是通过大量实际生产数据，根据统计学原理而得到的，目前常用的水驱采收率预测经验公式有10多种。

经验公式一：适用于原油性质好、油层物性好的油藏：

$$E_R = 0.27191 \lg k - 0.1355 \lg \mu_o - 1.5380\varphi - 0.001144 h_e + 0.255699 S_{wi} + 0.11403 \quad （10-43）$$

经验公式二：美国石油学会（API）采收率委员会相关经验公式：

$$E_R = 0.3225 \left[\frac{\phi(1-S_{wi})}{B_{oi}} \right]^{0.0422} \times \left(\frac{K\mu_{wi}}{\mu_{oi}} \right)^{0.077} \times S_{wi}^{-0.1903} \times \left(\frac{p_i}{p_{abn}} \right)^{-0.2159} \quad （10-44）$$

经验公式三：俞启泰、林志芳等人根据我国25个油田的资料得出的采收率的经验

公式:

$$E_R = 0.6911 \times (0.5757 - 0.157 \cdot \lg \mu_R + 0.03753 \lg K)$$ （10-45）

经验公式四：1996年陈元千等人根据我国东部地区150个水驱油藏实际资料，统计得出了考虑井网密度对采收率影响的经验公式：

$$E_R = 0.05842 + 0.08461 \log \frac{k}{\mu_o} + 0.3464\phi + 0.003871S$$ （10-46）

经验公式五：由乌拉尔—伏尔加地区95个水驱砂岩油藏得到的相关经验公式：

$$E_R = 0.12 \lg \frac{kh_e}{\mu_o} + 0.16$$ （10-47）

经验公式六：由西西伯利亚地区77个水驱砂岩油藏得到的相关经验公式：

$$E_R = 0.15 \lg \frac{kh_e}{\mu_o} + 0.032$$ （10-48）

经验公式七：

$$E_R = 0.214289 (\frac{k}{\mu_o})^{0.1316}$$ （10-49）

参数应用范围：$k = (20 \sim 5000) \times 10^{-3} \mu m^2$；$\mu_o = (0.5 \sim 76)$ MPa·s。

经验公式八：适用于中高渗砂岩油藏：

$$E_R = 0.274 - 0.1116 \lg \mu_R + 0.09746 \lg k - 0.0001802 h_e \times f - 0.06741 V_k + 0.0001675T$$ （10-50）

经验公式九：

$$E_R = 0.1748 + 0.3354 R_s + 0.0585911 \lg \frac{k}{\mu_o} - 0.005241 f - 0.3058\varphi - 0.000216 p_i$$ （10-51）

参数应用范围：$k = (11 \sim 5726) \times 10^{-3} \mu m^2$；$\mu_o = (0.38 \sim 72.9)$ MPa·s。
$R_S = 25\% \sim 100\%$；$f = 2.0 \sim 28.1$ ha/well；$P_i = 3.7 \sim 57.9$ MPa。

经验公式十：

$$E_R = 0.135 + 0.165 \lg \frac{k}{\mu_R}$$ （10-52）

经验公式十一：

$$E_R = (0.1698 + 0.16625 \lg \frac{k}{\mu_o}) e^{-\frac{0.792}{f_n}(\frac{k}{\mu_o})^{-0.253}}$$ （10-53）

式中：ϕ——孔隙度，小数；

h_e——有效厚度，m；

P_i——原始地层压力，MPa；

P_{abn}——废弃地层压力，MPa；

S——井网密度，well/km²；

V_k——渗透率变异系数，小数；

T——地层温度，℃；

f——井网密度，ha/well；

f_n——开井井网密度，well/km²。

其他符号意义同前。

二、驱油效率法

根据水驱油室内实验，确定驱油效率，再根据丙型水驱特征曲线或确定水驱油平面与垂向波及系数经验公式求出波及体积，从而可预测水驱采收率。

$$E_R = E_d \times E_v = E_d \times E_{pa} \times E_{za} \qquad (10\text{--}54)$$

式中：E_d——洗油效率，小数；

E_v——波及体积，小数；

E_{pa}——平面波及体积，小数；

E_{za}——纵向波及体积，小数。

第三节　油藏开发经济评价技术与方法

一、油田开发项目经济评价参数

经济评价参数是用于计算、衡量油气田开发项目效益与费用以及判断项目经济合理性的一系列数值。该参数的制定和发布具有很强的时效性和政策性，为满足油气田开发项目经济评价工作的需要，油田总公司会定期修订和发布经济评价参数。

（一）基准收益率

基准收益率指同一行业内项目的财务内部收益率的基准值，它代表同一行业内项目所占用的全部资金应当获得的最低财务盈利水平，是同一行业内项目财务内部收益率的判断标准，也是计算财务净现值的折现率。当项目的财务内部收益率高于或等于行业的基准收益率时，认为项目在经济上是可行的。

目前中国石化油气田开发建设项目基准收益率定为15%。

（二）基准投资回收期

基准投资回收期指以项目的净收益（包括未分配利润、折旧、摊销）来回收全部投资所规定的标准期限，是反映项目在同行业中投资回收能力的重要静态指标。基准投资回收期一般自项目建设开始年计算，如果从投产年计算，应该予以注明。

按照中国石化实际情况，油气田开发项目基准投资回收期一般不超过6年，一些重大油气田开发项目的基准投资回收期可适当延长。

（三）项目总投资收益率和项目资本金净利润率

项目总投资收益率指项目运营期内息税前利润总额与项目总投资的比率，项目资本金净利润率指项目运营期内的净利润总额与项目资本金的比率，分别反映的是项目总投资和项目资本金的总盈利水平，是考察项目总投资收益率和项目资本金净利润率是否达到或超过本行业总体水平的评判参数，不作为项目是否达到本行业最低要求的评价判据。油气田开发项目的项目总投资收益率和项目资本金净利润率可采用统计分析法、德尔菲专家调查法等方法测算，目前暂取80%。

二、项目投资估算

油气开发建设项目总投资是指项目建设和投入运营所需要的全部投资，由建设投资、流动资金和建设期利息3部分组成。

项目总投资=建设投资+流动资金+建设期利息

中国石化油气田开发项目原则上不考虑流动资金，新建独立项目可考虑一定的流动资金。

建设投资=勘探工程投资+开发工程投资

油气勘探工程投资是指在一定的时间内，以一定的地质单元为对象，为寻找油气储量而发生的地质调查、地球物理勘探、勘探参数井和探井以及维持未开发储量而发生的费用。勘探工程投资实际发生值应全部计入经济评价投资总额，其中的资本化部分计入现金流，未资本化部分不计入现金流。

为简化计算，所发生的勘探投资也可以按以下方法估算和处理：

$$勘探工程投资=探区平均单位储量的勘探投资×储量$$

开发工程投资=开发井投资＋地面工程投资开发井投资=钻井工程投资＋采油工程投资

$$钻井投资=\Sigma（不同井型钻井进尺×对应井型的单位钻井工程造价）$$

$$钻井进尺=平均井深（m）×钻井井数（口）$$

钻井工程费用包括新区临时工程、钻前工程、钻井工程、录井测井作业、固井工程、钻井施工管理等，以上费用采用定额法和设计成本法估算。开发井钻井成本也可根据本油田或相似油田历史成本资料，并考虑钻井工艺水平的提高和物价上涨因素进行估算，即按综合成本法估算。

采油工程投资以项目确定的采油工程方案，参照采油工程估算指标测算。具体包括完井费用（含射孔液、射孔枪、射孔弹及其作业费）、机采费用（含抽油杆、泵、油管、井下工具及其作业费）、对老探井或开发准备井投产发生的费用和新井投产及增加产能的措施费等。

地面工程投资依据项目确定的地面工程方案，参照地面工程估算指标测算。具体包括从井口（采油树）开始到商品原油天然气外输为止的全部工程。油田地面建设主体工程包括井场、油井计量、油气集输、油气分离、原油脱水、原油稳定、原油储运、天然气处理、注水等。气田地面建设主体工程包括井场装置、集气站、增压站、集气总站、集气管网、天然气净化装置、天然气凝液处理装置等。油气田地面建设配套工程包括采出水处理、给排水及消防、供电、自动控制、通信、供热及暖通、总图运输和建筑结构、道路、生产维修和仓库、生产管理设施、环境保护、防洪防涝等。

地面工程投资由工程费用、工程建设其他费用和预备费组成。工程费用包括设备购置费、安装工程费和建筑工程费，工程建设其他费用包括固定资产其他费用、无形资产费用和其他资产费用，预备费包括基本预备费和价差预备费。

流动资金指拟建项目投产后为维持正常生产，准备用于支付生产费用等方面的周转资金，为流动资产与流动负债的差额。

流动资金估算方法有扩大指标估算法和分项详细估算法两种。

（1）扩大指标估算法按占正常年份经营成本的比例计算，一般取25%。

（2）分项详细估算法按项目流动资产和流动负债的各项周转次数或最低周转天数分别估算。

建设期利息指筹措债务资金时在建设期内发生并按规定允许在投产后计入油气资产原值的利息，即资本化利息。建设期利息包括银行借款和其他债务资金在建设期内发生的利息以及其他融资费用。

建设期利息按借款利率，建设期限及资金分年投入的比例计算，建设期内对长期借款应支付的利息不论当年支付与否均构成工程成本。

三、总成本费用估算

油气总成本费用是指油气田企业在生产经营过程中所发生的全部消耗，包括油气生产成本和期间费用。

成本估算方法有综合估算法和分项详细估算法两种。综合估算法即按吨油总成本费用估算。分项详细估算法即按油气生产成本项目和期间费用划分，分项估算。

四、油田开发项目财务评价

财务分析是在项目财务效益与费用估算的基础上，分析项目的盈利能力、偿债能力和财务生存能力，判断项目的财务可接受性，为项目决策提供依据。

财务盈利能力分析主要评价指标有财务内部收益率、财务净现值、投资回收期、项目总投资收益率、项目资本金净利润率等。

（一）财务内部收益率

财务内部收益率指能使项目在评价期内净现金流量现值累计等于零时的折现率，它反映项目所占用资金的盈利率，是评价项目盈利能力的主要动态指标。

财务内部收益率可根据财务现金流量表中的净现金流量，用试差法计算求得。将计算出的财务内部收益率与企业的基准收益率或设定的折现率（加权平均资金成本）进行比较，当财务内部收益率≥基准收益率时，即认为其盈利能力已满足要求，项目方案在财务上是可以接受的。

（二）财务净现值

财务净现值指项目按企业的基准收益率或设定的折现率计算的项目评价期内净现金流量的现值之和，是评价项目在评价期内盈利能力的动态指标。

财务净现值可根据全部投资或资本金财务现金流量表中的净现金流量，按一定的折现率求得。计算的结果有3种情况，即净现值大于零、净现值小于零和净现值等于零。当财务净现值大于或等于零时，表示项目的盈利能力满足要求，是可以接受的；当财务净现值小于零时，表示该项目的盈利能力不能满足要求。

（三）投资回收期

投资回收期是指以项目的净收益回收项目投资所需要的时间，是考察项目在财务上回收投资能力的主要静态指标。投资回收期一般以年表示，以开始建设的年份为计算起点，如果以投产年为计算起点，在编制报告时应该予以说明。

（四）项目总投资收益率

项目总投资收益率反映项目总投资的盈利水平，指项目运营期内息税前利润总额与项目总投资的比率。

第四节　油田开发评价软件介绍

在油田的开发评价方面有很多商业化软件，除了油藏数值模拟这样的大型软件之外，也有很多功能丰富的实用型软件，这些软件是油藏工程师进行开发评价的得力助手。下面介绍几款典型的油藏工程实用软件。

一、DSS软件

Landmark公司的实时动态监测分析系统DSS（Dynamic Surveillance System）是基于Windows系统开发的为油藏工程师和采油工程师定制的油藏动态监测、产量优化系统。

DSS主要是协助油藏工程师和采油工程师实时动态监测油田目前的生产状况，了解油藏开发历史，预测油藏开发指标。

DSS可以与Landmark的其他产品（如Discovery）实现内部的数据共享，而且可以与任何ODBC数据库，如Microsoft Access、SQI Server、Oracle及Sybase直接连接，从而减少了数据的重复，保证了数据的一致性。

DSS应用动态泡状图、饼状图、等值图、开发曲线图等多种图表显示方式，反映油藏的开采历史和现状。同时，DSS还拥有显示井筒、测井和地层数据的剖面显示功能，能够识别井的完井和构造的关系。

DSS提供以下动态分析功能：

（1）单井动态分析、单井曲线展示、单井数据组合分析；

（2）井组动态分析、井组创建、井组曲线分析；

（3）油藏动态分析、油藏开采现状图、油藏注采现状图、油藏含水率变化等值图、产量递减分析及预测、水驱递减分析及预测、区块开发曲线。

通过单井、井组生产曲线图可以进行生产动态分析，同时可进行不同井组之间的开发效果对比。实现简单实用的产量递减分析，预测未来的生产情况。

通过用户自定义公式、宏功能，可以实现多种常规动态分析，如衰减曲线分析、水驱曲线、泄油半径以及井组注采平衡分析等。

DSS拥有的显示井筒、测井和地层数据等剖面功能，能够识别井的完井状况和地质条件之间的关系，有助于确定完井方式、油水关系与油井产能的关系。

DSS在油藏动态分析方面具有较强的可视化和自定义计算功能，但它毕竟是国外软件，缺乏国内油田生产动态分析常用的经验方法，动态图形的规范也与国内不太一致。

二、OFM软件

OFM（Oil Field Manager）软件是一款油气藏产量监测和分析软件。OFM软件由一组功能强大、高度集成的定制模块组成，可以便捷、高效地管理贯穿勘探和开发各阶段的油、气田数据。OFM拥有大量可用于构建工作流程的工具，如灵活的底图、绘图、报表、预测分析，这些工具的组合和工作流程的使用可以使用户能够进行深度数据挖掘，重点关注如何提高产量。

OFM32是OFM软件的主模块，是生产工程师的主要桌面工具，其主要功能覆盖了全部动态分析的工作流，先进的工作室概念和工作流管理理念最大限度地提高团队合作和工作效率。该模块能够满足客户各项动态分析需要，涵盖了从日常报表、绘图、增产目标识别到生产产量预测、增产项目管理的全部动态分析工作。其常用功能如下：

（1）绘图用于日常数据展现，可以进行多图、多轴和多类别（不同级别数据）绘图。

（2）报表用于日常数据展现，可以进行排序、统计、筛选和计算。

（3）可以选择经验法（指数、双曲和调和）进行预测，还可以选择解析解法（解析瞬态解法和酸化压裂预测法）进行预测。

（4）泡泡图可用于绘制多层位开采现状图等多种动态泡状图，其图形内容和图形参数可由用户定义。

（5）网格图可以动态显示由井数据计算得到的网格数据参数，如水淹图等。

（6）等值线图可以动态绘制用户指定参数的等值线。

（7）动态散点交汇图是动态识别目标井的强大工具。可由用户定义横轴和纵轴，从而在该坐标系统中动态展示井参数时，发现异常井或目标井。

（8）三维立体图、网格图的立体展示。

（9）XY交汇图。

（10）单井的测井曲线图，在加载数据到OFM项目数据库时，可以进行多井的批量加载。

（11）多井测井曲线同时展现不同井的测井曲线。

（12）井身结构图显示单井的井身结构信息。

（13）联井剖面图显示井组的地层连通情况和地层的岩性属性。

OFM可以通过Finder链接各种数据库，并提供与PIPESIM、ECLIPSE、FrontSim等商业化软件的接口，可以充分利用其他软件的研究成果进行油藏综合分析。

三、PEOffice软件

PEOffice软件是一套基于PC和网络应用，面向油藏管理和油气生产分析设计一体化的软件系统。它较全面地包含了油气开采技术分析计算的各个主要环节，涵盖以下内容：油藏井筒可视化、岩石与流体计算、油气藏计算分析、生产井计算分析、注水井计算分析、油气集输、经济评价预测和综合成果管理。PEOffice为油气藏开采综合分析设计提供了很好的集成软件平台，在统一数据和计算分析结果的基础上，为油藏工程、采油工程、注水工程和地面集输提供先进的分析计算手段。通过综合应用PEOffice可及时、快速、系统、准确地对油气开采过程进行动态监控分析和管理，一定情况下满足了油气生产日常技术数据管理分析和生产参数优化设计的需要。

PEOffice功能设计系统完整，包含了从油气生产数据统计、生产动态分析、生产状态评价、生产规律预测、生产故障诊断、生产优化设计到井下管柱数据查询与管柱图制作生成的油气生产技术管理分析和生产优化设计的各个环节。在同一软件平台上可以满足油气生产不同技术工作的需要。它涵盖了油气开采过程中各个方面的内容，为油气生产管理、分析、优化设计等提供了一个优秀的集成解决方案。

PEOffice主要由八大模块组成，在油藏开发分析评价方面一般可以用到以下模块：

（1）ProdAna，生产动态分析。主要用于对日常油气生产数据进行快速统计分析，形成各种统计分析图表，从统计分析的角度发现油气井的生产规律。

（2）ProdForecast，生产动态预测。通过不同模型的选择拟合，预测油田（井）的产量递减规律、含水率上升规律等，还可以进行措施产量预测及配产设计。

（3）WellMap，井位图编辑。对不同类型和形式的井位图进行编辑，使之数值化，以供PEOffice的其他模块使用，同时可以根据提供的场变量绘制等值线图。

（4）WellInfo，油气井信息管理。可以对井位图中油气井的井身轨迹、井身结构、井下管柱和井口设备参数等进行数据编辑、查询，并生成相应的井身轨迹图、栅状图、剖面图、测井曲线图、管柱图等。

PEOffice具有面向井位图的操作方式，进行软件操作时可以根据需要把地质或地面井位图置于屏幕上，通过鼠标点击井位图中的油气水井可以获取相应的技术数据并自动调入相应的分析计算软件中，也可以将计算分析的结果直接在井位图对应的井上显示，还可以通过鼠标对井位图的操作快速地进行多井的统计分析等。面向井位图操作方法的引入不仅使得油气井的日常技术数据管理分析和生产参数优化设计更方便，更重要的是使得对油气井的生产统计分析和管理能与带有地质信息或地面信息的井位图直接对应，这样非常有利于全面地找出油气井的生产规律，为在油田范围内系统优化油气井的生产提供科学的依据。

四、RESI软件

油藏工程综合分析软件面向油藏工程师，可实现常规油藏各种油藏工程计算分析，并兼顾稠油热采、三次采油、水平井产能及其他不同油藏工程方法的应用。软件可从油田开发Oracle数据库中下载常用数据，用户按照项目管理的方式，建立用户数据库进行油田单元的各种分析计算。

油藏工程综合分析软件基于Windows环境，采用可视化编程开发，主要功能模块包括项目数据管理、油藏基本特征分析、油藏开发技术界限分析、油藏开发状况分析、油藏开发预测分析、经济评价及实用工具，共计110多个主要功能模块。该软件注重实用性，计算结果可靠，软件组织结构逻辑严密，各项分析研究内容既相互关联又相互独立，操作简便，可扩充性强，易于应用。

该软件曾先后荣获中石化上游企业信息技术交流会一等奖（2004年度）、中石化科技进步二等奖（2006年度）等奖项，并通过了中石化科技开发部组织的软件性能测试，运行结果正确，性能稳定，界面友好。该成果为油藏工程研究人员提供了一套综合分析系统工具，软件功能丰富，界面友好灵活，可大幅度提高研究人员的工作效率，提高成果研究水平。

油藏工程综合分析软件在胜利、国勘、华北、河南、江苏、上海、江汉、华东、西北、东北、中原等油田分公司完成了280多套软件的安装，进行了313人次的技术培训，基本完成了在中国石化上游企业各油田分公司对该软件的全面推广应用。

第五节　油田开发数据库及应用

一、油田开发数据库概况

油田开发数据库是油田信息工作的核心，数据库建设对提高开发数据管理质量和应用效率，促进开发管理水平有极大的推动作用。

开发数据库从1961年有数据至今，记录了胜利油田从第一口井到目前43666口井的动态的、历史的开发数据。从数据库系统发展方面讲，经历了最初的人工穿孔文件形式、dbf库、Oracle数据库存储、数据库综合网络系统、数据中心5个发展阶段。数据量与日俱增。从内容上讲，开发数据从单一的动态库逐步增加静态库、监测库等九大库，目前形成集九大库、测井、三采、天然气、图形文档数据库于一体的数据中心。

数据库建设和应用逐步走向成熟和深入，对油田上游油气田建设的开发和应用发挥了不可估量的作用。

二、油田开发数据库的应用情况

数据源头采集—数据处理—数据维护—应用服务形成4层整体流程架构。

从源头采集的数据，不需要处理的直接加载到开发数据库，需要处理的则经过处理后加载更新入库，通过应用程序提取加工数据后供用户使用。在数据加载前，通过质量控制系统控制数据质量，对有错误的数据，追查到错误发生的源头单位，责令整改，审核检测通过后，方可提交入库。对提交入库的数据进行数据安全备份工作。对应用服务系统，数据经过应用系统提取加工数据服务于应用。在应用系统和数据库之间，有严格的用户审核机制，授权和控制用户对数据的提取和操作。

在油田开发数据库中，单井是动态数据组织的最小单位。在单井表里，与它对应的是基本单元。单井和单元组织形式是不同类型油藏专业库组织数据的依据。

由源头采集的油水井动态和监测数据经过处理形成采油厂级的油水井及单元的月度数据，最后形成局级的不同油田、不同油藏类型、不同行政区域的开发综合数据，可用于油藏动态分析、措施完成情况及效果分析等各种数据库应用。

基于开发数据库可形成各种生产报表，包括：综合数据报表、产量构成数据表、油水井动态表、新油水井分类表、见水井含水情况表、油井（注水井）关井分类表、报废井生产情况表、递减及主要指标对比。

　　胜利油田组织研制的"开发在线"，以WEB应用的形式提供了数据查询和发布功能，目前仍是专业人员获取开发数据的常用工具。

　　"开发在线"为各种数据查询和专业应用提供了有利条件，但也存在信息量大、筛选下载慢的缺点，而且也不能针对某一类型的油田特点进行设计。因此，在开发数据库的基础上发展了各专业数据库。

　　根据各专业不同特点，进行了相应数据表的挑选和单元的闭合划分，形成了符合不同专业应用特色的专题项目数据库，有断块油藏数据库、稠油油藏数据库、整装油田数据库、滩海油田数据库、水平井项目数据库等专业数据库。

　　在各专业数据库的基础上，开发了各种应用，如开发综合曲线绘制、注采井网图自动绘制、各种开采现状图的绘制等。

　　在油田开发数据库中油藏动态分析常用的数据表包括采油井月度数据、注水井月度数据、油田开发月综合数据、油气藏基本数据表等数据表。

　　胜利油田数据中心下一步准备以油田数据中心为基础，实现对勘探开发综合研究业务大型主流软件的数据支持和应用。通过建立勘探开发业务数据交换标准，基于数据服务系统，实现对综合研究的数据支持。通过分析勘探开发主流大型软件实现数据支持，包括GEOFRAME、OPENWORKS、PETRO、ECLIPSE等大型软件。依据数据双向存取任务建立基于业务单元的数据交换工作模板，通过油田企业数据中心统一建立数据服务系统，具体实现各业务信息系统间或与中心数据库间的数据双向存取交换。

第十一章　油藏管理的关键技术

第一节　地质建模技术

一、地质建模技术的研究历程

近几十年来，三维地质模型的建立是国内外的研究热点，它是集测井、地震、生产测试及计算机等技术于一体的技术应用。三维地质建模是基于计算机存储和显示技术，对储层三维网格化后，对各个网块赋以各自的储层参数值，并按三维空间分布位置存入计算机内，形成三维数据体，这样就可以进行储层的三维显示，可以任意切片（不同层位、不同方向），进行各种运算和分析。三维地质模型是反映油气藏综合概况，即油气藏地层格架、储层属性、流体性质及分布等特征的数字化模型。根据油藏描述中的储层地质模型，可以将三维地质模型分为3类：概念模型、静态模型和预测模型。这3类模型的划分体现了在不同开发阶段，开发研究对象对储层地质模型不同精细程度的要求。预测模型是目前应用最多的模型，它不仅忠实于资料控制点的实测数据，追求控制点间的内插与外推值的精度，并遵循地质和统计规律，即对无资料点有一定的预测能力。目前，大多数油气田都进入了高含水阶段，但由于多种原因，仍有大量油气资源埋藏于地底下，因此目前的难题是怎样建立更精确的描述储层参数的空间分布以及油气分布的地质模型，所以预测模型主要是为进一步提高油气田采收率服务的。

二、地质建模的基本原理及关键技术

（一）地质建模基本原理

本着从框架到内部建筑结构和内部属性的建模思想，储层三维模型主要包括构造模型、沉积单元模型（沉积相）和属性参数模型。

1.构造模型

构造模型主要表征构造圈闭特征，同时表述断层和裂缝的分布、几何形状、产状、发育程度等特征。构造模型反映储层的空间格架，由断层模型和层面模型组成。断层模型反映的是三维空间的断层面以及断层之间的切割关系，层面模型反映的是地层界面的三维分布，层面模型被断层模型切割就形成了地层格架模型。构造模型的随机性较小，一般采用三角剖分法、径向基函数法、克里金法等确定性方法建模。

2.相模型

储层相模型为储层内部不同相类型的三维空间分布。该模型能定量表述储集砂体的大小、几何形态及三维空间的分布。三维相建模的目的是获取储层内部不同相类型的三维分布，为流动单元建模及储层参数建模奠定基础。为了表征井间的不确定性，相建模常采用随机建模方法，主要有标点过程法、指示模拟和截断高斯模拟。

（1）标点过程法：根据点过程的概率定律，按照空间中几何物体的分布规律，产生这些物体中心点的空间分布，然后将物体性质（如物体的几何形态、大小、方向等）标注于各点之上。

（2）指示模拟：将地质信息进行离散编码，即将原始数据按照不同的门槛值编码成1或0的指示变换，然后将克里金的基本思想应用于指示变换，最终得到指示变换的克里金估计。该方法不受正态分布假设的约束，既可用于连续变量的模拟，又可用于离散或类型变量的模拟。常见的方法有序贯指示模拟。

（3）截断高斯模拟：截断高斯随机属于离散随机模型，用于分析离散型变量或类型变量。模拟过程是通过一系列门槛值及门槛规则对三维连续变量进行截断而建立类型变量的三维分布。

（4）多点统计：是近年来出现的一种新的建模方法，它是利用空间多点的相关性来模拟的。由于以变差函数为基础的模拟无论是基于目标体还是基于像元都只考虑了两点之间的空间关系，这种两点统计很难反映储层真正的空间关系，它只是空间连续性的一种受限的综合。多点统计是借用训练图像中多点的空间模式，通过训练图像得到的，代替两点统计中由克里金计算的概率分布进行序贯高斯模拟。

3.属性参数模型

储层参数在三维空间上的变化和分布即为储层属性参数模型，属于连续性模型。一般来说，储层岩石物理参数建模采用相控建模的原则，即首先建立沉积相模型，然后根据不同沉积相（砂体类型）的储层参数定量分布规律，分相（砂体）进行井间插值或随机模拟，建立储层参数分布模型。序贯高斯模拟是应用高斯概率理论和序贯模拟算法产生连续空间变量分布的随机模拟方法，是相控储层参数建模常用的方法。

序贯高斯模拟是从一个像元到另一个像元序贯进行的，用于建立局部累积条件概率分布的数据不仅包括原始条件数据，而且考虑已模拟过的数据。从局部累积条件概率分布中随机抽取分位数便可得到一个像元点的模拟数据。

序贯高斯模拟的输入变量的统计参数、变差函数和条件数据，如果采用相控建模，则需要输入相模型，同时对不同相还需要相应的变量统计参数和变差函数参数。

另外，为了解决储层非均质影响的渗透率的奇异值问题，多采用序贯指示模拟的方法来建立渗透率模型。

（二）地质建模的关键技术

三维地质建模面临诸多困难，这主要是由原始地质数据获取的艰难性、地下地质体及其空间关系的极端复杂性，以及地质体属性的未知性与不确定性共同决定的。三维地质建模是一个复杂的过程，融合了数据库技术、计算几何、图形学、科学可视化、数学、构造地质学、水文地质学、地层学、矿床学、地理学等多学科多种技术手段。要想进一步提高三维地质建模技术的总体水平，则必须在关键技术上有所突破和创新，这些关键技术也是三维地质建模研究领域内的热点研究方向。

（1）三维地下空间数据获取与转化。目前的三维空间数据获取多是利用遥感技术、摄影测量、激光扫描等对地形、地表建筑物、单个物体等的三维数据进行采集，而直接获取三维地下空间数据的技术十分欠缺。除了可以利用钻孔直接获取地下数据之外，三维地下空间数据一般是通过三维地震、CT扫描、地球物理等技术来间接获取，这些数据需要进行解译和转化，才能够成为三维地质建模可以直接使用的几何数据。因此，三维地下空间数据的获取与转化是三维地质建模中的关键技术，直接决定了三维地质建模能否顺利进行。

（2）空间数据库技术。三维空间数据需要利用空间数据库进行管理。由于传统的文件系统管理方式存在安全性和共享性差、并发访问异常、数据冗余等缺陷，用户在使用过程中常常碰到无法备份恢复数据、各客户端文件信息不一致等问题。另外，文件系统无法进行空间数据查询，对空间数据管理效率低下。因此，如何建立合适和高效的空间数据库、对空间数据进行数据组织、建立空间索引、执行空间查询，是空间数据库亟待解决的关键技术，对于空间数据的管理和访问效率极为重要。

（3）地质界面空间插值技术。三维地质界面的构建是三维地质建模的基础。受经济因素的限制，用于构建一个地质界面的原始采样点很可能比较稀疏，仅仅利用这些点建立的地质界面会比较粗糙。为了增加地质界面的真实感，提高其可视化效果，需要利用更密的数据点对地质界面加以描述，这些加密数据点的坐标需要利用空间插值技术进行确定。地质界面空间插值方法主要有距离反比插值算法、克里格插值法和离散光滑插值法等。

三、地质建模的常用方法、原则及软件

（一）地质建模常用方法

目前，三维地质建模常用方法主要有确定性建模和随机建模两种。确定性建模方法是对井间未知区给出确定性的预测结果，即从已知确定性资料的控制点（如井点）出发，推测出控制点间（如井间）确定的、唯一的和真实的储层参数；随机模拟方法是指根据模型和算法而产生模拟结果的技术或程序。

1.确定性建模方法

目前，确定性建模方法主要有储层地震学方法、储层沉积学方法和克里格方法。储层地震学方法是应用地震资料研究储层的几何形态、岩性及参数的分布，即从已知点出发，利用地震横向预测技术进行井间参数预测并建立储层的三维地质模型。以高分辨率的三维地震为基础，利用其覆盖率高的优势，可以直接追踪井间砂体和求取储层参数；储层沉积学方法是在高分辨率等地层对比及沉积模式基础上，通过井间砂体对比建立储层结构模型，主要方法有露头分析、井间砂体对比、水平井建模。克里格方法是以变差函数为工具，根据待估点周围的若干已知信息，应用变异函数所特有的性质对估点的未知值做出最优（估计方差最小）、无偏（估计值的均值与观测值的均值相同）的估计。

2.随机建模方法

随机建模方法是20世纪80年代兴起的、发展迅速的一项热门技术。储层随机模拟是以已知信息为基础、以随机函数为理论，应用随机模拟方法，产生可选的、等概率的储层模型的方法。其主要思路是：选择储层砂体在地面出露的露头，进行详细测量和描述，取样密度达到几十厘米的网络，把这类砂体的储层物性（如渗透率）的空间分布原原本本地揭露出来，以此作为原型模型，从中利用地质统计技术寻找其物性空间分布的统计规律，以此统计规律就可以去预测井下各类储层的物性分布。

（二）地质建模原则

1.确定性建模与随机性建模相结合的原则

确定性建模是根据确定性资料，推测出井间确定的、唯一的储层特征分布；而随机建模是对井间未知区应用随机模拟方法建立可选的、等概率的储层地质模型。应用随机建模方法，可建立一簇等概率的储层三维模型，因而可评价储层的不确定性，进一步把握并监测储层的变化。在实际建模过程中，为了尽量降低模型中的不确定性，应尽量应用确定性信息来限定随机建模的过程，这就是随机建模与确定性建模相结合的建模思路。

2.等时建模原则

沉积地质体是在不同时间段形成的，为了提高建模精度，在建模过程中应进行等时地质约束，即应用高分辨率层序地层学原理确定等时界面，并利用等时界面将沉积体划分为若干等时层。在建模时，按层建模，将其组合为统一的三维沉积模型。同时，针对不同的等时层输入反映各自地质特征的建模参数，这样可使所建模型能更客观地反映地质实际。

3.相控储层建模原则

相控建模，即首先建立沉积相、储层结构或流动单元模型，然后根据不同沉积相（砂体类型或流动单元）的储层参数定量分布规律，分相（砂体类型或流动单元）进行井间插值或随机模拟，进而建立储层参数分布模型。

（三）地质建模常用软件

地质建模常用的方法主要有确定性建模和随机性建模，对应的软件包括确定性建模软件和随机性建模软件。

1.确定性建模软件

确定性建模软件主要有SGM、Earth Vision、Geofram、Petrel等建模软件中的建模模块。其中，SGM为确定性的储层建模软件，它是由原Stretmodel公司开发的三维储层建模系统，主要用来建立各种静态模型（如地层模型、储层属性模型）。Earth Vision主要为确定性的构造建模软件，其中有简单的确定性储层建模系统。Geofram为一套集地质、测井、地震解释、三维建模于一体的综合勘探软件平台，其中包含综合运用多学科资料进行确定性储层建模的模块。Petrel为Schlumberger公司开发研究的勘探开发一体化的工具，它包括地震解释、地层建模、油藏模拟的所有领域，在确定性模型里面还融入了克里格算法、函数算法、滑动平均法以及近点距离法，同时可选择井点约束或者线性平面约束等。

2.随机性建模软件

（1）具有强大的数据集成功能。它可以集成各种不同来源的数据（井数据、地震数据、试井数据、二维图形数据），这一功能可帮助地质学家很好地理解油藏并在遵循已知信息的基础上进行油藏描述。同时，它能进行地层的对比、划分及储层特征解释，大量地震资料的浏览、综合解释，以及数据之间的计算。

（2）构造模型。Petrel中建立构造模型考虑了地震资料以及断层数据，有单独的模块来处理断层，这使得建立的地质模型更符合实际情况。同时，在建立地层层面模型时可选取不同的算法进行随机模拟或者确定方法模拟，也可加入顶面趋势约束。

（3）相建模。Petrel提供了序贯指示模拟、截断高斯模拟、神经网络方法、基于目标的示性点模拟等几种用于详细表征相带分布特征的确定性和随机性相建模，而且可以交互使用。同时，用户可以导入自己的算法和人工复制的方法，建立沉积相模型。独有的河流相建模算法为建立河流环境和浊积环境下的沉积相模型提供了半随机技术，用户可以精确地描述出各沉积时期相带的空间分布，分析沉积演化史。

（4）属性建模。这是一个对三维网格中的每个单元赋予属性值的过程，利用测井数据、钻井数据和各属性层面趋势图，采用序贯高斯模拟的算法进行工区内的确定性和随机性属性建模。随机建模可以采用岩相模型、地震属性模型等作为属性模拟的约束条件。同时，Petrel特有的科学算法和强大的数据分析功能为合并已有的模型或计算新的模型提供了灵活的约束条件。

四、地质建模技术在油田中的应用

三维地质建模目前广泛应用于石油、地下水模拟、矿山开采、固体矿产资源储量评价、城市地质、岩土工程等领域。

石油领域是三维地质建模应用最成功的领域之一。石油勘探领域的原始数据较为丰富，三维地质建模有助于建立反映地下地质构造的模型，辅助用户理解和认识地质构造情况，分析有利于形成油气藏的区域，从而设计进一步的勘探施工方案和开采方案。基于较为粗略的三维地质模型的地震波射线追踪，有助于用户对人工地震震源和检波器的布设方案进行评价，从而辅助人工地震采集方案设计，控制施工风险，减少采集成本。三维地质模型是把储层三维网格化后，对各个网块赋予各自的参数值，按三维空间分布位置存入计算机内形成三维数据体，即三维储层数值模型，这样就可以进行储层的三维显示，可以任意切片和切剖面（不同层位、不同方向剖面），并可进行各种运算和分析。这样不仅减少了工作量，而且更客观地描述和了解分析了储层内部结构，定量表征了储层的非均质性，从而有利于油田勘探开发工作者进行合理的油藏评价及开发管理。

在常规的储量计算时，储量参数（含油面积、油层厚度、孔隙度、含油饱和度等）均用平均值。显然，应用平均值计算储量忽视了储层非均质性的因素，如油层厚度在平面上并非等厚，孔隙度和含油饱和度在空间上也是变化的。当建立了三维地质模型时，则可应用三维储层模型计算储量，储量的基本计算单元是三维空间上的网格（其分辨率比二维储量计算时高得多），因为每个网格均赋有相类型、孔隙度值、含油饱和度值等参数，因此通过三维地质模型来计算储量结果更为精确。

在石油开发中后期，可获得的基础资料非常丰富，井的资料更多。特别指出，在该阶段可获取大量的动态资料，如多井试井、失踪近地层测试及生产动态资料等，因而可建立精度更高的储层模型。明确储层的微构造模型、微相模型、流动单元模型、裂缝分布模型，对挖潜剩余油有重要的指导作用。

三维地质模型对于油藏模拟也具有重要意义。三维油藏数值模拟需要一个把油藏各项特征参数在三维空间上的分布定量表征出来的地质模型，粗化的三维储层地质模型可直接作为油藏数值模拟来运用，这对油藏中后期开发方式及调整方向有重要的指导意义。

第二节　油藏数值模拟技术

一、数值模拟的原理及关键技术

油藏数值模拟是应用数学模型把实际的油藏动态重现一遍，也就是通过流体力学方程借用大型计算机，计算数学的求解，结合油藏地质学、油藏工程学重现油田开发的实际过程，用来解决油田的实际问题。

数学模型就是通过一组方程组，在一定的假设条件下，描述油藏真实的物理过程。它不同于物质平衡方程，它考虑了油藏构造形态、断层位置、油砂体分布、油层孔隙度、渗透率、饱和度的变化，流体PVT性质的变化，不同岩性类型、不同渗透率曲线驱替特征，井筒垂直流动计算等。这组流动方程组由三个方程组成：运动方程、状态方程和连续方程。

二、数值模拟常用方法与常用软件

油藏流体的运动规律主要运用由运动方程、连续方程、状态方程组成的抛物型偏微分方程来描述。这些方程的未知量是流体的压力和饱和度，计算出这些未知量，以便定量地描述地下油、气、水的分布，在数学上分步进行。第一步把微分方程离散化，建立代数方程组（包括线性的和非线性的）。第二步对非线性的代数方程组要选择一种求解的方法，对油藏问题多数都使用解非线性方程组的牛顿迭代法。该方法把非线性代数方程组线性化，产生线性的代数方程组，每个牛顿迭代步骤都要解大型稀疏线性方程组。第三步就是选择求解线性方程组的方法。在这些过程中使用的主要方法分别描述如下：

（一）离散化方法

离散化就是把连续性问题分开变成可以数值计算的若干离散点的问题。离散化方法有两大类：一类是有限差分法，另一类是有限元方法。工业上应用的油藏模拟方法是有限差分法。对平面问题使用五点差分格式，对三维问题使用九点差分格式，当然也有对平面问题使用九点差分格式，对三维问题使用五点差分格式的。另有隐式差分格式和显式差分格式之分。为了适应并行计算机的需要，人们也在研究使用分簇或分条的隐显交替格式等。

（二）线性代数方程组的解法

线性方程组的求解在油藏模拟中程序量不多，但运算量极大，因为它在三重循环的最内层。因此，研究高速有效地解大型、稀疏线性方程组的方法就成为进行油藏模拟计算法研究的重要课题，一般油藏模拟软件中也有各种各样的解法选择。

（1）不完全的高斯消去法做预处理的正交极小化方法。

（2）D_4 次序高斯消去法。

（3）线松弛方法。

（4）不完全分解法做预条件的正交极小化方法。

三、油藏数值模拟技术的应用

（一）油藏数值模拟的步骤

对一个油藏进行综合的数值模拟研究，往往要花费较大的精力和较长的时间，同时对计算机硬件和油藏工程技术人员有很高的要求。然而，尽管在不同的项目中面对的问题千差万别，但大多数油藏数值模拟的基本研究过程是一样的。为了使读者一开始就对数值模拟工作的整体有一个明晰的概念，下面简要介绍一般情况下油藏模拟的研究步骤和时间分配。

（1）找出问题，确定研究对象（5%）。这是任何一次成功模拟研究的第一步，其目的是确定明确的、可达到的研究目标和范围，即首先给本次数值模拟研究做一个明确的定位。例如，明确要解决的主要问题是什么？需要研究哪些油藏动态特性？这些项目的完成对油藏的经营管理会产生什么影响等。这些对象必须与所获取的数据和生产历史相适应，即必须明确目的，确定基本策略，划分可用资源以及决定研究所需要了解的方面。

（2）获取、校正和整理所有油藏数据（30%）。确定了研究对象之后，就要收集油藏数据和生产历史。首先必须对这些不同渠道来源的资料和数据进行鉴别，再反复核实和检查，判断收集到的数据是否都符合要求。只有符合研究对象要求的数据才能应用到油藏模型中，否则会导致模型复杂化。如果取得的数据依靠经验和评价进行修正及补充后仍不符合要求，那就需要修正或重新确定研究目标。

（3）建立油藏模型（10%）。上述步骤完成后，接下来的工作就是对模拟模型进行选择，即确定哪种模拟模型对研究问题和对象最有效。并不是在所有的情况下都需要对油藏进行整体模拟，这样会大大节省计算成本。

（4）油藏模型的历史拟合（40%）。一旦建立了模拟模型，就必须按有效的生产数据进行调试，进行历史拟合，这是油藏模拟的一项极其重要的工作。这是由于一个典型模拟模型中的大量数据并不都是确定的，而是经过工程师和地质工作者解释的。尽管这些通常都是对有效数据最好的解释，但它们仍然带有主观因素，而且可能需要进一步校正。

（5）动态预测（10%）。模拟的最后一步就是进行油藏动态预测。获得了好的、可以接受的历史拟合后，就可以利用该模型来预测油藏未来的生产动态，预测的内容包括：油、气、水产量，采油、采气速度，油藏压力动态变化，区域采出程度，油气采收率等。这时，各种不同的生产计划都会得到评估，并且应该对不同生产过程和油藏参数进行敏感性分析。

（6）报告的形成（5%）。数值模拟研究的最后一步是将计算出的结果进行系统整理，得出明确的结论，形成清楚、明确的报告。根据研究目的的不同，报告的格式可以是一份简单的专题报告，也可以是一套具有大量数据图表及多幅彩色附图的多卷报告。然而，无论报告的形式和长短如何，它们都应当以恰当的篇幅、充分的论据陈述清楚研究所使用的模型、计算的依据以及得到的主要成果和结论。

任何模拟研究的主要目的是获得对目标油藏的认识。在大多数数值模拟研究中，对油藏的主要认识是在数据采集、历史拟合和动态预测过程中获得的。在数据采集和历史拟合阶段，所有相关的油藏数据都会被采集、校正，并且被综合到油田模型中。在这个过程中，不可避免地会出现研究开始前所不了解的油藏信息。在动态预测阶段，与目标油藏有关的问题都可能被提出，而且大多数研究目标都能达到。

（二）油藏数值模拟的应用

1.模拟初期开发方案

（1）实施方案的可行性评价。

（2）选择最佳井网密度和最佳井位。

（3）选择开发层系，选择合理的生产层段。

（4）对比不同开发方式的开发效果。

（5）选择注水方式。

（6）对比不同的产量效果，选择最佳产量，进行合理的配产配注。

（7）进行油藏和流体性质的敏感性研究。

（8）计算流动界面（油水、油气、气水界面）的位置与运动。

2.对已开发油田历史拟合

（1）证实地质储量。

（2）确定油藏的大小和范围、油层连通情况、边界流动情况。

（3）确定储层、流体特性和含水层的范围。

（4）检验油藏数据。

（5）指出问题、潜力所在区域。

四、油藏数值模拟技术的发展前景

几十年来，随着油藏数值模拟技术及经验的不断深入发展和积累，以及钻井、采油工艺和配套计算机技术的迅猛进步，油藏数值模拟在油田开发中展现出了多方面的应用价值和深入发展的潜力。随着油藏数值模拟研究的不断深入，油藏数值模拟会越来越精细，主要表现在4个方面：

（1）精细油藏数值模拟走向一体化。今后的油藏数值模拟将会对整个油藏系统进行全隐式的模拟，不仅包括油藏，更包括各种地面管网、应用设备等各个方面，通过对全系统的模拟来对油田开采全局进行把握，实现全局的优化。

（2）数值模拟器走向多功能化。当前的数值模拟器的功能越来越丰富，可以预见到将来会出现基本具备所有数据模拟功能、智能化的数值模拟器。

（3）求解方法会越来越简便、求解结果越来越精确。油藏数值模拟研究一直在不断深入，其运算方法也在不断改进，因此，未来的油藏数值模拟中一定会出现更加简便、精确的求解方法。

（4）数值模拟的计算机及其网络技术作为其重要保证将会进一步发展。数兆网格模拟模型已经广泛用于油藏管理、采收率预测、复杂油井定位、计划制订以及开发新油田中。对于巨型油藏，为了更细致地进行油藏模拟，目前已经具备700兆的模拟能力。预计千兆网格模拟将会在随后几年实现。应用千兆网格模拟可以更好地了解流体流动特性，研发更好的开采方法。

第三节　水平井及复合井应用新技术

一、水平井及复合水平井技术简介

（一）水平井的分类及特点

水平井是最大井斜角保持在90°左右，并在目的层中维持一定长度水平井段的特殊定向井，已形成了长半径、中半径和短半径3种类型的水平井。水平井钻井技术是常规定向井钻井技术的延伸和发展。

（1）长半径水平井（又称小曲率水平井）：其造斜井段的设计造斜率$K<6°/30m$，相应的曲率半径$R \geqslant 286.5m$。

（2）中半径水平井（又称中曲率水平井）：其造斜井段的设计造斜率$K=（6° \sim 20°）/30m$，相应的曲率半径值$R=286.5 \sim 86m$。

（3）短半径水平井（又称大曲率水平井）：其造斜井段的设计造斜率$K=（90° \sim 30°）/30m$，相应的曲率半径$R=191 \sim 573m$。

应当说明以下几点：其一，上述3种基本类型水平井的造斜率范围是不完全衔接的（如中半径和短半径造斜率之间有空白区），造成这种现象的主要原因是受钻井工具类型的限制；其二，对于这3种造斜率范围的界定并不是绝对的（有些公司及某些文献中把中、长半径的分界点定为$8°/30m$），会随着技术的发展而有所修正；其三，实际钻成的一口水平井，往往是不同造斜率井段的组合（如中、长半径），而且由于地面、地下的具体条件和特殊要求，在上述3种基本类型水平井的基础上，又繁衍形成多种应用类型，如大位移水平井、丛式水平井、分支水平井、浅水平井、侧钻水平井、小井眼水平井等。中半径水平井钻井技术发展迅速，数量增加幅度远大于长、短半径水平井，在每年世界上所钻水平井的总数中，中半径水平井占60%左右。

（二）水平井的应用优势与风险

水平井技术已成为提高采收率的重要技术措施之一，它广泛应用于薄产层、天然裂缝发育、存在水锥或气顶问题的油藏，低渗油气藏，稠油油藏、气藏，水驱油藏的开发。近年来，水平井钻完井和分段压裂技术也是推动页岩气和致密油等非常规油气大规模开发的核心技术之一。随着钻头、钻井液、旋转导向钻井等技术的不断发展以及井身结构的不断优化，水平井"直井段+造斜段+水平段"一趟钻将成为未来水平井钻井的一个重要发展方向。目前，我国水平井技术已经成熟，钻井提速提效不断取得新进展，钻井周期不断缩短，但综合水平与美国相比还有较大的差距。

根据国内外水平井技术的理论研究和现场应用，水平井与直井相比，具有如下优势：油井泄油面积增大，渗流阻力减小，大幅提高单井产量以及油气藏的采收率，增加可采储量，研究表明，用水平井开发油田，采收率可达到60% ~ 80%；有效减缓气顶、底水油藏的气、水锥进，提高了临界产量和见气、见水时间，延长无水开采期；提高二次采油和三次采油的注入能力和驱油效率；改善注水油藏的注水开发效果；改善低渗透油气藏的开发效果并提高产量；有效开发稠油、致密油、页岩气等非常规油气藏，形成规模产能；有利于更好地了解目的层的性质，水平井在目的层中的井段较直井长得多，可以更多、更好地收集目的层的各种特性资料；有利于环境保护，一口水平井可以替代一口到几口直井，大量减少钻井过程中的排污量；减少海上油藏平台的数量。

由于水平井具有这些特点，所以可以应用到几乎所有类型的油气藏开采中，包括薄砂岩油藏，有底水、气顶的砂岩油藏，裂缝型或溶洞型碳酸盐岩油气藏，稠油油藏，低渗透油气藏，致密油气、页岩油气等非常规油气藏，海上边际油藏，地域空间受限制的油藏，老油田的挖潜改造。虽然水平井成功的例子很多，但水平井项目也存在一定的风险。由于地质和工程等方面的原因，都可能使水平井项目失败，这类水平井项目失败的例子也不罕见。从已钻水平井的成功或失败的实际资料中可以看出，有诸多的参数在很大程度上决定了一个水平井项目最终能否成功，包括地层损害、地质的不确定性、井眼的大小和井距、钻井和完井成本、油井寿命，以及垂向渗透率、井的排列方向、水饱和度（水驱中）、井位、油藏压力、是否可以钻多口水平井等。如果一口水平井不能达到预期的产量，大多数是由于以下原因造成的：生产井段小于钻井长度、地层伤害、垂向油藏渗透率低。总的来说，水平井失败的主要原因有3个。

（1）地质条件复杂。三维地震有助于确定水平井目标，但不能详细描述水平井所遇到的油藏。另外，油藏的非均质性也造成了沿水平井各井段采油和注水情况的多样性，这很可能导致采油或注水的有效井段长度小于钻井长度。尽管可以利用各种先进工具与技术，但由于各种不能预料的地质条件而最终导致水平井失败，仍是失败的主要原因。钻井风险是石油工业的固有风险，技术进步减少了这种风险，但并不能完全消除。

（2）地层伤害。低渗油藏对于地层伤害更加敏感。目前，由于无损害或低损害钻井液及欠平衡钻井技术的进步，从整体来看，地层伤害造成的失败率正在不断下降。除了地层伤害之外，世界某些地区的疏松砂岩也存在防砂和筛管失败的问题。筛管封堵显著降低了油井产能和油井寿命。一般而言，水平井单位长度的产量小于直井。因此，如果出砂主要是由于油藏中流体速率高造成的，那么可以利用水平井减少出砂问题。据报道，有些疏松重油砂岩的一些水平井经过5～6年的生产，也未出现防砂问题。

（3）水平井井筒内的压降高于油藏内的压降。在低压气藏及一些稠油油藏中，由于井筒内压力接近于油藏压力，减少了井眼底部液量的吸入，同时，当水平段长度超过一定长度时，产能也不再增加。

（三）水平井新工艺

1.老井侧钻技术

从经营的角度来讲，老井侧钻水平井的成本如果接近或低于一口新的直井的成本，那么它的投资一定低于从地面钻一口新水平井的投资。而且，如果直井已钻遇有效层位，那么侧钻水平井的风险比钻一口新的水平井小很多。正是由于成本和风险的原因，近年来老井侧钻的数量越来越多。

2.多分支井技术

多分支井技术于20世纪70年代末期产生，它是水平井技术的集成和发展。多分支井技术指的是在一口主井眼（直井、定向井、水平井）中钻出若干进入油（气）藏的分支井眼，其主要优点是能够进一步扩大井眼同油气层的接触面积、减小各向异性的影响、降低水锥水窜、降低钻井成本，而且可以进行分层开采。多分支井可以从一个井眼中获得最大的总水平位移，在相同或不同方向上钻穿不同深度的多套油气层，特别是通过老井（死井）分支侧钻到由于水锥等原因造成的死油区和最上部射孔段以上油层中的"阁楼油"，可大幅度增加油气层裸露面积和延长油气井寿命，进而使死井复活，提高油（气）采收率，提高油（气）井产量。类分支井井眼较短，大部分是尾管和裸眼完井，而且一般为砂岩油藏。

（1）分支井的设计：多分支井的井身设计因油藏的类型不同而不同，国外一般分单层、多层和块状油藏来讨论。对于单一产层，以钻反向双分支井较为常见。一般是先钻上倾方向的分支井。不过，如果下倾方向生产潜能较高，则先钻下倾方向分支井，这样可以在由于某种原因而无法钻上倾方向分支井时，将产量损失降至最低。

对于多产层油藏开采的多分支水平井通常采用上、中、下分布的多分支水平井，也可采用反向多层分布的分支水平井（采用分支回接系统），在同一直井中把成排的分支井钻到不同的生产层中来开采多层油藏。出于完井的要求，对于多层油藏，一般先钻上层分支井，这样可以使井眼底边侧钻更容易进行。操作上，可裸眼侧钻出分支井，也可套管开窗钻出分支井或通过分支回接系统钻出分支。对于杂乱无章地分布着高产层地块的块状油藏，纵向裂缝发育的油气藏或复杂地质条件下的油气藏，提高原油产量和地质采收率的决定因素是分支井筒的数量。最好的办法是以众多的分支井筒密集地（相互间隔30～80m）贯穿生产层整个厚度。

（2）分支井的钻井工艺：在多分支井钻井工艺方面，最早是从简单的套管段铣开窗侧钻、裸眼完井开始的，这种多分支井具有成本低、钻井工具简单、工艺简单的特点，缺点是无法重入各个分支井和井壁可能坍塌等问题。在这之后又出现了以割缝衬管完井并可进入最低层多分支井的结构模式，但仍不具备选择重入性、机械连接性和水力完整性。预开窗侧钻分支井、固井回接至主井筒套管技术具有主井筒与分支井筒间的机械连接性、水力完整性和选择重入性，能够满足钻井、固井、测井、试油、注水、油层改造、修井及分层开采的要求，其缺点是操作较为复杂，可靠性需要进一步提高。国外主要采用4种方法钻出分支井。

①开窗侧钻：多采用可回收空心造斜仪器侧钻而较少采用段铣方法，目前可回收空心造斜器的回收率已大于95%，现已出现了集成的造斜器及铣刀，可通过一次起下钻作业完成造斜器的定向、坐放及套管开窗。

②预设窗口：将一个特制的留有窗口的短节接到套管柱中，窗口由易钻的复合材料组成，下井后用专用工具打开窗口。

③裸眼侧钻：运用封隔器及造斜器不仅能进行低边侧钻，也可以实现高边侧钻，还可以直接进行裸眼侧钻，或打水泥塞，然后从水泥塞中造斜，或下裸眼造斜器进行侧钻。

④井下分支系统：这是一种集侧钻、完井于一体的多用途系统。它便于在主井眼和分支井眼钻出后安装回接完井管柱。

（3）分支井的完井技术：分支井作为水平井与定向井的集成和发展，其技术难点不再是钻井工艺技术而是完井技术。同水平井及直井相比，分支井完井要复杂得多，主要是分支井根部的连接密封以及分支井眼能否再次进入的问题。目前，国外分支水平井的完井方法主要有3种：裸眼完井、割缝衬管完井和侧向回接系统完井。裸眼完井较为常见，但易出现井壁坍塌等问题。割缝衬管完井虽然能克服这一缺陷，但安装比较困难。如果水平段的岩性比较硬可用裸眼完井或割缝衬管完井，一般较软岩石可用水平井回接系统完井。实际操作中，可根据具体情况进行设计。

二、水平井精细油藏描述

精细油藏描述是指油田投入开发后，随着油藏开采程度的加深和生产动态资料的增加所进行的精细地质特征研究及剩余油分布描述，并不断完善储层的地质模型和量化剩余油分布。其本身是一个动态的过程，是针对已开发油田的不同开发阶段，充分利用各阶段所取得的油藏静、动态资料，对油藏构造、储层、流体等开发地质特征作出现阶段的认识和评价，建立精细的三维地质模型，通过油藏数值模拟生产历史拟合即动态资料来验证或修正，最终量化剩余油分布并形成可视化的三维地质模型，为下一步油田开发调整和综合治理提供可靠的地质依据。

水平井的地质设计是水平井钻井技术的重要环节，集地质研究与油藏工程于一体，主要包括钻井目的、井位部署和水平井设计3部分。为保障水平井准确地命中靶点，进入目标窗口，对不同目的、不同类型油藏的水平井地质设计要进行有针对性的油藏描述，首先要对构造、油层和剩余油分布进行详细研究，准确地标出目标区的油水界面、油层顶底深度、高精度的地质模型，同时对于老油田还要描述水锥半径大小及注水见效情况，进行分析并充分考虑隔夹层的分布和影响。在获取了水平井钻井、录井、测井等资料的基础上，进而完善对油藏的认识，进一步提高油气田总体开发效益。

因此，针对水平井地质设计的油藏描述应包括3层含义：一是指水平井钻井前，集水平井区块目标层的精细构造解释、沉积微相描述、储层展布、层内夹层描述、储层非均质性分析、流体性质、已钻井生产状况分析、三维地质建模于一体的油藏描述工作，目的是为下一步数值模拟和油藏工程研究奠定坚实的基础，这是水平井和侧钻井成功与否的关键；二是指水平井随钻过程中，根据地质导向钻井、随钻测井和井眼三维可视显像等资料，进行裂缝、油层、流体界面和油藏边界研究，以真正地实现层面追踪，确保井位与周围生产井、油水界面和油顶之距达到最佳；三是指在完成水平井钻井和相关的录井、测井、测试、开发等工作的基础上，结合水平井的试油、试采等资料开展精细油藏描述，完善钻井前对油藏的认识。

三、水平井油藏工程设计

在制订以水平井为主的油田开发方案中，油藏工程论证为水平井能够科学、合理、高效地开发油田提供了理论依据和技术指导，主要包括水平井开发的适应性、产能、井网和地质优化设计4部分。

（一）水平井开发适应性分析

（1）油气藏类型与地质参数。首先确定适合水平井的候选油气藏类型，即哪些油气藏类型适合用水平井开发，哪些油气藏不适合用水平井开发。主要是研究油气藏地质参数对水平井开采的适应性，油气藏能量大小对开采效果的影响。

（2）钻采工艺水平。主要涉及油气藏的最大深度、油气层的最小厚度、水平井的类型等，这个问题所确定的标准随着技术的提高是可以改变的。随着钻采技术的发展，使水平井应用到更浅、更深、更薄的油气层，并根据油气藏地质特点选用更复杂的井型。通常从水平井开发的技术优势方面来论证，包括水平井与直井开发的单井产能比、单井和油气藏的高峰产油（气）量、稳产期、含水上升速度和最终采收率等。

（3）技术经济综合评价。这主要是看用水平井开发的经济效益是否高于直井，通常以一口水平井初期产量的经济指标是否高于一口直井的经济指标作为评价标准。但更全面的评价方法是立足于一个油气藏来全面考察应用水平井开发在同期内累积产量的经济效益是否高于直井累积产量的经济效益。主要从投入产出比、投资回收期等方面与直井开发进行对比。此外，水平井适应性论证的方法主要包括类比法、开发先导试验法和油藏数值模拟法3种方法。

（二）水平井产能分析

水平井产能分析是水平井油藏工程设计的重要内容，也是水平井优化设计、制订合理的工作制度、开采动态特征分析和调整的重要依据。其计算结果的可靠性直接影响水平井技术能否取得预测经济效益和对油田开发的最终效果。

水平井产能分析的方法有理论公式法、数值模拟法、试油试采法和经验法等，其中理论公式法和数值模拟法是目前主要使用的两种方法。理论公式法，即解析法，是针对地层中流体为单相渗流的情形提出来的，并且忽略水平井筒内的流动，将其视为无限导流介质，运用包括建立数学模型、等值渗流阻力方法、镜像反映原理与势函数叠加方法来求解。数值模拟法主要是利用先进的油气藏数值模拟技术来研究水平井的产能及流体动态关系曲线，该方法考虑了地层中的多相渗流情况，水平井段流动分布为非均价或非对称以及井筒摩阻和重力等因素，更能反映实际情况。

（三）水平井地质优化设计

水平井地质设计是水平井钻井施工的基本依据，也是水平井达到预期效益的保证，因此，在进行水平井地质设计时必须要有充分的油藏地质资料做保证。水平井地质设计需要的资料包括高精度地震资料、地质构造研究成果、储层评价资料、层内的隔夹层分布、流体及其界面研究成果等。有条件的油田或区块应该在油藏精细描述后的三维地质模型内进行优化设计，并且在水平井钻井过程中，根据随钻资料及时调整轨迹，确保水平井钻井成功率。

水平井地质设计主要技术指标包括以下几方面内容：

（1）水平井在油藏中的位置：指水平井设计时水平段所处的要钻穿的储层部位，如到储层顶（底）面的距离、到油水界面或油藏边界的距离等。如果是老开发区还要考虑水平井穿越剩余油分布区的位置，油藏类型、开发程度不同，水平井设计的位置也不同。

（2）储层钻遇率：指水平段长度与该段钻遇有效储层厚度的比值。通常情况下，储层钻遇率越高越好。

（3）隔夹层钻遇率：指在水平段内钻遇的隔夹层厚度与水平段长度之比或钻遇隔夹层的层数。

（4）水平段长度设计：水平段长度设计要综合考虑油藏特征、储层规模、流体分布及已有井网等，一般水平段越长产量越高，但相应成本也越高，所以并非是水平段越长越好，建议采用数值模拟方法优选水平段长度。

（5）水平段方位设计：由油藏构造形态、流体或剩余油的分布、有效储层展布方向、沉积相带等因素综合确定。

（6）水平段的斜度设计：主要考虑有效储层三维空间展布情况，特别是在水平井方向上目的层顶面的起伏状况，原则上水平井段应该沿有效储层高部位设计，尽量避免穿越流体界面，具体设计时要考虑油藏的实际情况和水平井要完成的地质任务。

（7）靶点深度设计：主要是水平段第一靶点的海拔深度，靶点深度设计一定要准确无误，因为靶点深度误差直接影响水平井的着陆。资料显示，若靶心点预测垂直深度相差1m，着陆时将损失近30m油层段。

第四节 四维地震新技术

一、四维地震技术概述

20世纪90年代中期，出现了四维地震的概念，它是在三维地震的基础上将时间作为油藏动态描述的第四维，其中所考虑的时间不是指地震学中常用的术语"毫秒"，而是油藏动态监测中的时间概念，通常以若干年或若干月为单位，所以四维地震实质上就是在不同的时间单元内，根据油藏监测管理中的实际需要，对同一油藏进行理论上完全相同的重复性三维地震。将这些不同时间内完成的三维地震资料进行对比分析可以识别油藏内的流体变化，这就是四维地震（也称为时移地震）技术的基本工作方法。严格来说，四维地震属于差时三维地震的一种，而差时地震又属于地震油藏监测及油藏描述的一个方面。

二、四维地震的数据采集及资料处理

野外采集参数会对地震数据产生重要的影响，采集参数选择合适与否，直接导致四维地震采集的成功与失败。这些参数包括定位系统和精度要求、震源深度（指炸药和空气枪系统的深度）、震源组合（长度、宽度、采集点）、震源炸药的药量、可控震源参数（起始和终止频率、相位控制等）、接收器道数与排列长度、道间距、检波器线距、检波器组合、拖缆数目（海上采集）、炮线距、炮检距、覆盖次数、炮检距分布变化、三维采集中炮线和检波线模式。

四维地震资料处理，也称互均化处理，其目的是减少或消除由于非油气藏因素引起的地震资料的不一致性，只保留与油气藏反射有关的动态信息，同时尽可能使由于油气藏改变而造成的地震响应得到最佳成像。

四维地震资料互均化处理一般分为叠前互均化处理和叠后互均化处理两部分。叠前互均化处理是为了减少和消除采集及处理环节带来的不一致性。叠后互均化处理就是通过比较叠后地震资料的差异进一步消除非生产因素造成的影响，但不能完全消除非油气藏因素的地震响应，应提倡在叠前互均化处理的基础上，再进行叠后互均化处理，处理包括以下关键步骤：综合利用已有的地震、测井、钻井、地质、开发等多方面资料，建立初始地质模型，用于指导资料处理；消除地表因素影响，做好一致性处理，达到采集因素差异最小化；互均衡处理、匹配滤波来消除采集仪器因素的影响；偏移后地震资料提高分辨率和信噪比处理；叠后资料插值处理。

三、四维地震资料解释

经过采集与处理，四维地震资料能否真正地用于油藏监测与管理在很大程度上取决于对其的解释，解释的结果也直接影响四维地震的经济效益，包括计算和标定由地震属性变化所反映的油气藏特征变化，识别剩余油区、流体突破区、断层、温度和压力变化等，结合地震反演、属性参数提取和岩性预测等特殊处理手段研究油气藏特征及其变化，可利用3D可视化手段在3D空间进行识别、追踪、解释、成图、评价。

四、四维地震技术在油藏管理中的应用

（一）深化对油藏物性的描述及规律

四维地震的实质就是对同一油气田在不同的时间反复进行三维地震勘探，通过特殊的处理后进行解释，设法找出油气藏随时间变化的地震响应，进而精确描述油藏特征参数，包括储层分布、孔隙度和含油饱和度等，细化储层地质模型，为油藏数值模拟提供精确的数据。

（二）追踪油气藏的压力变化，分析油气水运动规律，确定剩余油分布

油藏压力场的研究贯穿油气田开发的全过程。近年来的实验研究表明，油气水混合比变化及有效压力下降会引起地震反射系数变化。在强化采油过程中，注水和注蒸汽会产生不同的地震响应，其声阻差异明显。世界上已经有几个油田成功地监测了水驱前缘与油气水界面的移动。当油气从油藏中流出时，岩石静压力与流体压力差增大，降低了含气砂岩的振幅，通过4D地震技术，分析不同时期重复进行的3D地震测量之间的振幅变化，再通过频谱滤波，在时间域和空间域内追踪高振幅区的相似性、差异性和连续性，进而识别出由压力下降或水侵引起的振幅衰减区域以及由于气油比增大引起的振幅增大区域，还可预测剩余油分布的高振幅区域。

（三）成为多学科资料集成的纽带

四维地震用于油藏监测，涉及很多技术领域，除地质技术、三维地震技术、测井技术外，还涉及油藏特征分析技术、现代试井分析技术、油藏模拟技术及地震模型技术等，此外还应用了很多正在发展的钻井、完井、地震等方面的技术，如四维三分量横波地震技术、AVO技术、多向钻井技术、四维地震重力梯度测井技术等，计算机技术是上述这些技

术必不可少的手段。油藏监测是一多学科大规模的地学难题，至少需要4个不同领域的石油技术专家—油藏专家、地球物理学家、地质学家、石油物理学家通力协作，分析解释四维地震数据以监测油藏的变化。

（四）为油田开发实现计算机控制提供可能

4D地震技术的目的是监测油气藏内流体运动及其压力、温度变化，达到提高油气藏采收率的目的。4D地震资料处理方法的不断改进，以及不同属性正、反演模型的有机结合，有可能使油藏工程人员实时地了解某一油气田所有井的压力、温度和产量的变化，可在采油工程、油藏工程、地质和地球物理人员综合评价各种资料时，应用可视化技术，从而交互地调整开发方案，控制油气藏的生产。

第五节 提高原油采收率技术

一、改善水驱技术

水驱是应用规模最大、开采期限最长、调整工作量最多、开发成本（除天然能量外）最低的一种开发方式。改善水驱技术中、分为高含水油藏和低渗透油藏两个方面进行概括。

（一）高含水油藏改善水驱技术

高含水油田储层中、以高渗透为主体，所占储量规模最大。随着开发程度越来越高，剩余油分布越来越复杂，高含水、地面设施老化和套管损坏等问题日益严重，给进一步提高采收率带来了严峻的技术与经济挑战。开发调整的做法可以概括为如下几个方面：

（1）层系划分越来越细，井网越来越密。我国大庆油田在基础井网上，已经实施了三次井网加密与层系重组。胜利油田形成了河流相储层分油砂体井网完善、三角洲相储层细分韵律层井网完善和多油层层系井网重组及立体开发等技术。

（2）注采系统调整力度逐渐加大。随着多层砂岩油藏不断的层系细分和井网加密，注采系统不断完善与强化。一方面，水油井数比逐渐增加，井距逐渐减小，并以增大驱替压力梯度、提高水驱控制程度为核心。另一方面，在油田开发后期，实施强化采液的同时，应采取各种措施降低无效注水量和产水量，通过提降结合，优化注采结构。

（3）水平井成为厚油层韵律段的挖潜手段。国外水平井技术已作为常规技术用于几乎所有类型的油藏，尤其是用于气顶、底水和裂缝性油藏的开发。在我国水驱开发油田，水平井主要用于正韵律厚油层顶部和断块油藏的开发。

（4）周期注水方法得到广泛应用。我国大庆等油田开展了周期注水的矿场试验，大都取得了积极的成果和新的认识，使周期注水方法成为改善油田水驱效果的一种措施和手段。

（二）低渗透油藏改善水驱技术

（1）超前注水开发。这适用于压力系数较低、吸水能力较强的油藏。超前注水方式已在长庆油田推广应用，共动用地质储量$7.8 \times 10^8 t$，建成产能$462 \times 10^4 t$，超前注水对应852口井，初期平均产量比非超前注水区油井高$1.35 t/d$，提高了$20\% \sim 30\%$。

（2）采用大井距、小排距开发压裂一体化。针对低渗透油藏，通常采用人工裂缝，形成大井距、小排距的裂缝-井网模式，改变渗流场，克服启动压力梯度，有效建立驱动体系。对于天然裂缝发育的储层，采用沿裂缝方向注水的线性注水方式，最大限度地扩大注入水波及体积。

（3）实施活性水降压增注技术。苏联曾在罗马什金油田实施注表面活性剂试验（采用低含量活性剂，浓度为0.05%），平均每吨表面活性剂增油47.5t，提高采收率$2\% \sim 6\%$。我国低渗透油田的活性剂驱油技术目前还处于室内研究阶段，在中原、河南、胜利、大庆等油田矿场试验表明，采用低含量活性剂体系是低渗透油田开展降压增注的一项有效增产措施，值得在低渗透、特低渗透油田推广。活性水增注技术的主要问题是油层吸附性较强，应当优选低吸附的表活剂或牺牲剂。此外，应高度重视表活剂与黏土矿物反应以及与原油乳化而增加阻力。

（4）采取多井段分段压裂水平井技术。低渗透油藏水平井技术在美国和我国都得到广泛应用。其目的是增大泄油半径、增加单井储量控制程度、提高单井产量、降低百万吨产能投资。

二、化学驱技术

化学驱是提高原油采收率的一个重要方面，是通过在水溶液中添加化学剂，改变注入流体的物理化学性质和流变学性质以及流体与储层岩石的相互作用特征而提高采收率的一种强化措施。我国在化学驱方面，以大庆油田和胜利油田为代表，发展快速。其主要原因是我国储层为陆相沉积，非均质性较强，陆相生油原油黏度较高，更适合化学驱。因此，我国原油稳产的需求推动了化学驱技术的发展。

（1）聚合物驱。聚合物驱主要靠增加驱替黏度，降低驱替液和被驱替液的流度比，从而扩大波及体积。

（2）复合驱。为了在油田全面推广，降低注剂成本，采取表面活性剂国产化路线，开展多个区块的三元复合驱工业化。针对矿场出现的问题，大庆油田将三元复合驱作为储备技术，推广步伐趋缓。

（3）泡沫驱。利用泡沫降低气相渗透率，扩大波及体积，从而提高采收率。由于在油藏中难以形成稳定的泡沫体系，泡沫稳定性成为研究的重点。

（4）聚表剂一元驱。聚表剂是近年来通过在聚丙烯酰胺分子上"接枝"多种功能基团而生成的一种新型化学注剂，也有人称之为功能聚合物或高分子表活剂。理化性能评价和岩芯驱替试验结果表明，聚表剂具有增黏、增溶乳化和吸附调剖多种机理及抗盐、抗氧和抗菌等功能。等效用量情况下，其效果好于三元复合驱（可提高采收率20%~30%），矿场试验见到初步效果。

（5）聚合物驱后化学驱。大庆油田在聚合物驱后相继开展了高浓度聚合物、聚表剂和泡沫驱矿场试验。胜利油田在聚合物驱后开展了二元驱、泡沫复合驱、非均相二元驱和活性高分子驱油井组试验，取得了一定的增油效果。

三、稠油热采技术

从世界范围来看，热采是应用规模最大，也是最成熟的EOR技术，是开采稠油（或重油）最有效的方法。根据作用方式和作用机理，热采技术可以概括为蒸汽吞吐、蒸汽驱、热水驱、火烧油层和蒸汽辅助重力驱5个方面。

（1）蒸汽吞吐。蒸汽吞吐具有施工简单、收效快、风险小、适用性强等优势，因此成为广泛的热采方式。同时，它为蒸汽驱创造了解堵、热联通和降低地层压力等条件。其主要局限性是作用范围小，为增温降压过程，采收率一般小于20%。随着开采对象逐渐变差，蒸汽吞吐技术在多井整体蒸汽吞吐、蒸汽＋助剂吞吐和水平井蒸汽吞吐等方面不断发展。

（2）蒸汽驱。随着技术的不断进步，适合于蒸汽驱的原油黏度、深度、厚度、含油饱和度、渗透率、压力水平等界限也不断放宽，适用范围逐步扩大。近几年，蒸汽泡沫、凝胶调驱、分注选注、水平裂缝辅助蒸汽驱、多层薄互层油藏利用热板效应逐层上返等技术取得了新发展。

（3）热水驱。热水驱由于热焓较低，提高采收率幅度较低，因而没有成为热力采油的主导技术。但与蒸汽驱相比，在流度控制和扩大波及体积方面占有优势，并且地面工程简单，从而在一定程度上得到了应用。热水驱还可以作为蒸汽驱或火烧油层的后续开采方式，充分利用热量，改善整体技术与经济效果。

（4）火烧油层。大规模实施火烧油层技术的主要有罗马尼亚、美国和加拿大，预计采收率平均为50%。火烧油层具有注入剂（主要为空气和水）来源广、价格低、油层中生热、热损失低、只烧掉原油中的焦炭物（重质组分）、可用于较深油藏（小于3500m）的特点。

（5）蒸汽辅助重力驱（SAGD）。SAGD是针对特超稠油或沥青的开采，随水平井技术发展而发展起来的一种特殊的蒸汽驱技术。

四、注气技术

随着油田开发需求提高、开发机理认识深入和工艺技术进步，注气技术不断得到发展，已从保持地层能量的二次采油技术发展到三次采油提高采收率技术的混相驱、非混相驱。

（1）烃类混相驱。烃类混相驱主要指通过天然气与原油的混相，气-液传质作用，气体的溶解使原油体积膨胀、黏度降低以及重力稳定驱替等机理提高原油采收率。

（2）CO_2驱。一般情况下，CO_2在地层中处于超临界状态，在原油中具有较高的溶解性能和萃取作用，进而具有易形成混相状态和低界面张力，降低原油黏度及增加原油弹性能量等方面的机理，从而使CO_2驱成为重要的、最具前景的注气开采技术。

（3）N_2驱。氮气的密度小于油藏气顶气的密度，黏度则与气顶气接近，并且具有良好的膨胀性，形成的弹性能量大，这种特性适合于块状油藏和倾斜油藏采用顶部注气按重力分异方式驱替原油，并且不存在腐蚀问题。

（4）烟道气驱。烟道气驱组分中80%～85%的N_2和15%～20%的CO_2是其驱油的有效成分，作为驱油剂需要对其进行脱水、除尘。烟道气驱油机理主要是CO_2非混相驱和N_2驱，一般为非混相驱和重力驱。由于经济的原因（尤其是捕集、处理和输送的原因），导致其应用规模较小。但由于温室气体减排的要求，烟道气的埋存和利用正在引起高度的关注。

（5）空气驱。空气驱油机理包括烟道气驱油机理、升温降黏作用、混相驱机理和原油膨胀机理等。相比其他气驱来说，空气驱具有气源丰富、成本低等优点，是一种很有发展前景的提高采收率的技术，比较适合高温油藏。但由于地下氧化反应不可控、低温氧化导致油品性质变差以及腐蚀问题，目前空气驱项目很少。

第六节　人工智能技术的应用

一、人工智能技术在油气勘探中的应用

在油气勘探开发中，专家系统、遗传算法、人工神经网络技术作为人工智能的典型代表技术应用较为活跃，而人工神经网络技术在石油勘探开发领域应用最早，技术手段较为成熟，在油气勘探中主要应用有以下几个方面。

（一）预测渗透率

石油地质勘探及开发中渗透率是较关键的参数，利用传统回归分析法，通过建立孔隙度和渗透率的相关关系式，用孔隙度的资料来精确预测渗透率是很困难的，这种方法的预测结果往往忽视了最大值和最小值。相反，神经网络系统可以预测渗透率的精确变化。预测渗透率的孔隙度资料可来自测井资料和钻井岩心。BP网络（采用BP算法的多层神经网络模型）对预测渗透率较为有效。首先使用孔隙度值作为输入层，渗透率值作为输出层。这里必须指出的是，输出层要包括样品的位置（x、y和z坐标）及计算点邻近上下的几十个孔隙度值，最终仅输出一个渗透率值；然后移动所要计算渗透率的点位，同样输出坐标及该点上下相邻的几十个孔隙度值，再输出一个渗透率值，如此往复，便可得出孔隙度与渗透率的非线性对应关系。

（二）自动识别岩性

识别岩性可利用反向传播算法，这种方法对测井解译岩性较为有效。输入层为声波时差、电阻率、自然电位及自然伽马曲线等测井曲线的特征值，隐层由3~5层组成，输出层为泥岩、砂岩及灰岩的期望值。在具体计算过程中，输入层及隐层的多少通常凭经验获得，并没有严格的规律可循。

这种方法优于传统的图形交会法和统计法。若采用BP和SA算法相结合，则判别岩性的正确率比单独使用BP算法要高。该方法具有良好的识别能力，它不需要像统计法那样复杂精细的预处理，并且有较高的容错性、方便性及良好的适应性。

（三）进行地层对比

地层对比对研究岩性、岩相及油气横向连贯等有重要的意义。神经网络结合有序元素最佳匹配进行地层对比，可以克服各测井参数值的不规则对地层对比产生的不良影响，并可简化对比方法，降低工作量，从而提高地层对比的精确性。利用该方法对地层进行对比主要有如下几个步骤：特征提取、网络训练、提取复合曲线、计算自动分层、自动确定关键层、自动对比地层。这里须指出的是，在地层对比过程中可将神经网络同经验及数学地质的其他方法相结合进行综合对比分析。这些方法包括因子分析、马尔科夫链、最优分割法、聚类分析等。

（四）描述油气藏非均质性

含油气岩石的孔隙度、渗透率、油气水饱和度为油气藏的主要非均质性参数，而实验室测定、测井解释及统计方法为获取这些参数的主要途径。神经网络的出现使这些参数的预测结果更加可靠准确。在实际应用中，可以把深度、伽马射线、体积密度及深感应测线输入神经网络中，经过神经网络的训练，可得到渗透率、孔隙度等参数的预测值。人工神经网络在石油领域方面的应用不断发展完善，尤其是它能解决各种非线性问题，这为神经网络在石油勘探及开发等诸多方面的应用开辟了广阔的天地。

二、压裂方案经济优化智能专家系统

常规压裂方案经济优化的一个突出问题是可供选择的压裂方案太少，实际上仅相当于求局部最优解而非全局最优解。另外，常规压裂方案经济优化方法还具有很大的局限性，如要求设计人具有丰富的现场经验，以及熟练的裂缝模拟和油藏模拟软件的操作技能等。为此，蒋廷学、汪永利、丁云宏等设计了一种智能化的压裂设计专家系统，采用随机生成的办法，先随机生成几十个、上百个待选压裂方案，然后运用遗传算法的变异和杂交两种方法对诸多压裂方法进行优选，经过多代遗传变异后，最终可以形成依据经济净现值大小排序的压裂方案系列，进而从中选出最优方案。同时，智能专家系统考虑了油价和利率在特定范围内的随机波动，因而是一个符合实际的模型，经现场实验，取得了比常规压裂更好的效果。

三、ANN在储运工程中的应用

在油气储运研究中，其问题一般都具有规模大、试验数据少且是非线性的特点。如果用一般的方法处理，不仅求解难度大，而且处理效果达不到预期要求。因此，将人工神经网络引入储运工程的研究中，提供了解决问题的新途径，并显著降低了问题研究的难度。

（一）人工神经网络技术在评价管道综合可靠度决策中的应用

管道运输技术的可靠性、风险性和安全性历来备受人们关注。管道工程属于柔性、多自由度的结构体系，不同于建筑结构。在进行结构可靠性分析时，多会从最基本的一根管子出发，总体上看为一个或多个基本单元的串联、并联、串并联、网格系统进行研究。管道综合可靠度显然是一个多维非线性函数，而采用神经网络模型可以发挥其非线性映射能力强、建模快的优势，尤其是对管道统计数据模糊、不完整结构的缺陷可以进行智能化处理。

（二）ANN在天然气消费中的预测应用

天然气的消费具有随时间不均匀性的特点。通过预测天然气的消费，绘出天然气需求量曲线图，以输气干线的输气值为基准线，则可确定调峰用气量。但是，天然气的消费规律十分复杂：第一，时间性强，冬天用气量大而其他季节相对较少，在一天之中就餐时间用气量大而其他时间用气量小；第二，天然气消费与天气、温度甚至当地居民生活习惯、用户类型有关。天然气消费预测与许多因素相关，各个因素之间互不联系，使系统存在分散性、随机性、多样性。

第七节 非常规油藏开发技术

一、非常规油气藏的定义

在常规油气资源逐渐枯竭、油气产量下降以及世界各国对油气需求日益增加的供需矛盾下，勘探开发非常规油气资源势在必行。近年来，随着勘探、开采技术的发展，非常规油气资源已得到一定规模的开发，对常规能源形成了重要的战略性的补充。在不久的将来，非常规油气资源的大规模开发必将颠覆以常规油气资源为核心的全球能源格局，形成以新兴非常规油气资源为中心的新能源格局。

非常规油气资源是与常规石油、天然气资源相对而言的，不同学者对其有不同的理解，目前并没有十分明确的定义。一般来讲，非常规油气资源通常是指在气藏特征、成藏机理、赋存状态、分布规律及开采技术等方面有别于常规油气藏、不能完全用现有常规方法和技术进行勘探、开发与加工的石油天然气资源，可分为非常规石油和非常规天然气。

非常规石油资源主要包括致密油、页岩油、稠油、油砂、油页岩等，非常规天然气主要包括致密气、页岩气、煤层气、甲烷水合物等。其中，资源潜力最大、分布最广且在现有的技术和经济条件下最具有勘探开发价值的是稠油、致密油气、页岩油气和煤层气等。

非常规油气藏在全球分布十分广泛，是世界上待发现油气资源潜力最大的油气资源类型。我国非常规油气藏分布亦十分广泛，无论是中部的鄂尔多斯盆地和四川盆地，还是西部的塔里木、准噶尔、吐哈盆地，以及东部的松辽盆地、渤海湾盆地等均有广泛分布，而且资源潜力巨大。

二、非常规油藏与常规油气藏的区别

目前，世界石油天然气工业已进入常规油气与非常规油气并重发展的时代，而且非常规油气在世界油气新增储量和产量中所占的比例越来越大，对非常规油气的勘探开发已成为世界石油与天然气工业发展的必然趋势和必由之路。

一般认为，非常规油气是一个动态的、主要受开采技术影响的概念。常规油气与非常规油气的界定是人为的，大多从地质特征和勘探角度、经济效益和开采技术角度进行界定，二者的区别也就主要体现于二者的界定标准。

从地质方面来讲，常规油气藏与非常规油气藏的区别主要是常规油气藏油气运聚动力是浮力，而非常规油气藏的运聚动力主要是膨胀压力或者生烃压力。常规油气藏的储层主要是中、高渗透率的储层，而非常规油气藏的储层则是低渗透率储层。非常规油气藏没有油水界面，而常规油气藏有油水界面。常规油气藏的流体压力主要是常压，而非常规油气藏是由超压向负压最终到常压的旋回变化，超压是油气向低渗透致密储层中充注运移的主要动力，主要是由邻近的烃源岩在大量生烃期间所产生的，并在幕式排烃过程中传递到储层中。

三、非常规油气藏开发的关键技术

由于非常规油气藏的特殊成藏机理与赋存状态，复杂的储层特征与流体性质，使其规模、效益开发难度极大，必须有针对性的特色勘探开发技术。国内外长期针对稠油、致密砂岩油气、页岩气、煤层气等的勘探开发实践，形成了一系列较为成熟有效的核心技术，这些技术各展所能、相得益彰，推进了非常规油气资源的勘探开发进程。主要包括地震叠前储层预测、缝洞储层定量雕刻、水平井钻井、大型加砂压裂、微地震检测、稠油热采共6项核心技术。其中，高精度的储层预测技术和使油气藏形成规模开发的提高单井产能技术是技术攻关的重点，也是非常规油气藏大规模有效益地开发的关键。另外，储层评价、产能评价、储层保护、钻井与生产污水处置等技术也是非常规油气藏实现成功开发的重要技术。

（一）地震叠前储层预测技术

地震反演根据地震资料的不同分为叠前反演和叠后反演，叠后是指对常规水平叠加数据的反演，即零偏移距地震数据的反演，叠前反演是指对非零炮检距地震数据的反演。地震叠前反演技术是利用叠前CRP道集数据、速度数据（一般为偏移速度）和井数据（横波速度、纵波速度、密度及其他弹性参数资料），通过使用不同的近似式反演求解得到与岩性、含油气性相关的多种弹性参数，并进一步用来预测储层岩性、储层物性及含油气性。

（二）缝洞型储层定量雕刻技术

缝洞型储层泛指以裂缝及洞穴为油气储集空间的储层。这类储层岩性有火山碎屑岩、岩浆岩、变质岩及碳酸盐岩，且以碳酸盐岩居多，其储集空间和渗流通道以裂缝及与其连通的溶孔、溶洞为主，此类储层通常为高渗透性储层。现有资料表明，全世界已探明的石油资源量有一半以上蕴藏在碳酸盐岩中。我国的碳酸盐岩分布也十分广泛，主要分布在塔里木盆地、鄂尔多斯盆地、四川盆地、渤海湾盆地以及中国南方和海域相关的盆地，其最大沉积岩厚度可达6000m，发育有四套烃源岩，即下寒武统、下志留统、上下二叠统、下三叠统。因此，缝洞型油气藏是我国油气勘探、开发中的一种十分重要的油气藏。越来越多的地质学家和地球物理学家认为，未来很长一段时间内，缝洞型油气藏将是我国乃至世界勘探、开发最主要的油气藏类型之一。

（三）大型压裂技术

水力压裂就是利用地面高压泵，通过井筒向油层挤注具有较高黏度的压裂液。当注入压裂液的速度超过油层的吸收能力时，则在井底油层上形成很高的压力，当这种压力超过井底附近油层岩石的破裂压力时，油层将被压开并产生裂缝。这时，继续向油层挤注压裂液，裂缝就会继续向油层内部扩张。为了保持压开的裂缝处于张开状态，应向油层挤入带有支撑剂（通常是石英砂）的携砂液，携砂液进入裂缝之后，一方面可以使裂缝继续向前延伸，另一方面可以支撑已经压开的裂缝，使其不至于闭合。然后接着注入顶替液，将井筒的携砂液全部顶替进入裂缝，用石英砂将裂缝支撑起来。最后注入高黏度压裂液，自动降解并排出井筒，在油层中留下一条或多条长、宽、高不等的裂缝，使油层与井筒之间建立起一条新的流体通道。压裂之后，油气井的产量一般会大幅度增长。

参考文献

[1]曾溅辉，马勇，林腊梅.油田水文地质学[M].东营：中国石油大学出版社，2021.

[2]高文阳，赵宁，刘杰.石油地质[M].北京：化学工业出版社，2019.

[3]赵文智.石油地质理论与配套技术[M].北京：石油工业出版社，2019.

[4]陈华，高顺莉，姚刚，等.海上中深层宽频宽方位地震勘探技术及应用[M].武汉：中国地质大学出版社，2022.

[5]马永生.中国海相油气勘探[M].2版.北京：地质出版社，2022.

[6]高岗.油气勘探地质工程与评价[M].北京：石油工业出版社，2021.

[7]邹才能，董大忠，蔚远江.非常规油气勘探开发的现实领域[M].北京：科学出版社，2020.

[8]邹才能.非常规油气勘探开发[M].北京：石油工业出版社，2019.

[9]徐凤银，陈东，梁为.非常规油气勘探开发技术进展与实践[M].北京：科学出版社，2022.

[10]刘斌.油气勘探开发经济评价技术[M].北京：石油工业出版社，2020.

[11]谢彬，喻西崇.海洋深水油气田开发工程技术总论[M].上海：上海科学技术出版社，2021.

[12]刘吉余，赵荣.油气田开发地质基础[M].5版.北京：石油工业出版社，2020.

[13]李爱荣，胡书勇.油气田开发地质学[M].北京：石油工业出版社，2022.

[14]张允，任爽.缝洞型油藏开发知识管理方法与技术[M].北京：中国石化出版社，2021.

[15]侯建锋.油藏管理[M].北京：石油工业出版社，2022.

[16]曲国辉，江楠，王东琪，等.非常规油气开发理论与开采技术[M].北京：石油工业出版社，2022.

[17]彭永灿，秦军，谢建勇，等.中深层稠油油藏开发技术与实践[M].北京：石油工业出版社，2018.

[18]唐玮，冯金德，唐红君，等.中国油气开发战略[M].北京：石油工业出版社，2022.

[19]焦方正.油气体积开发理论与实践[M].北京：石油工业出版社，2022.

[20]穆龙新.海外油气勘探开发战略与技术[M].北京：石油工业出版社，2020.

[21]何祖清.油气藏开发智能完井技术及工业化应用[M].北京：中国石化出版社，2022.

[22]谢建勇，王志章，石彦，等.复杂裂缝性砂岩油藏综合治理实践与稳产对策[M].北京：石油工业出版社，2020.

[23]周丽萍.油气开采新技术[M].北京：石油工业出版社，2020.

[24]徐宏祥.煤炭开采与洁净利用[M].北京：冶金工业出版社，2020.

[25]余传谋.薄互层油藏高效开发技术与应用[M].北京：北京理工大学出版社，2020.